面向新工科普通高等教育系列教材

嵌入式实时操作系统 RT-Thread 原理与应用

李正军　李潇然　编著

机　械　工　业　出　版　社

本书为读者提供了一个全面、系统的 RT-Thread 学习指南，旨在帮助初学者及有经验的开发者掌握 RT-Thread 实时操作系统和 STM32 嵌入式微控制器的核心知识与实际应用。

本书内容丰富、循序渐进，涵盖从 RT-Thread 的基础理论到高级应用的完整知识体系，并通过大量实践案例进行讲解。全书共 15 章，内容包括 RT-Thread 实时操作系统基础、STM32 嵌入式微控制器、RT-Thread 线程管理、RT-Thread 时钟管理、RT-Thread 线程间同步、RT-Thread 线程间通信、RT-Thread 内存管理、RT-Thread 中断管理、RT-Thread 内核移植、FinSH 控制台、RT-Thread I/O 设备和软件包、UART 串口、虚拟文件系统、RT-Thread Studio 集成开发环境和 RT-Thread 开发应用实例。

本书可作为高等院校自动化、机器人、自动检测、机电一体化、人工智能、电子与电气工程、计算机应用、信息工程、物联网等相关专业的本、专科学生及研究生的教材，也可供从事 STM32 嵌入式系统和 RT-Thread 开发的工程技术人员参考。

本书配有授课电子课件、教学大纲、程序代码等配套资源，需要的教师可登录 www. cmpedu. com 免费注册，审核通过后下载，或联系编辑索取（微信：18515977506，电话：010-88379753）。

图书在版编目（CIP）数据

嵌入式实时操作系统 RT-Thread 原理与应用 / 李正军，李潇然编著 . -- 北京 ：机械工业出版社，2025. 6.
（面向新工科普通高等教育系列教材）. -- ISBN 978-7-111-78673-3

Ⅰ. TP316. 2

中国国家版本馆 CIP 数据核字第 2025XX6097 号

机械工业出版社（北京市百万庄大街 22 号　邮政编码 100037）
策划编辑：李馨馨　　责任编辑：李馨馨　张翠翠
责任校对：王文凭　张雨霏　景　飞　　责任印制：单爱军
北京华宇信诺印刷有限公司印刷
2025 年 8 月第 1 版第 1 次印刷
184mm×260mm · 16. 75 印张 · 433 千字
标准书号：ISBN 978-7-111-78673-3
定价：69. 00 元

电话服务　　网络服务
客服电话：010-88361066　　机　工　官　网：www. cmpbook. com
010-88379833　　机　工　官　博：weibo. com/cmp1952
010-68326294　　金　书　网：www. golden-book. com
封底无防伪标均为盗版　　机工教育服务网：www. cmpedu. com

前　言

嵌入式实时操作系统（Real-Time Operating System，RTOS）是专门为实时应用设计的操作系统，它具备确定性时间响应能力，能够在严格的时间要求内处理任务。RTOS 在嵌入式系统中发挥着至关重要的作用，广泛应用于工业控制、汽车电子、通信设备、医疗仪器和消费电子等领域。RTOS 主要包括任务管理、内存管理、时钟管理、中断处理、线程间同步与通信等核心功能。任务管理模块通过优先级调度算法确保高优先级任务能够及时执行；内存管理模块优化系统资源的使用；时钟管理模块提供精确的时间基准；中断处理机制确保系统对外部事件的快速响应；线程间同步与通信机制则保证了任务之间的协调与数据交换。与通用操作系统不同，RTOS 的优点是具备高可靠性和低延迟性，其内核通常较为轻量，占用资源少，并且支持多任务并发执行，能够满足嵌入式环境的特殊需求。通过使用 RTOS，开发者可以简化复杂系统的设计，提高系统的实时性能和稳定性。本书旨在为读者提供全面、系统的学习指南，涉及 RT-Thread 实时操作系统和 STM32 嵌入式微控制器的各个方面。通过详细的理论讲解和丰富的实践案例，读者可从零开始逐步掌握这两大技术的核心知识和实际应用。

本书具有以下特色：

1）系统性与全面性。本书内容覆盖 RT-Thread 实时操作系统和 STM32 嵌入式微控制器的各个方面，从基本概念到高级应用，全方位讲解，帮助读者建立全面的知识体系。

2）实践导向。通过详细的实例代码和具体应用项目，结合实战案例，读者可将理论知识转化为实际技能，增强动手能力。

3）清晰易懂。内容讲解深入浅出、循序渐进，结合丰富的图表和代码示例，使复杂的概念易于理解。

4）适用面广。书中内容适用于嵌入式系统开发的初学者及有经验的开发者，满足从基础知识到高级应用各个层次的需求。

5）工具详解。专门介绍了 RT-Thread Studio 集成开发环境，详细讲解了从安装到调试配置的全过程，提高开发效率。

6）资源丰富。提供了丰富的配套资料，包括源代码、开发工具、真实应用项目等，方便读者上手实践与自学。

7）前沿技术。紧跟嵌入式实时操作系统领域的最新发展，介绍了 RT-Thread 的内核移植和 FinSH 控制台等先进技术，为读者提供了前沿的技术视野。

本书共 15 章，具体内容如下。

第 1 章 RT-Thread 实时操作系统基础：不仅介绍了 RT-Thread 的基本概念、启动流程、程序内存分布及自动初始化机制，还着重讲解了其内核对象模型的设计，并通过习题帮助读者理解这些基本概念。

第 2 章 STM32 嵌入式微控制器：涵盖 STM32 微控制器的产品线、选型标准以及 STM32F407ZGT6 的详细特性和功能。另外，还深入介绍了其内部结构、引脚功能及最小系统设计。同时，对 GPIO 与 USART 串口的原理及使用进行了详细描述。

第 3 章 RT-Thread 线程管理：讲解了线程管理的功能特点和工作机制，包括线程的控制块、重要属性及状态切换。另外，还介绍了线程的管理方式，并通过多个应用示例加深读者对线程管理的理解。

第 4 章 RT-Thread 时钟管理：详细介绍了时钟节拍的实现方式及获取方法，并讲解了 RT-Thread 定时器的工作机制和管理方式。另外，通过应用示例，帮助读者掌握时钟与定时器的使用技巧。

第 5 章 RT-Thread 线程间同步：介绍线程间同步的重要概念，通过系统剖析信号量、互斥量和事件集三大同步机制的工作原理、控制块及管理方式，帮助读者理解如何实现线程间的同步与协调。

第 6 章 RT-Thread 线程间通信：讲解了邮箱、消息队列和信号等线程间通信的工作机制及管理方式。另外，通过应用示例，展示了如何在实际项目中实现线程间的高效通信。

第 7 章 RT-Thread 内存管理：详细介绍内存管理的功能特点、内存堆管理和内存池的工作机制及管理方式。另外，通过应用示例，帮助读者掌握内存管理的常用方法及技巧。

第 8 章 RT-Thread 中断管理：从中断的概念入手，讲解了 Cortex-M CPU 架构基础及 RT-Thread 中断工作机制，并介绍了中断管理接口及实际应用中的中断处理方法等内容。

第 9 章 RT-Thread 内核移植：针对不同的 CPU 架构讲解 RT-Thread 内核的移植方法，介绍实现全局中断开关、线程栈初始化、上下文切换及时钟节拍的方法，同时提供 BSP 移植的详细步骤。

第 10 章 FinSH 控制台：介绍 FinSH 控制台的基础概念及内置命令，阐述其功能配置和应用示例，帮助读者通过控制台实现对系统的监控和调试。

第 11 章 RT-Thread I/O 设备和软件包：详细介绍 I/O 设备模型框架、模型及类型，讲解创建、注册和访问 I/O 设备的方法，并通过应用示例，展示如何实现对 PIN 设备和软件包的管理。

第 12 章 UART 串口：涵盖 UART 串口的概述，设备管理，创建、注册及访问方法，并通过应用示例，展示串口设备的具体使用方法。

第 13 章 虚拟文件系统：介绍 DFS 架构、POSIX 接口层、虚拟文件系统层及设备抽象层的概念，讲解文件系统挂载管理，以及文件、目录的管理方法，同时通过配置选项，帮助读者理解虚拟文件系统的应用。

第 14 章 RT-Thread Studio 集成开发环境：从软件下载、安装到透视图、功能窗口特性、工具栏按钮，详细介绍了 RT-Thread Studio 的各项功能，覆盖 RT-Thread 配置、CubeMX 配置、代码编辑、调试配置等内容，帮助读者高效完成开发工作。

第 15 章 RT-Thread 开发应用实例：通过具体的开发应用实例，展示 RT-Thread 在实际项目中的应用，涵盖 RT-Thread 线程管理、基于 STM32F407-RT-SPARK 开发板的模板工程及示例工程的项目实例等内容，帮助读者提升将理论知识转化为实践的能力。

本书是编者多年教学和工程实践经验的总结，由浅入深、难度适中，突出技术前沿，强调系统的学习路线，帮助读者在快速掌握裸机开发方法的基础上进阶到操作系统开发。与此同时，本书还注重培养读者的结构化、模块化、面向对象的编程思想和思维方式，增强其独立开发复杂嵌入式系统的能力。书中实例开发过程基于目前使用非常广泛的“野火 STM32F407 霸天虎开发板”和 RT-Thread 官方“星火 1 号开发板”，由此开发各种功能，所有实例均进行了调试。读者也可以结合实际或者手里现有的开发板开展实验，均能复现本书中的实验结果。

本书数字资源丰富，配有电子课件、教学大纲、程序代码、习题答案、电路文件和官方手册。读者可以登录机械工业出版社教育服务网（www. cmpedu. com）下载。

由于编者水平有限，书中错误和不妥之处在所难免，敬请广大读者不吝指正。

编　者

目 录

第 1 章　RT-Thread 实时操作系统基础

本章讲述 RT-Thread 实时操作系统的基础知识，主要包括 RT-Thread 的概述和架构，内核基础等内容。首先介绍 RT-Thread 的实时核心、设备框架和设备虚拟文件系统框架等内容。然后阐述 RT-Thread 架构，包括内核层、组件服务层和软件包层等。最后介绍 RT-Thread 启动流程、程序内存分布、自动初始化机制和内核对象模型等内容。通过本章的学习，读者可以全面了解 RT-Thread 的基本架构和内核功能，为后续的深入学习和开发打下坚实基础。

1.1 RT-Thread 概述

RT-Thread，全称为 Real Time-Thread，是一款灵活、高效且功能强大的支持多任务环境设计的嵌入式实时多线程操作系统。尽管 RT-Thread 允许多个任务并行运行，但实际上，由于一个处理器核心在任意时刻只能执行一个任务，因此它依赖于任务调度器的快速切换，使处理器能在任务之间迅速切换，从而给人一种多个任务同时运行的错觉。

在 RT-Thread 中，任务是通过线程来实现的，而线程调度器则负责决定当前应执行哪个任务。调度器依据任务的优先级进行调度，以确保实时操作系统的高效运行。

RT-Thread 主要采用 C 语言编写，其代码风格清晰，架构简洁，非常便于移植。该系统采用了面向对象的设计方法，使得其模块化设计既优雅又易于裁剪。无论是在资源受限的环境中，还是在更高端的物联网设备中，RT-Thread 都能充分发挥其优势。对于资源受限的微控制器（MCU），RT-Thread 提供了一个极简版的内核 NANO，该版本最低仅需 3 KB 的 Flash 和 1.2 KB 的 RAM。NANO 版本于 2017 年 7 月发布，专为资源非常有限的设备设计。

另外，对于资源丰富的物联网设备，RT-Thread 提供了强大的在线软件包管理工具和系统配置工具，支持快速模块化裁剪和功能扩展。利用这些工具，用户可以无缝导入丰富的软件功能包，实现类 Android 的图形界面、触摸滑动和智能语音交互等复杂功能。

相较于 Linux 操作系统，RT-Thread 具有体积小、成本低、功耗低和启动快速等显著优势。此外，其高实时性和对资源的低占用，使其在成本和功耗受限的多种应用场合中表现出色。虽然 RT-Thread 的主要运行平台是 32 位的 MCU，但在特定应用场合中，基于 ARM9、ARM11 甚至 Cortex-A 系列架构的应用处理器也可以运行 RT-Thread。

RT-Thread 是完全开源的，3.1.0 及以前的版本遵循 GPL V2+开源许可协议，而从 3.1.0 版本起则采用了 Apache License 2.0 许可协议。这意味着开发者可以免费将 RT-Thread 用于商业产品中，而不必公开其私有代码。

1. RT-Thread 的实时核心

RT-Thread 的实时核心是精巧、高效、高度可定制的，其功能特点如下：

1）采用 C 语言风格的内核，面向对象设计，可进行完美的模块化设计。

2）可裁剪，可伸缩。

3）支持所有的 MCU 架构（ARM、MIPS、Xtensa、RISC-V、C-SKY）。

4）支持几乎所有主流的 MCU、Wi-Fi 芯片，包括 STM32F/L 系列、NXP LPC/Kinetis 系列、GD32 系列、乐鑫 ESP32、Realtek 871X、Marvell 88MW300、Cypress FM 系列、新唐 M 系列等。

5）支持 Keil MDK/RVDS armcc、GNU GCC、IAR 等多种主流编译器。

2. RT-Thread 设备框架

RT-Thread 设备框架如图 1-1 所示。

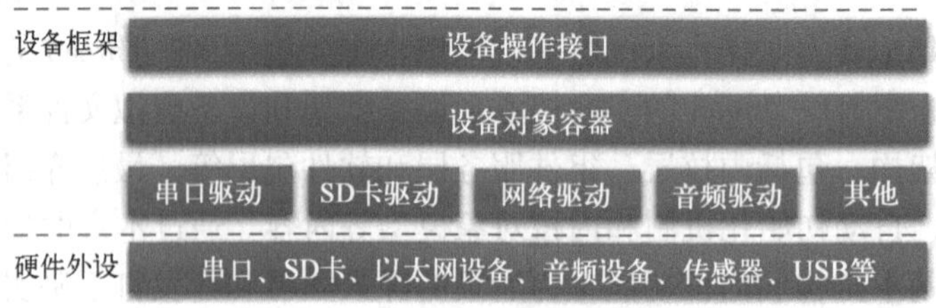

图 1-1　RT-Thread 设备框架

RT-Thread 设备框架的功能特点如下：

1）设备框架提供标准接口来访问底层设备，上层应用采用抽象的设备接口进行底层硬件的访问操作，上层应用与底层硬件设备无关；更换底层驱动时，不需要更改上层应用代码，从而降低系统耦合性，提高设备可靠性。

2）当前支持的设备类型包括字符型设备、块设备、网络设备、声音设备、图形设备和 Flash 设备等。

3. RT-Thread 设备虚拟文件系统框架

RT-Thread 设备虚拟文件系统框架如图 1-2 所示。

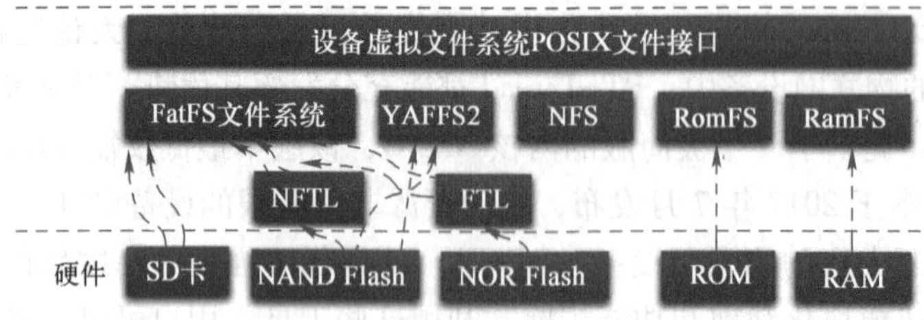

图 1-2　RT-Thread 设备虚拟文件系统框架

RT-Thread 设备虚拟文件系统主要面向小型设备，其功能特点如下：

1）以类似 Linux 虚拟文件系统的方式融合了多种文件系统的超级文件系统。

2）为上层应用提供统一的文件访问接口，无须关心底层文件系统的具体实现及存储方式。

3）支持系统内同时存在多种不同的文件系统。

4）支持 FAT（包括长文件名、中文文件名）、UFFS、NFSv3、RomFS 和 RamFS 等多种文件系统。

5）支持 SPI NOR Flash、NAND Flash、SD 卡等多种存储介质。

6）面向 MCU 的 NFTL 闪存转换层，完成 NAND Flash 上的日志及坏块管理、擦写均衡、掉电保护等功能。

4. RT-Thread 协议栈

RT-Thread 协议栈如图 1-3 所示。

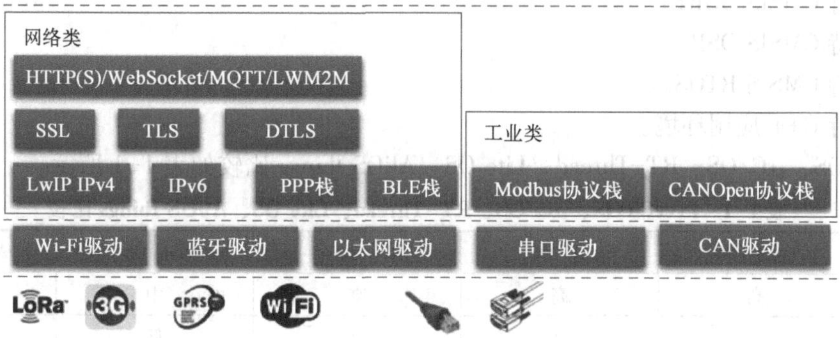

图 1-3 RT-Thread 协议栈

RT-Thread 协议栈的功能特点如下：

1）支持 LoRa、NB-IoT、Wi-Fi、蓝牙 BLE、有线以太网。

2）支持 IPv4、IPv6、PPP 栈。

3）支持 TLS、DTLS 安全传输。

4）支持 HTTP、HTTPS、WebSocket、MQTT、LWM2M 协议。

5）支持 Modbus、CANOpen 工业协议。

5. 音频流媒体框架

音频流媒体框架的功能特点如下：

1）适合 MCU 的轻型流媒体音频框架，资源占用少，响应快。

2）支持 wav、mp3、aac、flac、m4a、alac、speex、opus、amr 等音频格式。

3）支持流媒体协议：HTTP、HLS、RTSP、RTP、Shoutcast。

4）支持媒体渲染协议：DLNA、AirPlay、QQ Play。

5）支持语音识别及语音合成。

6. Persimmon UI 图形库

Persimmon UI 图形库是一套小型、现代化的图形库，其功能特点如下：

1）支持多点触摸操作，可实现滑屏、拖拽、旋转、牵引等多种界面动画增强效果。

2）具有按钮、图片框、列表、面板、卡片、轮转等基础控件，以及窗口上的悬浮带透明效果控件。

3）使用类似 signal/slot 的方式，灵活地把界面事件映射到用户动作。

4）支持 TTF 矢量字体，针对 MCU 优化的自定义图像格式，大幅提升图片加载和渲染速度。

5）支持多种语言。

7. 低功耗管理

低功耗管理的功能特点如下：

1）自动休眠。系统空闲时休眠省电（支持睡眠模式、定时唤醒模式、停止模式）。

2）自动调频调压。系统激活工作时，根据程序设定值或芯片性能动态调节运行时频率。

3）对用户应用透明。用户应用不需要关心功耗情况，系统自动进入休眠状态。

8. 应用程序接口 API

RT-Thread 支持各类标准接口，方便移植各类应用程序：

1）兼容 POSIX 标准（IEEE Std 1003.1，2004 版本）。

2）支持 ARM CMSIS 接口。

3）支持 CMSIS CORE。

4）支持 CMSIS DSP。

5）支持 CMSIS RTOS。

6）支持 C++ 应用环境。

FreeRTOS、μC/OS、RT-Thread、Lite OS、AliOS things 比较如表 1-1 所示。

表 1-1 FreeRTOS、μC/OS、RT-Thread、Lite OS、AliOS things 比较

项目	FreeRTOS	μC/OS	RT-Thread	Lite OS	AliOS things
成熟度	高	高	高	中	中
易用性	高	高	高	低	低
内核大小	5 KB ROM 2 KB RAM	6 KB ROM 1 KB RAM	3 KB ROM 1 KB RAM	32 KB ROM 6 KB RAM	8 KB ROM 6 KB RAM
开发工具支持	支持多种主流开发工具，工具链完善	支持多种主流开发工具，工具链完善	支持多种主流开发工具，工具链完善，提供辅助工具	支持多种主流开发工具，工具链完善	支持多种主流开发工具，工具链完善
调试工具	Shell SystemView	SystemView	Shell Logging System NetUtils ADB SystemView	无	简易 Shell
测试系统	不支持	不支持	单元测试框架 自动测试系统	无	单元测试框架
支持芯片和 CPU 架构	支持 ARM、MIPS、RISC-V 和其他主流 CPU 架构	支持 ARM、MIPS 和其他主流 CPU 架构	支持 ARM、MIPS、RISC-V 和其他主流 CPU 架构	仅开放 M0、M3、M4、M7	支持 ARM、MIPS 等
文件系统	支持 FAT	需要授权	提供文件系统层，支持 FatFS、LittleFS、JFFS2、RomFS 和其他流行文件系统	支持 FAT	支持虚拟文件系统
低功耗	支持部分	支持部分	支持	无	无
GUI	无	μC/GUI，需授权	提供 GUI 引擎、Persimmon UI、UI 开发工具	无	无
组件生态	提供网络、调试、安全相关组件	支持部分，但需要授权	提供软件包平台，目前有约 700 个组件，覆盖面广	宣传得很多，但大部分未开发	提供网络、调试、安全相关组件
物联网组件	TCP/UDP/AWS	需要授权	TCP/UDP、Azure、Ayla、阿里云、腾讯云、京东云、onenet、WebClient、MQTT、WebSocket、WebNet 等	用于对接华为云平台	用于对接阿里云平台

1.2 RT-Thread 架构

近年来，物联网（Internet of Things，IoT）概念日益普及，物联网市场也呈现出迅猛发展的态势。随着嵌入式设备联网成为不可逆转的趋势，终端设备的联网需求使得软件复杂性大幅增加，传统的实时操作系统（RTOS）内核逐渐难以满足市场需求。在此背景下，物联网操作系统（IoT OS）应运而生。

物联网操作系统是基于操作系统内核（如 RTOS、Linux 等）的软件平台，它包含了文件系统、图形库等较为完整的中间件组件，具备低功耗、安全性高、通信协议支持和云端连接能力等特性，而 RT-Thread 正是这样一个全面的 IoT OS。

RT-Thread 与其他许多 RTOS（如 FreeRTOS、μC/OS）的主要区别之一在于，它不仅是一个实时内核，还配备了丰富的中间层组件。RT-Thread 的操作系统架构层次分明，从下到上依次包括内核层、组件服务层和软件包层。

RT-Thread 不仅满足了嵌入式设备对实时性的要求，还通过其丰富的组件和灵活的架构，满足了物联网设备对低功耗、高安全性和云端连接的需求。这使得 RT-Thread 在物联网时代展现出独特的优势，成为物联网操作系统的杰出代表。

作为一个全面的 IoT OS，RT-Thread 不仅提供了强大的实时内核，还通过其丰富的中间层组件和灵活的架构设计，为物联网设备提供了全面的解决方案。无论是在资源受限的环境中，还是在功能复杂的物联网设备中，RT-Thread 都能充分发挥其强大的优势。

RT-Thread 操作系统架构如图 1-4 所示。

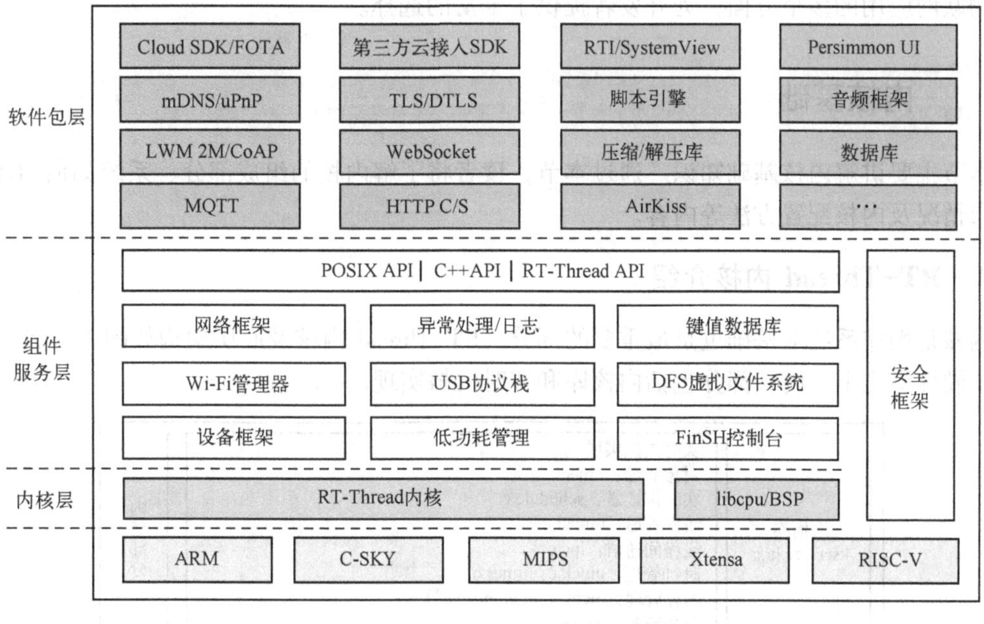

图 1-4　RT-Thread 操作系统架构

1. 内核层

内核层主要包含 RT-Thread 内核和 libcpu/BSP 两部分。其中，RT-Thread 内核是 RT-Thread 的核心组成部分，负责实现多线程及其调度、信号、邮箱、消息队列、内存管理、定时器等多项功能。而 libcpu/BSP 则涵盖了芯片移植相关文件和板级支持包，由外设驱动和 CPU 移植构成，与底层硬件紧密相关。

2. 组件服务层

组件服务层采用了模块化设计，包含设备框架、低功耗管理、FinSH 控制台、Wi-Fi 管理器、USB 协议栈、DFS 虚拟文件系统、网络框架、异常处理/日志、键值数据库等多个组件模块。这些组件模块具有高内聚、低耦合的特点，它们是构建在 RT-Thread 内核之上的上层软件模块。

3. 软件包层

软件包是运行于 RT-Thread 物联网操作系统平台上的通用软件组件，专为不同的应用领域设计。它们由描述信息、源代码和库文件组成，为开发者提供了丰富的功能模块。RT-Thread 提供了一个开放的软件包平台，该平台收录了大量由官方或开发者提供的软件包。这些软件包具有高度的可重用性，极大地简化了开发流程，使开发者能够在最短的时间内完成应用开发。这一特性使得软件包成为 RT-Thread 生态的重要组成部分。

截至目前，RT-Thread 平台提供的软件包数量已超过 400 个，且软件包的下载量已突破 800 万次。为了方便开发者使用和管理，RT-Thread 对软件包进行了细致的分类，包括物联网相关软件包（如 Paho-MQTT、WebClient、TCPServer、WebNet 等）、外设相关软件包（如 AHT10 温湿度传感器、BH1750 发光强度传感器、OLED 驱动、AT24 系列 EEPROM 驱动等）、系统相关软件包（如 SQLite 数据库、USB 协议栈、CMSIS 软件包等）、编程语言相关软件包（如 Lua、JerryScript、MicroPython 等）、多媒体相关软件包（如 OpenMV、Persimmon UI、LVGL 图形库等）及嵌入式 AI 软件包（如嵌入式线性代数库、多种神经网络模型等）。这些分类涵盖了物联网应用的多个方面，为开发者提供了丰富的选择。

1.3 内核基础

本节主要讲解内核基础知识。通过本节，读者将了解内核的组成部分、系统如何启动、内存分布情况及内核配置方法等内容。

1.3.1 RT-Thread 内核介绍

内核是操作系统最基础也是最重要的部分。RT-Thread 内核及底层架构如图 1-5 所示，内核位于硬件层之上，内核部分包括内核库和实时内核实现。

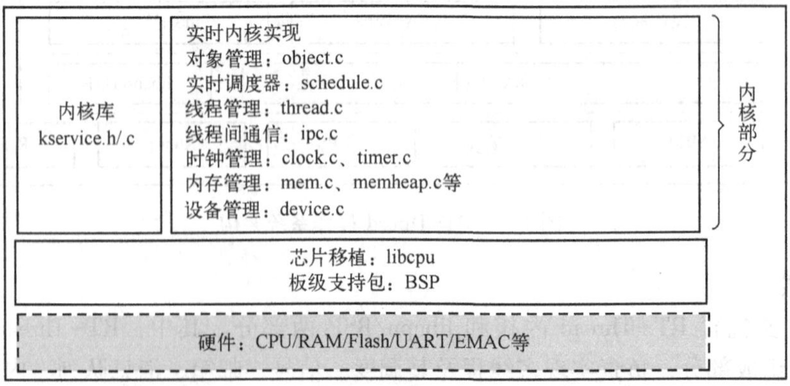

图 1-5 RT-Thread 内核及底层架构

内核库是一套小型的类似 C 库的函数实现子集，以保证内核独立运行。根据编译器的不同，自带 C 库的情况也会有所差异。使用 GNU GCC 编译器时，内核库会包含更多标准 C 库的实现。

C 库提供了 strcpy( )、memcpy( ) 等函数，有时也包括 printf( )、scanf( ) 的实现。RT-Thread Kernel Service Library 仅提供内核使用的一小部分 C 库函数的实现，并在这些函数前添加 rt_ 前缀，以避免与标准 C 库重名。

实时内核实现包括对象管理、线程管理及调度器、线程间通信、时钟管理及内存管理等。内核的最小资源占用为 3 KB ROM 和 1.2 KB RAM。

1. 线程调度

线程是 RT-Thread 操作系统中最小的调度单位。其调度算法是基于优先级的全抢占式多线程调度算法，系统中除非是中断处理函数、调度器上锁部分的代码和禁止中断的代码，否则任何部分都可以被抢占，包括线程调度器自身。RT-Thread 支持 256 个线程优先级（可通过配置文件修改，STM32 默认支持 32 个线程优先级）。0 优先级代表最高优先级，最低优先级留给空闲线程使用。RT-Thread 还支持创建多个相同优先级的线程，这些线程通过时间片轮转调度算法进行调度，确保每个线程运行相同的时间。调度器在寻找处于就绪状态的最高优先级线程时，所花时间恒定。系统不限制线程数量，线程数量只受硬件平台内存大小的影响。

2. 时钟管理

RT-Thread 时钟管理以时钟节拍为基础，这是 RT-Thread 操作系统中最小的时钟单位。RT-Thread 的定时器提供两类机制：单次触发定时器和周期触发定时器。单次触发定时器启动后仅触发一次事件，然后自动停止；周期触发定时器则周期性地触发事件，直到用户手动停止。

根据超时函数执行时所处的上下文环境，RT-Thread 的定时器可设置为 HARD_TIMER 模式或 SOFT_TIMER 模式。通常使用定时器定时回调函数（即超时函数）实现定时服务。用户可根据定时处理的实时性要求选择合适的定时器类型。

3. 线程间同步

RT-Thread 通过信号、互斥量和事件集实现线程间同步。线程通过获取与释放信号和互斥量进行同步。互斥量采用优先级继承的方式解决实时系统中的优先级翻转问题。线程同步机制支持线程按优先级或先进先出的方式等待获取信号或互斥量。线程通过发送与接收事件进行同步，事件集支持多事件的“或触发”和“与触发”，适用于线程等待多个事件的情况。

4. 线程间通信

RT-Thread 支持邮箱和消息队列等通信机制。邮箱中的邮件长度固定为 4 字节；消息队列可以接收不固定长度的消息，并将其缓存在内存中。邮箱效率较消息队列更高。邮箱和消息队列的发送操作均可安全用于中断服务程序中。该通信机制支持线程按优先级或先进先出的方式获取消息。

5. 内存管理

RT-Thread 支持静态内存池管理和动态内存堆管理。当静态内存池有可用内存时，对内存块的分配时间是恒定的；内存池为空时，申请内存块的线程将被挂起或阻塞，直到其他线程释放内存块。动态内存堆管理模块提供了面向小内存系统的内存管理算法和面向大内存系统的 slab 内存管理算法。

RT-Thread 还提供了 memheap，用于处理多个地址不连续的内存堆。memheap 将这些内存堆“粘贴”在一起，使用户操作像是在操作一个连续的内存堆。

6. I/O 设备管理

RT-Thread 将 PIN、I^2C、SPI、USB、UART 等外设统一通过设备注册完成管理，提供按名称访问的设备管理子系统。用户可以通过统一的 API 访问硬件设备。设备驱动接口根据嵌入式系统的特点，为设备事件挂接相应的事件处理程序，当设备事件触发时，驱动程序通知上层应用程序。

RT-Thread 内核功能全面，结构清晰，能够满足多种复杂嵌入式系统的需求，并提供丰富的组件和高效的资源管理能力。

1.3.2 RT-Thread 启动流程

了解启动流程是掌握一个系统的第一步。RT-Thread 在支持多种平台和编译器的同时，通过 rtthread_startup( ) 函数提供了统一的启动入口。其执行顺序如下：系统首先从启动文件开始运行，然后进入 RT-Thread 的启动函数 rtthread_startup( )，最后进入用户的入口函数 main( )。

这里以 RT-Thread Studio 为例，详细介绍系统启动流程。用户程序的入口位于 main. c 文件的 main( ) 函数中。系统启动后，会首先运行 startup_stm32f407. S 文件中的汇编程序。这个汇编程序完成以下几项关键任务：首先设置堆栈指针和程序计数器（PC）指针，配置系统时钟，设置变量存储空间等；然后，程序执行“bl entry”指令，跳转到 components. c 文件中的 entry( ) 函数，如图 1-6 和图 1-7 所示。进而调用 rtthread_startup( ) 函数，启动 RT-Thread 操作系统，如图 1-8 所示。

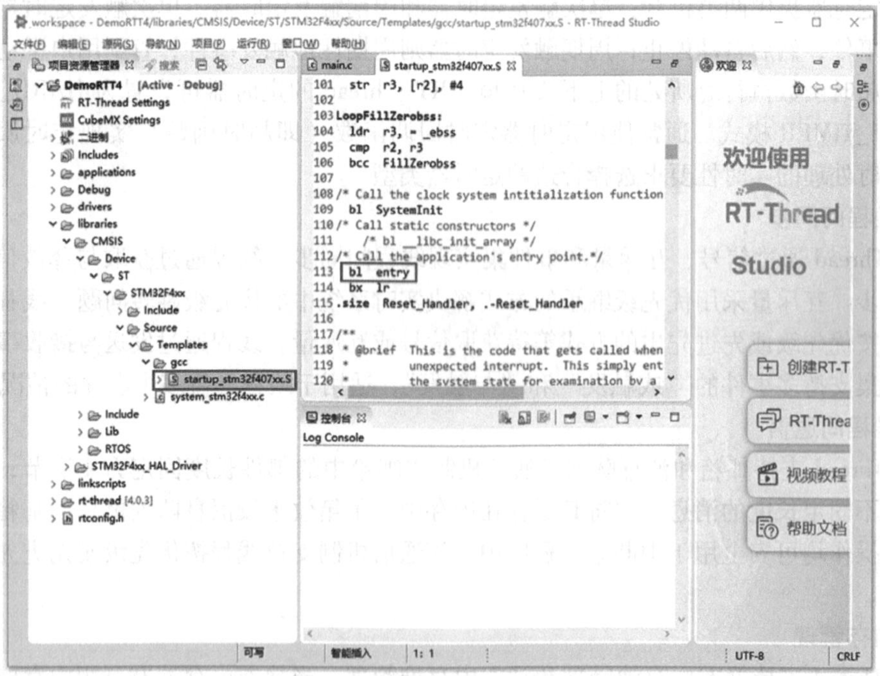

图 1-6　运行 bl entry 指令

具体流程如下：

1）启动文件运行。系统启动时，首先执行 startup_stm32f407. S 文件中的汇编程序。这部分代码主要完成以下任务：

① 设置初始堆栈指针。

② 设置程序计数器（PC）指针。

③ 配置系统时钟。

④ 设置变量存储空间。

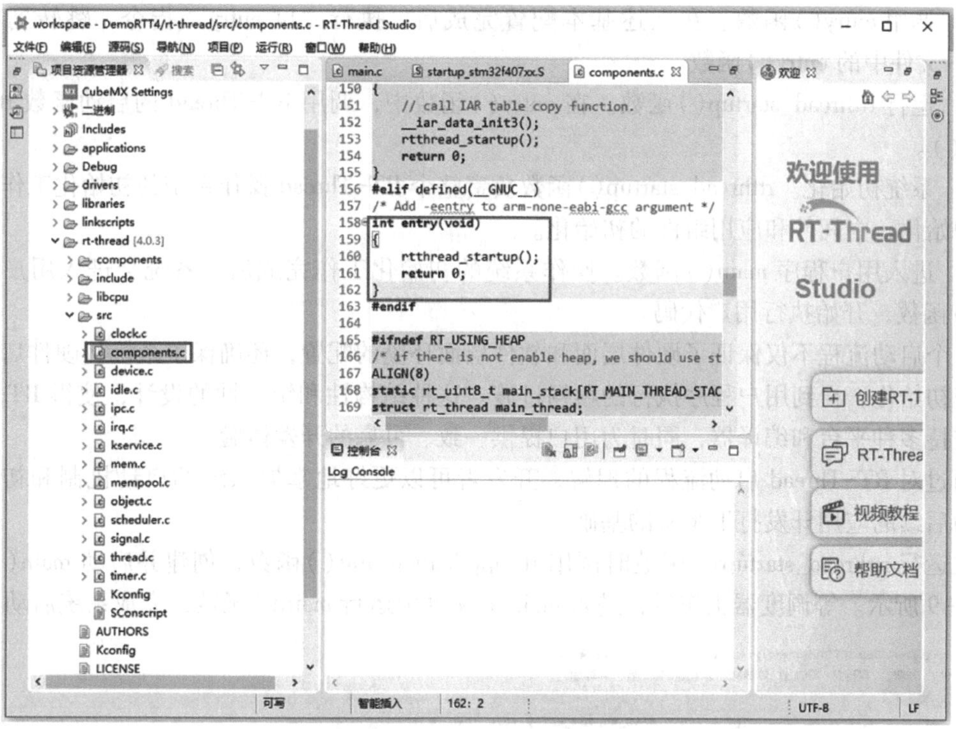

图 1-7　调用 entry( ) 函数

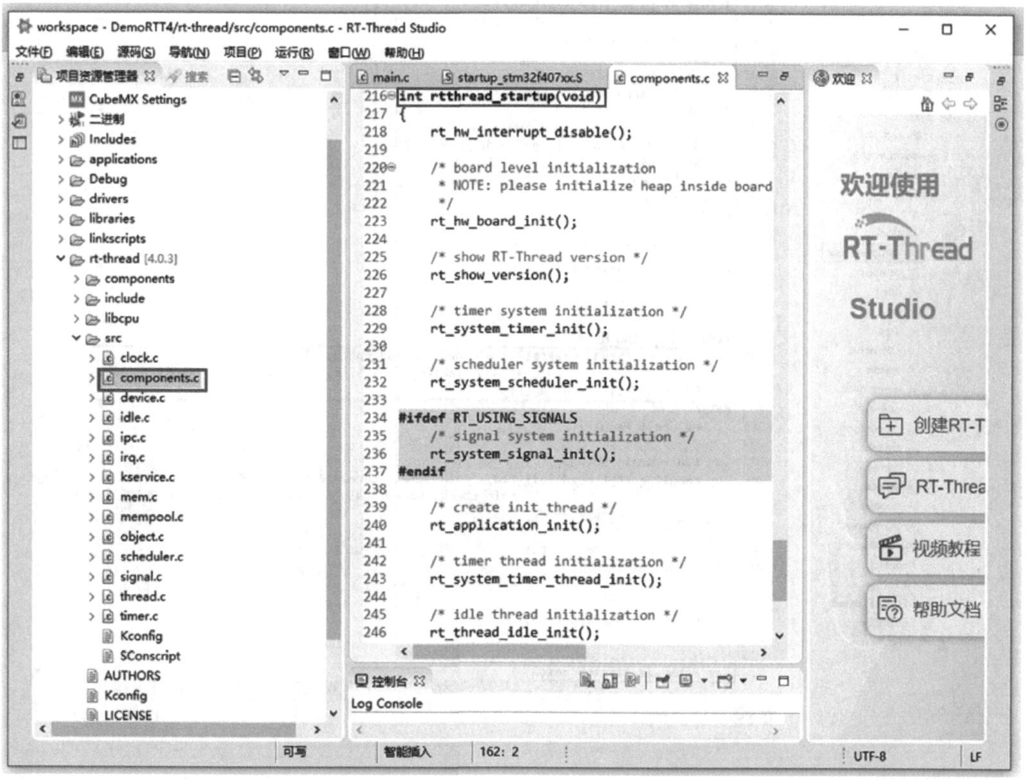

图 1-8　调用 rtthread_startup( ) 函数

2）调用 entry( ) 函数。在上述基本配置完成后，执行“bl entry”指令，跳转到 components. c 文件中的 entry( ) 函数。

3）运行 rtthread_startup( ) 函数。在 entry( ) 函数中，调用 RT-Thread 的启动函数 rtthread_startup( )。

4）系统初始化。rtthread_startup( ) 函数负责整个 RT-Thread 操作系统的初始化工作，包括内核初始化、中间件和应用组件的初始化。

5）进入用户程序 main( ) 函数。操作系统的初始化工作完成后，系统会进入用户程序的 main( ) 函数，开始执行用户代码。

这个启动流程不仅保证了硬件层面和软件层面环境的配置，还确保了系统从硬件启动到操作系统初始化，再到用户程序执行的顺畅过渡。这种结构性和统一性的设计，使得 RT-Thread 可以支持多种平台和编译器，同时为用户提供一致、可靠的开发体验。

通过对 RT-Thread 启动流程的理解，开发者可以更好地掌握系统的启动机制和初始化过程，为后续的应用开发打下坚实的基础。

在运行 rtthread_startup( ) 函数时调用 rt_application_init( ) 函数，创建并启动 main( ) 线程，如图 1-9 所示。等调度器工作后，进入 main. c 文件中运行 main( ) 函数，完成系统启动。

图 1-9　创建并启动 main( ) 线程

rtthread_startup()函数主要完成硬件初始化、内核对象（定时器、调度器、信号）初始化、main()线程创建、定时器线程初始化、空闲线程初始化和调度器启动等工作。

调度器启动之前，系统所创建的线程在执行 rtthread_startup()函数后并不会立刻运行，它们会处于就绪状态，等待系统调度，待调度器启动之后，系统才转入第一个线程开始运行。根据调度规则，选择的是就绪队列中优先级最高的线程。

rt_hw_board_init()函数主要完成系统时钟设置，为系统提供心跳，并完成串口初始化，将系统输入/输出终端绑定到指定串口，系统运行信息将从串口打印出来。

main()函数是 RT-Thread 的用户程序入口，用户可以在 main()函数里添加自己的应用。

```
int main(void)
{
  /* 用户应用程序入口 */
    return 0;
}
```

RT-Thread 启动流程如图 1-10 所示。

其中，rtthread_startup()函数的代码如下：

```
int rtthread_startup(void)
{
  rt_hw_interrupt_disable();
  /* 板级初始化：需在该函数内部进行系统堆的初始化 */
  rt_hw_board_init();
  /* 打印 RT-Thread 版本信息 */
  rt_show_version();
  /* 定时器初始化 */
  rt_system_timer_init();
  /* 调度器初始化 */
  rt_system_scheduler_init();
  #ifdef RT_USINGSIGNALS
  /* 信号初始化 */
  rt_system_signal_init();
  #endif
  /* 由此创建一个用户 main()线程 */
  rt_application_init();
  /* 定时器线程初始化 */
  rt_system_timer_thread_init();
  /* 空闲线程初始化 */
  rt_thread_idle_init();
  /* 启动调度器 */
  rt_system_scheduler_start();
  /* 此处代码不会被执行 */
  return 0;
}
```

这部分启动代码大致可以分为 4 个部分：

1）初始化与系统相关的硬件。

2）初始化系统内核对象，如定时器、调度器、信号。

3）创建 main 线程，在 main 线程中对各类模块依次进行初始化。

4）初始化定时器线程、空闲线程，并启动调度器。

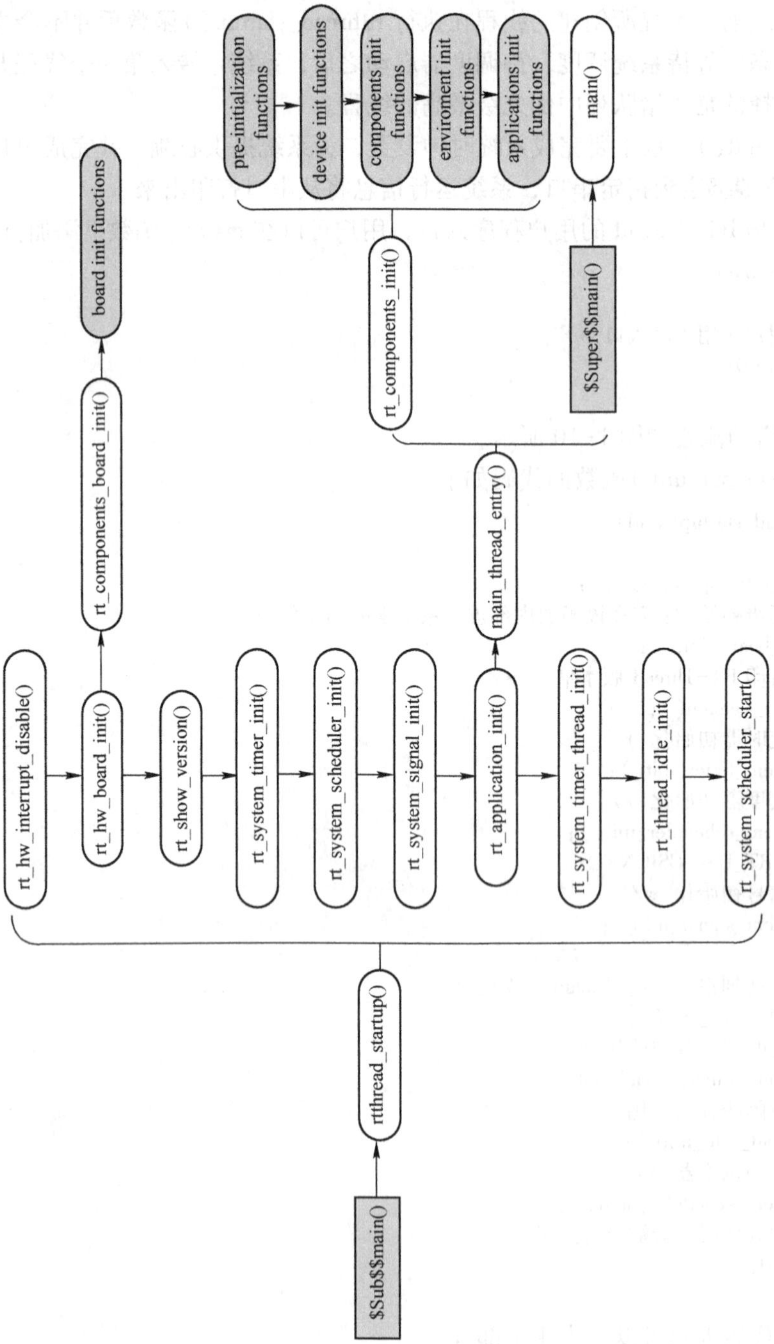

图 1-10 RT-Thread 启动流程

1.3.3　RT-Thread 程序内存分布

一般，MCU 包含 Flash 和 RAM 两类存储空间，Flash 相当于磁盘，RAM 相当于内存。RT-Thread Studio 将程序编译后分为 text、data 和 bss 这 3 个程序段，程序编译结果如图 1-11 所示，其中显示了各程序段大小、目标文件（rtthread. elf）、占用 Flash 及 RAM 大小等信息。ELF（Executable and Linking Format）文件是 Linux 系统下的一种常用目标文件格式，需要注意的是，通过下载器下载到 MCU 中的可执行文件并不是 rtthread. elf，而是对其解析后生成的对应的 rtthread. bin 文件，即图 1-11 中 Flash 的大小为 rtthread. bin 文件的大小，并非 rtthread. elf 文件的大小。

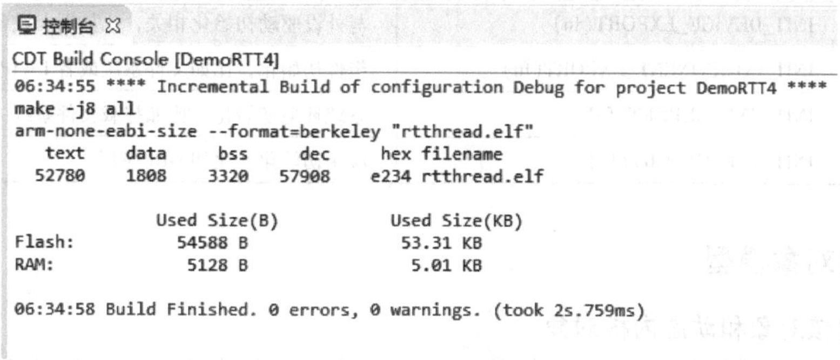
控制台
CDT Build Console [DemoRTT4]
06:34:55 **** Incremental Build of configuration Debug for project DemoRTT4 ****
make -j8 all
arm-none-eabi-size --format=berkeley "rtthread.elf"
text data bss dec hex filename
52780 1808 3320 57908 e234 rtthread.elf
Used Size(B) Used Size(KB)
Flash: 54588 B 53.31 KB
RAM: 5128 B 5.01 KB
06:34:58 Build Finished. 0 errors, 0 warnings. (took 2s.759ms)

图 1-11　程序编译结果

各程序段与存储区的映射关系如表 1-2 所示。text 段的内容为存储代码、中断向量表、初始化的局部变量和局部常量，存储于 Flash；data 段的内容为初始化的全局变量、全局或局部静态变量，在 Flash 和 RAM 均会存储；bss 段的内容为所有未初始化的数据，存储于 RAM。对比图 1-12 可以发现，Flash 大小为 text 段与 data 段大小之和，RAM 大小为 data 段与 bss 段大小之和。

表 1-2　各程序段与存储区的映射关系

程 序 段	存 储 内 容	所在存储区	备　注
text	存储代码、中断向量表、初始化的局部变量和局部常量	Flash	Flash = text+data RAM = data+bss
data	初始化的全局变量、全局或局部静态变量	RAM 和 Flash	
bss	所有未初始化的数据	RAM	

1.3.4　自动初始化机制

自动初始化机制是指初始化函数在系统启动过程中被自动调用，需要在函数定义处通过宏定义的方式进行自动初始化声明，无须显式调用。

例如，在某驱动中通过宏定义告知系统启动时需要调用的函数，代码如下：

```
int xxx_init (void)
{
    …
    return 0;
}
INIT_BOARD_EXPORT(xxx_init);
```

代码最后的 INIT_BOARD_EXPORT(xxx_init)表示使用自动初始化功能，xxx_init()函数在系统初始化时会被自动调用。RT-Thread 的自动初始化机制使用了自定义实时接口符号段，将需要在启动时进行初始化的函数指针放到了该段中，形成一张初始化函数表，系统启动过程中会遍历该表，并调用表中的函数，达到自动初始化的目的。用来实现自动初始化功能的宏接口的详细描述如表 1-3 所示。

表 1-3 用来实现自动初始化功能的宏接口的详细描述

初始化顺序	宏 接 口	描 述
1	INIT_BOARD_EXPORT(fn)	非常早期的初始化，此时调度器还未启动
2	INIT_PREV_EXPORT(fn)	主要用于纯软件的初始化，没有太多依赖的函数
3	INIT_DEVICE_EXPORT(fn)	与外设驱动初始化相关，比如网卡设备
4	INIT_COMPONENT_EXPORT(fn)	组件初始化，比如文件系统或者 LWIP
5	INIT_ENV_EXPORT(fn)	系统环境初始化，比如挂载文件系统
6	INIT_APP_EXPORT(fn)	应用初始化，比如 GUI 应用

1.3.5 内核对象模型

1. 静态内核对象和动态内核对象

RT-Thread 操作系统的内核对象模型基于面向对象的设计思想，涵盖了系统级的基础设施，如线程、信号量、互斥量、定时器等。内核对象分为静态内核对象和动态内核对象，每种方式都有其独特的优势，用户可以根据具体需求选择适合的使用方式。

1）静态内核对象：静态内核对象通常存放在 bss 段中，需要预先分配资源，因此会占用 RAM 空间。这些对象不依赖于内存堆管理器，其内存分配时间是确定的。静态内核对象的优点在于其分配及访问效率高，不会引入内存碎片问题，但缺点是占用固定的 RAM 空间，灵活性较低。

2）动态内核对象：动态内核对象则是从内存堆中临时创建的，不需要预先分配资源，依赖于内存堆管理器。在运行时创建对象时，会从 RAM 中申请空间，一旦对象被删除，占用的 RAM 空间即可被释放。动态内核对象的优点是节省了初始 RAM 开销，提高了系统的灵活性；缺点是分配和释放内存可能会带来性能损耗，并引入内存碎片问题。

2. 内核对象管理架构

RT-Thread 的内核对象包括线程、信号量、互斥量、事件集、邮箱、消息队列、定时器、内存池、设备驱动等。为了管理和访问这些内核对象，RT-Thread 引入了内核对象管理系统。内核对象管理系统不依赖于具体的内存分配方式，极大地提高了系统的灵活性。

对象容器是 RT-Thread 内核对象管理系统的核心。对象容器中包含每类内核对象的类型、大小等信息，并为每类内核对象分配一个链表，将所有内核对象链接到对应的链表上。RT-Thread 内核对象容器及链表如图 1-12 所示。

对象容器定义了通用的数据结构，用来保存不同对象的共性属性。各类具体对象只需在此基础上添加各自特有的属性，即可清晰地表示自身特征。这种设计提高了系统的可重用性和扩展性，并统一了对象操作方法，简化了各种具体对象的操作流程步骤，进而提高了系统的可靠性。

通过这种面向对象的设计，RT-Thread 实现了高效的内核对象管理，增强了系统的灵活性和可维护性，使开发者能够更加方便地扩展和使用内核对象。

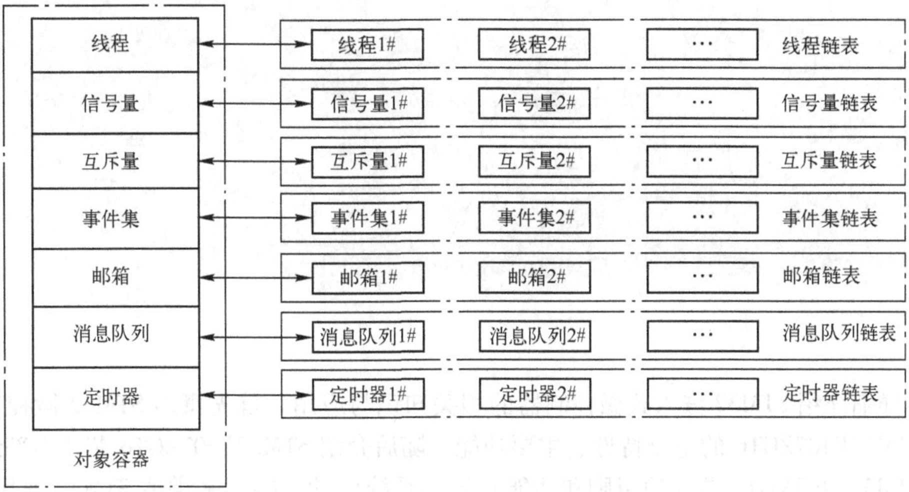

图 1-12　RT-Thread 内核对象容器及链表

习　题

1. 什么是 RT-Thread？
2. RT-Thread 的功能特点是什么？
3. RT-Thread 设备框架的功能特点是什么？
4. 设备虚拟文件系统的功能特点是什么？
5. RT-Thread 协议栈的功能特点是什么？

第 2 章　STM32 嵌入式微控制器

本章详细介绍 STM32 嵌入式微控制器的相关知识与应用。首先概述 STM32 微控制器。接着探讨 STM32F407ZGT6 的主要特性、主要功能。随后介绍 STM32F407ZGT6 芯片内部结构，并介绍了 STM32F407VGT6 芯片的引脚和功能及最小系统设计。接下来讲述 STM32 通用输入/输出接口（GPIO）的概述与功能。最后介绍 STM32 串口 USART 及 STM32 外设例程，帮助读者理解串行通信的实践操作。本章采用理论与实践相结合的方式，帮助读者全面掌握 STM32 微控制器的基本特性及其应用方法，为后续开发和应用奠定坚实基础。

2.1　STM32 微控制器概述

STM32 是一款由意法半导体（STMicroelectronics）公司开发的 32 位微控制器（MCU），基于 ARM Cortex-M 内核，具有高性能、低功耗、低成本及高集成度等特点，广泛应用于工业控制、消费电子、汽车电子、物联网及智能家居等多个领域。STM32 集成了丰富的外设资源，如 ADC、DAC、GPIO、USART、SPI、I^2C 等，能够满足各种复杂的应用需求。同时，其低功耗特性使其在电池供电的应用场景中表现尤为出色。此外，STM32 还提供了丰富的开发工具和中间件库，支持多种编程语言和封装类型，极大地简化了开发流程，提高了开发效率。总的来说，STM32 是一款功能强大、性能优异的嵌入式微控制器，是嵌入式系统设计中不可或缺的重要组成部分。

STM32F4xx 系列是 STM32 产品线的高端系列，基于 Cortex-M4 内核设计，业内通常简称为“4 系列”。

2.2　STM32F407ZGT6 概述

STM32 是一款单片微控制器，集成了计算机或微控制器的基本功能部件，如 Cortex-M 内核、总线、系统时钟等，并通过总线连接。它拥有多种外设，如 GPIO、TIMER/COUNTER、USART 等，不同型号的外设数量和种类各异。STM32F407 微控制器采用 168 MHz 的 Cortex-M4 处理器内核，可替代双片解决方案或整合为数字信号控制器，提高能效。STM32 系列产品相互兼容，拥有庞大的开发支持生态系统，便于设计扩展和软硬件复用。

2.2.1　STM32F407 的主要特性

STM32F407 是一款高度集成的微控制器，其主要特性如下：

1）内核特性。STM32F407 搭载带 FPU 的 ARM 32 位 Cortex-M4 CPU，主频高达 168 MHz，

能够实现高达 210DMIPS 的性能，具有 ART 加速器、MPU 和 DSP 指令集，性能出色。

2）存储器与存储接口。提供高达 1 MB 的 Flash 和 192 KB+64 KB 的 SRAM，支持 SRAM、PSRAM、SDRAM 等多种外部存储器，满足大容量数据存储需求。

3）显示与图形处理。具备 LCD 并行接口和 TFT 控制器，支持 8080/6800 模式和高分辨率显示，配备专用的 Chrom-ART Accelerator，增强图形内容创建能力。

4）时钟、复位与电源管理。支持 1.7~3.6 V 的供电范围，具备多种复位功能，内置经工厂调校的 16 MHz RC 振荡器和带校准功能的 32 kHz RTC 振荡器，确保稳定运行。

5）丰富的通信接口。提供多达 3 个 I^2C、4 个 USART/2 个 UART、3 个 SPI 等串行接口，以及 USB 2.0 全速/高速 OTG 控制器和 10/100 Mbit/s 以太网 MAC，满足多样化连接和扩展需求。

6）其他高级功能。具备低功耗模式、真随机数发生器、CRC 计算单元、RTC 等高级功能，以及多达 140 个具有中断功能的 I/O 端口，满足复杂应用需求。

2.2.2　STM32F407 的主要功能

STM32F407 器件基于高性能的 ARM Cortex-M4 32 位 RISC 内核，工作频率可达 168 MHz，支持单精度浮点运算和 DSP 指令，具备存储器保护单元，提高应用安全性。该器件集成了高速嵌入式存储器，包括高达 1 MB 的 Flash 存储器和 256 KB 的 SRAM，以及丰富的 I/O 和外设。所有型号均配备多个 ADC、DAC、低功耗 RTC 和通用定时器，满足各种应用需求。此外，STM32F407 还具备丰富的通信接口、USB 与 CAN 接口，以及高级外设和灵活的工作环境，扩展性强，适应多种应用场景。

该系列提供了一套全面的节能模式，可实现低功耗应用设计。

STM32F405xx 和 STM32F407xx 器件有不同的封装，范围为 64~176 引脚。所包括的外设因所选的器件而异。

这些特性使得 STM32F405xx 和 STM32F407xx 微控制器具有广泛的应用：

1）电机驱动和应用控制。

2）工业应用，如 PLC、逆变器、断路器。

3）打印机、扫描仪。

4）警报系统、视频电话、HVAC。

5）家庭音响设备。

2.3　STM32F407ZGT6 芯片内部结构

STM32F407ZGT6 芯片主系统由 32 位多层 AHB 总线矩阵构成。STM32F407ZGT6 芯片内部通过 8 条主控总线（S0~S7）和 7 条被控总线（M0~M6）组成的总线矩阵将 Cortex-4 内核、存储器及片上外设连在一起。主控总线包括 Cortex-M4 内核的 I 总线、D 总线、S 总线，以及 DMA、以太网和 USB OTG HS 的专用总线，被控总线覆盖内部 Flash、SRAM、AHB 和 APB 外设及 FSMC 存储器接口。该架构实现了高效的并发数据传输，即便多个高速外设同时运行，系统仍能保持高效性和并行处理能力。

1. 8 条主控总线

1）Cortex-M4 内核总线：Cortex-M4 内核总线包含 I 总线（S0）、D 总线（S1）和 S 总线（S2）。I 总线用于指令获取，连接内核与总线矩阵，访问代码存储器。D 总线用于数据加载和调试，连接内核数据 RAM 与总线矩阵，访问代码或数据存储器。S 总线用于访问外设或 SRAM 中的数据，也可获取指令，连接内核系统总线与总线矩阵，访问内部 SRAM、AHB/APB 外设及外部存储器。

2）DMA 存储器总线：DMA1 和 DMA2 存储器总线（S3、S4）将 DMA 存储器总线主接口连接到总线矩阵，用于执行存储器数据的传入和传出。访问对象包括内部 SRAM（112 KB、64 KB、16 KB）及通过 FSMC 的外部存储器。

3）DMA2 外设总线：DMA2 外设总线（S5）将 DMA2 外设总线主接口连接到总线矩阵，DMA 通过此总线访问 AHB 外设或执行存储器间的数据传输。访问对象包括 AHB 和 APB 外设及数据存储器（内部 SRAM 及通过 FSMC 的外部存储器）。

4）以太网 DMA 总线：以太网 DMA 总线（S6）将以太网 DMA 主接口连接到总线矩阵，以太网 DMA 通过此总线向存储器存取数据。访问对象包括内部 SRAM（112 KB、64 KB、16 KB）及通过 FSMC 的外部存储器。

5）USB OTG HS DMA 总线：USB OTG HS DMA 总线（S7）将 USB OTG HS DMA 主接口连接到总线矩阵，USB OTG DMA 通过此总线向存储器加载/存储数据。访问对象包括内部 SRAM（112 KB、64 KB、16 KB）及通过 FSMC 的外部存储器。

2. 7 条被控总线

STM32F4 系列器件配备了多条内部及外设总线，以确保高效的数据传输与处理。具体包括：内部 Flash 的 I 总线（M0）和 D 总线（M1），分别负责指令与数据的传输；主要内部 SRAM1（112 KB）总线（M2）和辅助内部 SRAM2（16 KB）总线（M3），以及特定系列才有的辅助内部 SRAM3（64 KB）总线（M7），满足多样的存储需求；AHB1 和 AHB2 外设总线（M5、M4）连接各类外设；FSMC 总线（M6）则通过总线矩阵，实现多外设的并发访问与高效运行。

主控总线所连接的设备是数据通信的发起端，通过矩阵总线可以和与其相交的被控总线上连接的设备进行通信。例如，Cortex-M4 内核可以通过 S0 总线与 M0 总线、M2 总线和 M6 总线连接 Flash、SRAM1 及 FSMC，进行数据通信。STM32F407ZGT6 芯片总线矩阵结构如图 2-1 所示。

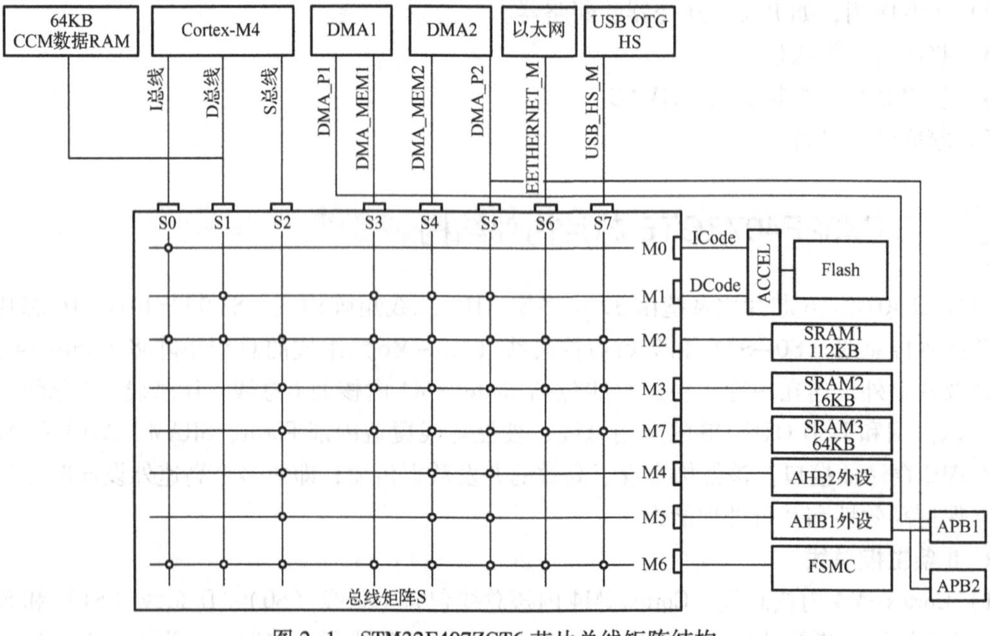

图 2-1　STM32F407ZGT6 芯片总线矩阵结构

2.4 STM32F407VGT6 芯片引脚和功能

STM32F407VGT6 芯片具有高度集成的功能，其引脚可复用以支持多种外设功能。

STM32F407VGT6 芯片引脚示意图如图 2-2 所示。

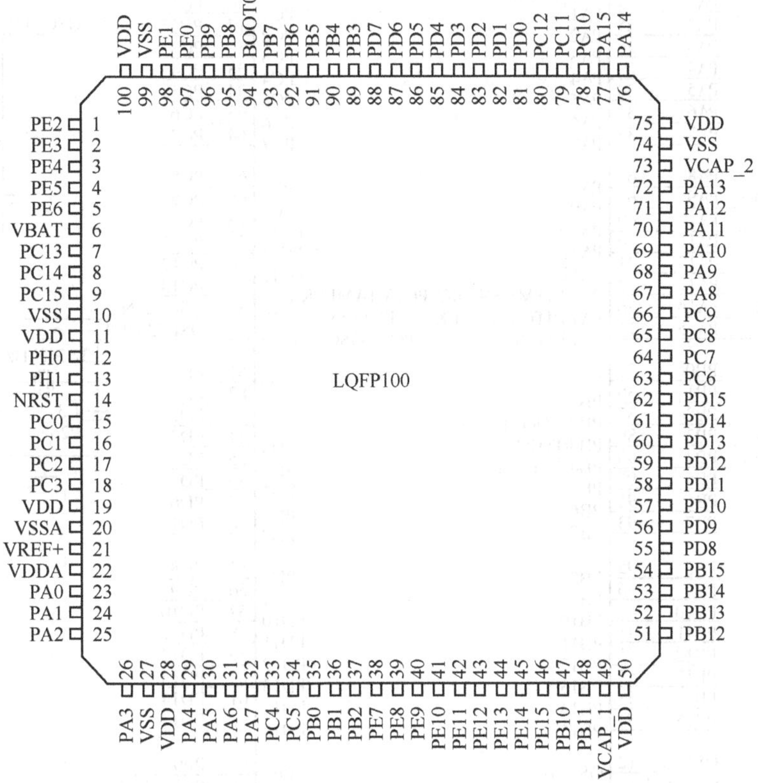

图 2-2　STM32F407VGT6 芯片引脚示意图

图 2-2 只列出了每个引脚的基本功能。但是，由于芯片内部的集成功能较多，实际引脚有限，因此多数引脚为复用引脚（一个引脚可复用为多个功能）。

STM32F4 系列微控制器的所有标准输入引脚都是 CMOS 的，但与 TTL 兼容。

STM32F4 系列微控制器的所有能接 5 V 电压的输入引脚都是 TTL 的，但与 CMOS 兼容。在输出模式下，在供电电压 2.7~3.6 V 的范围内，STM32F4 系列微控制器所有的输出引脚都是与 TTL 兼容的。

由 STM32F4 芯片的电源引脚、晶振 I/O 引脚、下载 I/O 引脚、BOOT I/O 引脚和复位 I/O 引脚 NRST 组成的系统称为最小系统。

2.5 STM32F407VGT6 最小系统设计

STM32F407VGT6 最小系统是指能够让 STM32F407VGT6 正常工作的包含最少元器件的系统。STM32F407VGT6 片内集成了电源管理模块（包括滤波复位输入、集成的上电复位/掉电复位电路、可编程电压检测电路）、8 MHz 高速内部 RC 振荡器、40 kHz 低速内部 RC 振荡器等部件，外部只需 7 个无源器件，就可以让 STM32F407VGT6 工作。然而，为了使用方便，在最小系统中加入了 USB 转 TTL 串口、发光二极管等功能模块。

最小系统核心电路原理图如图 2-3 所示，其中包括了复位电路、晶体振荡电路和启动设置电路、JTAG 接口等模块。

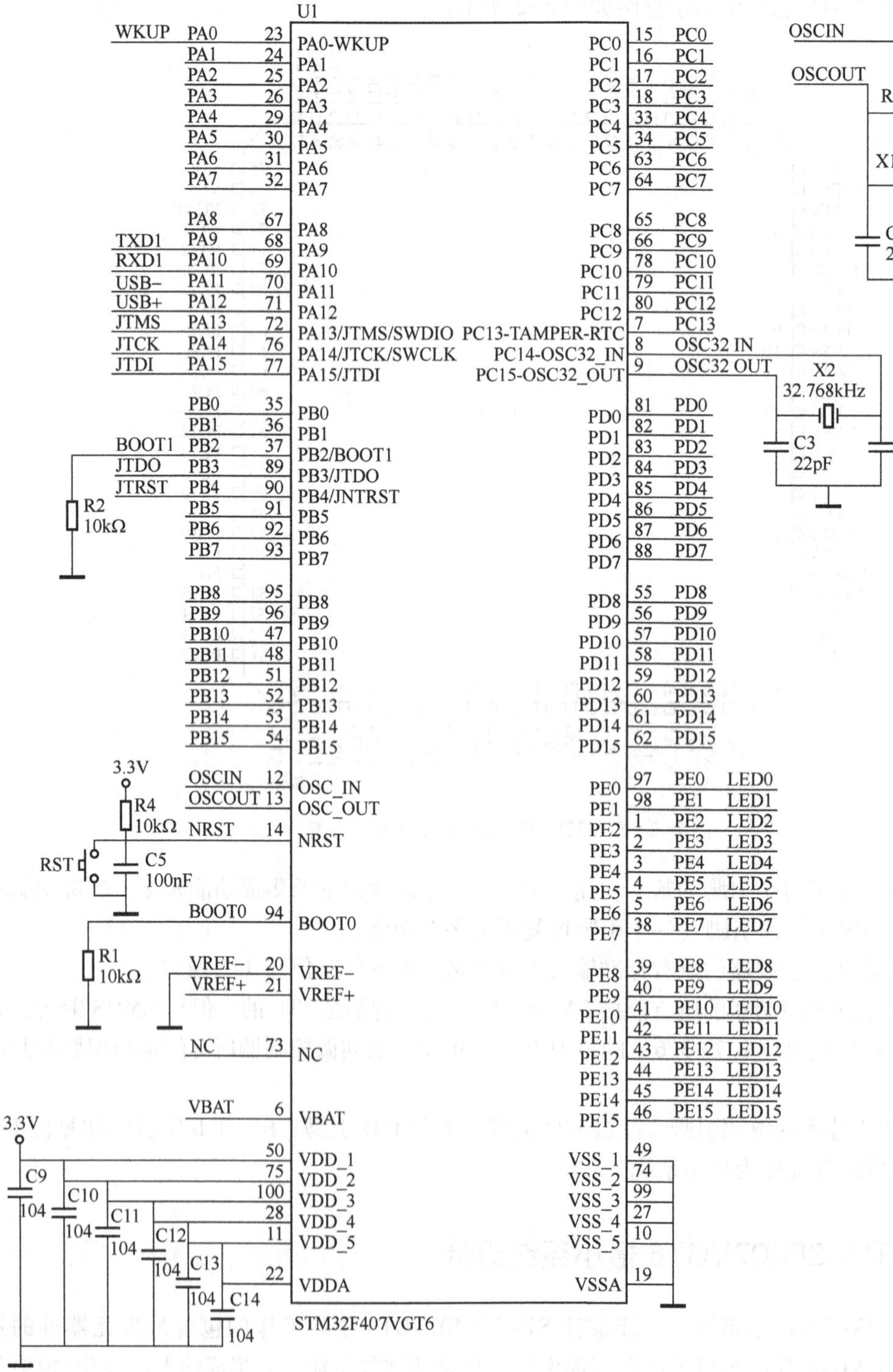

图 2-3 STM32F407VGT6 的最小系统核心电路原理图

1. 复位电路

STM32F407VGT6 的 NRST 引脚采用 CMOS 工艺设计，内部集成了一个典型值为 40 kΩ 的上拉电阻 Rpu，外部连接了一个上拉电阻 R4、按键 RST 及电容 C5。当 RST 按键按下时，NRST 引脚电位变为 0，通过这个方式实现手动复位。

2. 晶体振荡电路

STM32F407VGT6 外接了两个晶振：一个 25 MHz 的晶振 X1，提供给高速外部时钟；一个 32.768 kHz 的晶振 X2，提供给全低速外部时钟。

3. 启动设置电路

启动设置电路由启动设置引脚 BOOT1 和 BOOT0 构成。二者均通过 10 kΩ 的电阻接地，配置为从主 Flash 启动模式。

4. JTAG 接口电路

为了方便系统采用 J-Link 仿真器进行下载和在线仿真，在最小系统中预留了 JTAG 接口电路。

2.6 STM32 通用输入输出（GPIO）

本节首先概述 GPIO 的基本构成，包括输入通道和输出通道；然后详细讲述 GPIO 的多种功能，如普通 I/O 功能、输入配置、输出配置。

2.6.1 STM32 GPIO 接口概述

STM32 的 GPIO 接口使嵌入式处理器能够灵活地读写各个引脚，实现与外部系统的信息交换。GPIO 用于接收开关量信号、脉冲信号等输入，或输出数据到外部设备，如 LED、数码管、继电器等。STM32F407ZGT6 具有 112 个 GPIO，分布在 7 个端口（PA~PG）中，每个端口有 16 个引脚。

GPIO 接口的功能是让嵌入式处理器能够通过软件灵活地读出或控制单个物理引脚上的高、低电平，实现内核和外部系统之间的信息交换。GPIO 是嵌入式处理器使用最多的外设，能够充分利用其通用性和灵活性，是嵌入式开发者必须掌握的重要技能。作为输入时，GPIO 可以接收来自外部的开关量信号、脉冲信号等，如来自键盘、拨码开关的信号；作为输出时，GPIO 可以将内部的数据传送给外部设备或模块，如输出到 LED、数码管、控制继电器等。

正是因为 GPIO 作为外设具有无与伦比的重要性，所以 STM32 上除特殊功能的引脚外，所有引脚都可以作为 GPIO 使用。以常见的 LQFP144 封装的 STM32F407ZGT6 为例，有 112 个引脚可以作为双向 I/O 使用。为便于使用和记忆，STM32 将它们分配到不同的“组”中，在每个组中再对其进行编号。具体来讲，每个组称为一个端口，端口号通常以大写字母命名，从 A 开始，依次简写为 PA、PB 或 PC 等。每个端口中最多有 16 个 GPIO，软件既可以读写单个 GPIO，也可以通过指令一次读写端口中全部 16 个 GPIO。每个端口内部的 16 个 GPIO 又被分别标以 0~15 的编号，从而可以通过 PA0、PB5 或 PC10 等方式指代单个的 GPIO。以 STM32F407ZGT6 为例，它共有 7 个端口（PA、PB、PC、PD、PE、PF 和 PG），每个端口有 16 个 GPIO，共 7×16（即 112）个 GPIO。

几乎在所有的嵌入式系统应用中，都涉及开关量的输入和输出功能，如状态指示、报警输出、继电器闭合和断开、按钮状态读入、开关量报警信息的输入等。这些开关量的输入和控制输出都可以通过 GPIO 接口实现。

GPIO 接口的每个位都可以由软件分别配置成以下模式。

1）输入浮空：浮空（Floating）就是逻辑器件的输入引脚既不接高电平，也不接低电平。由于逻辑器件的内部结构特性，当输入引脚浮空时，可能会被误判为高电平。一般实际运用时，引脚不建议浮空，以避免受到干扰。

2）输入上拉：上拉就是把电压拉高，比如拉到 V_{CC}。上拉就是通过电阻将不确定的信号钳位在高电平。该电阻同时起限流作用。上拉强度仅由电阻阻值决定。

3）输入下拉：下拉就是把电压拉低，拉到 GND。与上拉原理相似。

4）模拟输入：模拟输入是指传统方式的模拟量输入。数字输入是输入数字信号，即 0 和 1 的二进制数字信号。

5）具有上拉/下拉功能的开漏输出模式：输出端相当于晶体管的集电极。要得到高电平状态，需要上拉电阻才行。该模式适合于做电流型的驱动，其吸收电流的能力相对较强（一般 20 mA 以内）。

6）具有上拉/下拉功能的推挽输出模式：可以输出高低电平，连接数字器件；推挽结构一般是指两个晶体管分别受两个互补信号的控制，总是在一个晶体管导通时另一个截止。

7）具有上拉/下拉功能的复用功能推挽模式：可以理解为 GPIO 接口被用作第二功能时的配置情况（并非作为通用 I/O 接口使用）。

8）具有上拉/下拉功能的复用功能开漏模式：复用功能可以理解为 GPIO 接口被用作第二功能时的配置情况（即并非作为通用 I/O 接口使用）。

每个 GPIO 接口都包括 4 个 32 位配置寄存器（GPIOx_MODER、GPIOx_OTYPER、GPIOx_OSPEEDR 和 GPIOx_PUPDR）、2 个 32 位数据寄存器（GPIOx_IDR 和 GPIOx_ODR）、1 个 32 位置位/复位寄存器（GPIOx_BSRR）、1 个 32 位配置锁存寄存器（GPIOx_LCKR）和 2 个 32 位复用功能选择寄存器（GPIOx_AFRH 和 GPIOx_AFRL）。应用程序通过对这些寄存器的操作实现 GPIO 的配置和应用。

一个 I/O 接口的基本结构如图 2-4 所示。

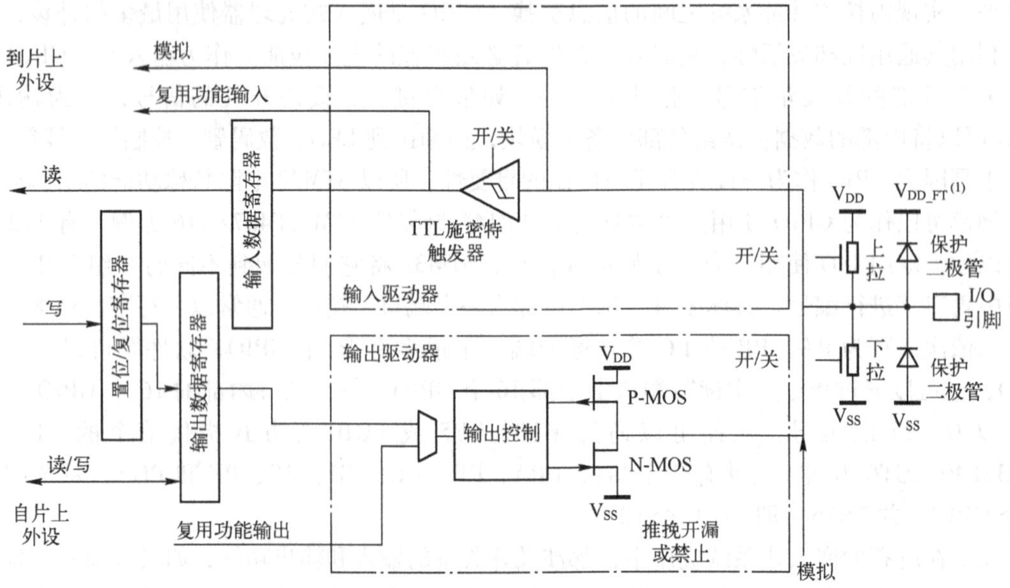

图 2-4　一个 I/O 接口的基本结构

STM32 的 GPIO 资源非常丰富，包括 26、37、51、80、112 个多功能双向 5 V 的兼容的快速 I/O 接口，而且所有的 I/O 接口都可以映射到 16 个外部中断。对于 STM32 的学习，应该从最基本的 GPIO 开始学习。

每个 GPIO 引脚都可以由软件配置成输出模式（推挽或开漏）、输入模式（带或不带上拉/下拉）或复用功能模式。每个 I/O 接口位都可以自由编程，然而 I/O 接口寄存器必须按 32 位字被访问（不允许以半字或字节访问）。GPIOx_BSRR 和 GPIOx_BRR 寄存器允许对任何 GPIO 寄存器的读/更改进行独立访问，这样，在读和更改访问之间产生 IRQ 时不会出现竞争风险。常用的 I/O 接口寄存器只有 4 个：CRL、CRH、IDR、ODR。CRL 和 CRH 控制着每个 I/O 接口的模式及输出速率。

多数 GPIO 引脚都与数字或模拟的复用外设共用。除了具有模拟输入功能的端口外，所有的 GPIO 引脚都有大电流通过能力。

I/O 接口位的基本结构包括以下几部分。

1. 输入通道

输入通道包括输入数据寄存器和输入驱动器。在接近 I/O 引脚处连接了两只保护二极管。

输入驱动器中的另一个部件是 TTL 施密特触发器，当 I/O 接口位用于开关量输入或者复用功能输入时，TTL 施密特触发器用于对输入波形进行整形。

GPIO 的输入驱动器主要由 TTL 肖特基触发器、带开关的上拉电阻电路和带开关的下拉电阻电路组成。值得注意的是，与输出驱动器不同，GPIO 的输入驱动器没有多路选择开关，输入信号送到 GPIO 输入数据寄存器的同时也送给片上外设，所以 GPIO 的输入没有复用功能选项。

根据 TTL 肖特基触发器、上拉电阻端和下拉电阻端两个开关的状态，GPIO 的输入可分为以下 4 种。

1）模拟输入：TTL 肖特基触发器关闭。

2）上拉输入：GPIO 内置上拉电阻，此时，GPIO 内部上拉电阻端的开关闭合，GPIO 内部下拉电阻端的开关打开。该模式下，引脚在默认情况下输入为高电平。

3）下拉输入：GPIO 内置下拉电阻，此时，GPIO 内部下拉电阻端的开关闭合，GPIO 内部上拉电阻端的开关打开。该模式下，引脚在默认情况下输入为低电平。

4）浮空输入：GPIO 内部既无上拉电阻也无下拉电阻，此时，GPIO 内部上拉电阻端和下拉电阻端的开关都处于打开状态。该模式下，引脚在默认情况下为高阻态（即浮空），其电平高低完全由外部电路决定。

2. 输出通道

输出通道包括位设置/清除寄存器、输出数据寄存器、输出驱动器。

要输出的开关量数据首先写入位设置/清除寄存器，通过读写命令进入输出数据寄存器，然后进入输出驱动器的输出控制模块。输出控制模块可以接收开关量的输出和复用功能输出。输出的信号通过由 P-MOS 和 N-MOS 场效应晶体管构成的输出驱动电路输出到引脚。通过软件设置，P-MOS 和 N-MOS 场效应晶体管可以配置成推挽模式、开漏模式或者关闭模式。

GPIO 的输出驱动器主要由多路选择器、输出控制逻辑和一对互补的 MOS 管组成。

2.6.2　STM32 GPIO 的功能

本小节讲述 STM32 GPIO 的功能。

1. 普通 I/O 功能

复位期间和刚复位后，复用功能未开启，I/O 接口被配置成浮空输入模式。

复位后，JTAG 引脚被置于输入上拉或下拉模式。

1）PA13：JTMS 置于上拉模式。

2）PA14：JTCK 置于下拉模式。

3）PA15：JTDI 置于上拉模式。

4）PB4：JNTRST 置于上拉模式。

当作为输出配置时，写到输出数据寄存器（GPIOx_ODR）上的值输出到相应的 I/O 引脚。可以以推挽模式或开漏模式（当输出 0 时，只有 N-MOS 被打开）使用输出驱动器。

输入数据寄存器（GPIOx_IDR）在每个 APB2 时钟周期捕捉 I/O 引脚上的数据。

所有 GPIO 引脚都有一个内部弱上拉电阻和弱下拉电阻。当引脚配置为输入模式时，它们可以被激活，也可以被断开。

2. 输入配置

当 I/O 接口配置为输入时：

1）输出缓冲器被禁止。

2）施密特触发输入被激活。

3）根据输入配置（上拉、下拉或浮动）的不同，弱上拉电阻和弱下拉电阻被连接。

4）出现在 I/O 引脚上的数据在每个 APB2 时钟处都被采样到输入数据寄存器。

5）对输入数据寄存器的读访问可得到 I/O 状态。

I/O 接口的输入配置如图 2-5 所示。

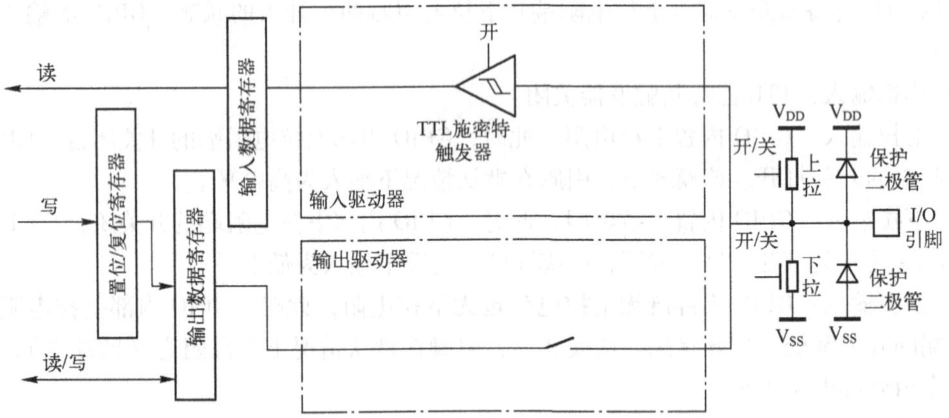

图 2-5　I/O 接口的输入配置

3. 输出配置

当 I/O 接口被配置为输出时：

1）输出缓冲器被激活。

① 开漏模式：输出寄存器上的 0 激活 N-MOS，而输出寄存器上的 1 将端口置于高阻状态（P-MOS 从不被激活）。

② 推挽模式：输出寄存器上的 0 激活 N-MOS，而输出寄存器上的 1 将激活 P-MOS。

2）施密特触发输入被激活。

3）弱上拉电阻和弱下拉电阻被禁止。

4）出现在 I/O 引脚上的数据在每个 APB2 时钟处都被采样到输入数据寄存器。

5）在开漏模式时，对输入数据寄存器的读访问可得到 I/O 状态。

6）在推挽模式时，对输出数据寄存器的读访问得到最后一次写的值。

I/O 接口的输出配置如图 2-6 所示。

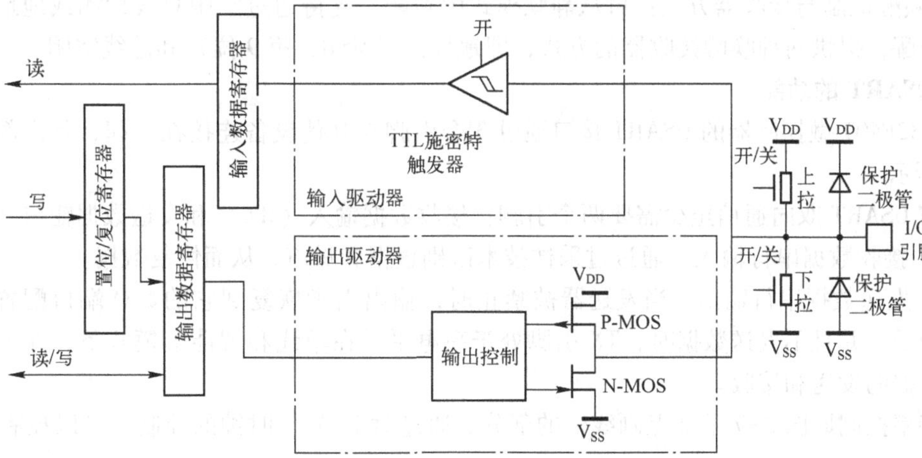

图 2-6　I/O 接口的输出配置

2.7　STM32 串口 USART

目前，大多数半导体厂商选择在微控制器内部集成 UART 模块。ST 有限公司的 STM32F407 系列微控制器也不例外，在它内部配备了强大的 UART 模块——USART（Universal Synchronous/Asynchronous Receiver/Transmitter，通用同步/异步收发器）。STM32F407 的 USART 模块不仅具备 UART 接口的基本功能，而且还支持同步单向通信、LIN（Local Interconnect Network，局部互联网）协议、智能卡协议、IrDA SIR 编码/解码规范、调制解调器（CTS/RTS）操作。

1. USART 介绍

USART 是嵌入式系统中极为常用的外设，因其简单通用而广受青睐。自 20 世纪 70 年代由 Intel 公司发明以来，USART 接口已广泛应用于从高性能计算机到单片机的各种设备中，实现简单的数据交换。其物理连接简便，仅需 2 或 3 根线即可通信。在嵌入式系统开发中，USART 常被用作调试手段，通过向 PC 发送运行状态信息，帮助开发者定位错误并加快调试进度。此外，USART 通信适应多种物理层，在工业控制领域有广泛应用，是串行接口的工业标准。STM32F407 微控制器根据不同容量配置有 2 或 3 个 USART 及最多 2 个 UART。

2. USART 的主要特性

USART 的主要特性如下。

1）基本特性与功能：支持全双工、异步通信，采用 NRZ 标准格式，具备分数波特率发生器系统，发送和接收共用的可编程波特率最高达 10.5 Mbit/s。

2）数据格式与同步：可编程数据字长度为 8 位或 9 位，支持 1 或 2 个停止位，具有 LIN 主发送同步断开符的能力以及 LIN 从检测断开符的能力，发送方为同步传输提供时钟。

3）编码与解码能力：内置 IRDA SIR 编码器/解码器，支持正常模式下的 3/16 位持续时间，具备智能卡模拟功能，支持 ISO 7816-3 标准。

4）通信与缓冲管理：支持单线半双工通信，可配置使用DMA的多缓冲器通信，具有单独的发送器和接收器使能位，以及多种检测标志和校验控制功能。

5）错误检测与中断处理：提供4个错误检测标志，包括溢出错误、噪声错误、帧错误和校验错误，具有10个带标志的中断源，支持多处理器通信，并在地址不匹配时进入静默模式。

6）唤醒机制与接收器方式：可从静默模式中唤醒，支持通过空闲总线检测或地址标志检测进行唤醒，提供两种唤醒接收器的方式，即地址位（MSB，第9位）和总线空闲。

3. USART 的功能

STM32F407 微控制器的 USART 接口通过 3 个引脚与其他设备连接在一起，其内部结构如图 2-7 所示。

任何 USART 双向通信至少需要两个引脚：接收数据输入（RX）和发送数据输出（TX）。

RX：接收数据串行输入。通过过采样技术区别数据和噪声，从而恢复数据。

TX：发送数据串行输出。当发送器被禁止时，输出引脚恢复到它的 I/O 端口配置。当发送器被激活，并且不发送数据时，TX 引脚处于高电平。在单线和智能卡模式下，此 I/O 被同时用于数据的发送和接收。

波特率控制即图 2-7 下部点画线框的部分。通过对 USART 时钟的控制，可以控制 USART 的数据传输速度。

USART 外设时钟源根据 USART 编号的不同而不同：对于挂载在 APB2 总线上的 USART1，它的时钟源是 f_{PCLk2}；对于挂载在 APB1 总线上的其他 USART（如 USART2 和 USART3 等），它们的时钟源是 f_{PCLk1}。以上 USART 外设时钟源经各自 USART 的分频系数——USARTDIV 分频后，分别输出并作为发送器时钟和接收器时钟，控制发送和接收的时序。

波特率决定了 USART 数据通信的速率，通过改变 USART 外设时钟源的分频系数 USARTDIV，可以设置 USART 的波特率。然后换算成存储到波特率寄存器（USART_BRR）的数据。

标准 USART 的波特率计算公式：

$$\text{波特率}=f_{PCLk}/(8\times(2-\text{OVER8})\times\text{USARTDIV})$$

式中，f_{PCLk}是 USART 总线时钟；OVER8 是过采样设置；USARTDIV 是需要存储在 USART_BRR 中的数据。

USART_BRR 由以下两部分组成，即 USARTDIV 的整数部分：USART_BRR 的位 15:4，即 DIV_Mantissa[11:0]。USARTDIV 的小数部分：USART_BRR 的位 3:0，即 DIV_Fraction[3:0]。

接收器采用过采样技术（除了同步模式）检测接收到的数据，这可以从噪声中提取有效数据。可通过编程 USART_CR1 中的 OVER8 位选择采样方法，且采样时钟可以是波特率时钟的 16 倍或 8 倍。

8 倍过采样（OVER8=1）：此时以 8 倍波特率的采样频率对输入信号进行采样，每个采样数据位被采样 8 次。此时可以获得最高的波特率（$f_{PCLk}/16$）。根据采样中间的 3 次采样（第 4、5、6 次），判断当前采样数据位的状态。

16 倍过采样（OVER8=0）：此时以 16 倍波特率的采样频率对输入信号进行采样，每个采样数据位被采样 16 次。此时可以获得最高的波特率（$f_{PCLk}/16$）。根据采样中间的 3 次采样（第 8、9、10 次），判断当前采样数据位的状态。

收发控制即图 2-7 的中间部分。该部分由若干个控制寄存器组成，如 USART 控制寄存器（Control Register，包括 CR1、CR2、CR3）和 USART 状态寄存器（Status Register，SR）等。

通过向以上控制寄存器写入各种参数，控制 USART 数据的发送和接收。同时，通过读取状态寄存器，可以查询 USART 当前的状态。USART 状态的查询和控制可以通过库函数实现，因此，读者无须深入了解这些寄存器的具体细节（如各个位代表的意义），学会使用 USART 相关的库函数即可。

数据存储转移即图 2-7 上部灰色的部分。它的核心是两个移位寄存器：发送移位寄存器和接收移位寄存器。这两个移位寄存器负责收发数据并进行并/串转换。

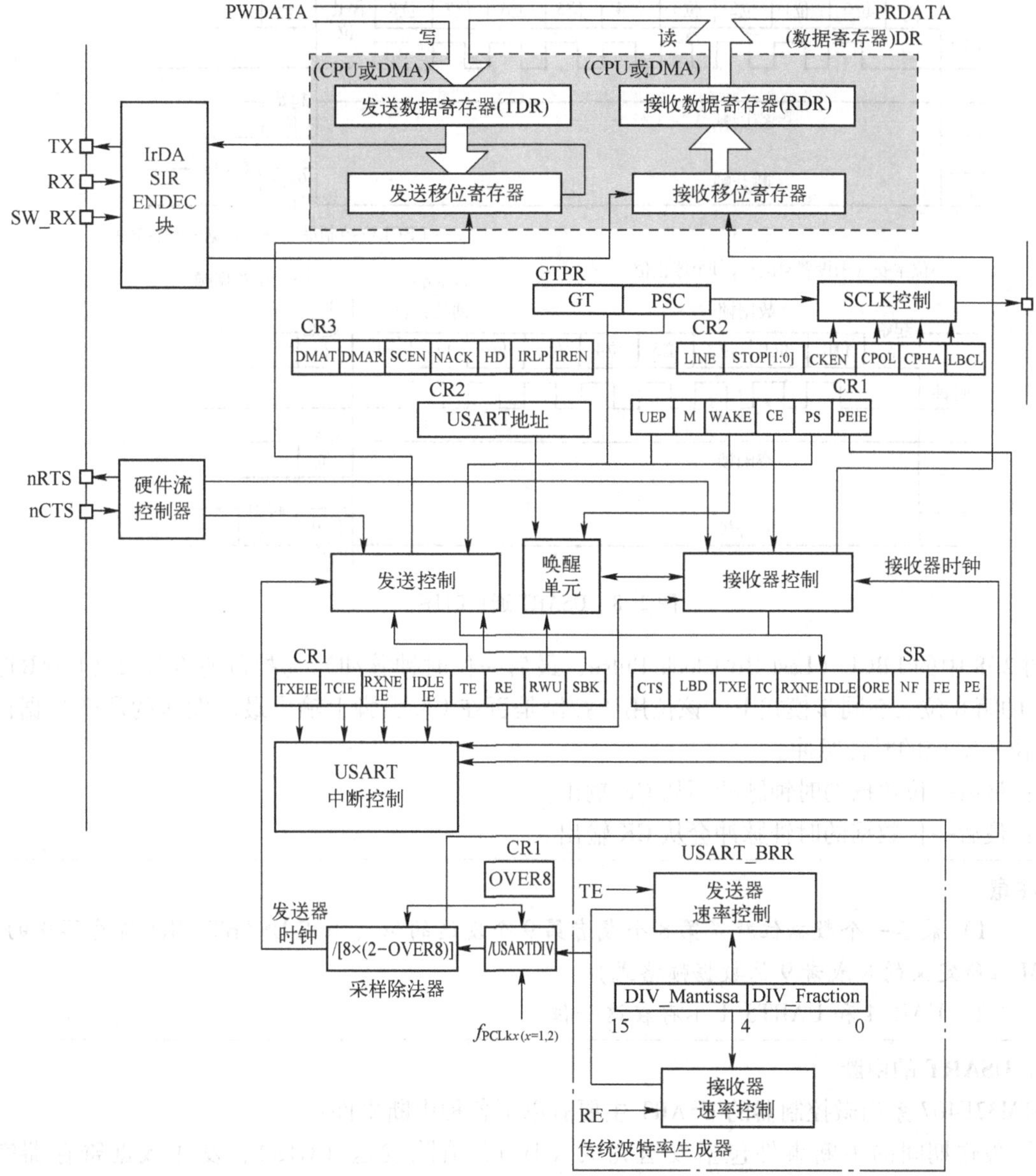

图 2-7　USART 内部结构

4. USART 的通信时序

可以通过编程 USART_CR1 寄存器中的 M 位，选择 8 或 9 位字长，USART 通信时序如图 2-8 所示。

在起始位期间，TX 引脚处于低电平；在停止位期间，TX 引脚处于高电平。空闲符号被视为完全由 1 组成的一个完整的数据帧，后面跟着包含了数据下一帧的开始位。断开符号被视为在一个帧周期内全部收到 0 的数据帧。在断开帧结束时，发送器再插入 1 或 2 个停止位（高电平），以指示帧的结束，并为接收下一帧的起始位做准备。发送和接收由一个共用的波特率发生器驱动，当发送器和接收器的使能位分别置位时，为其产生时钟。

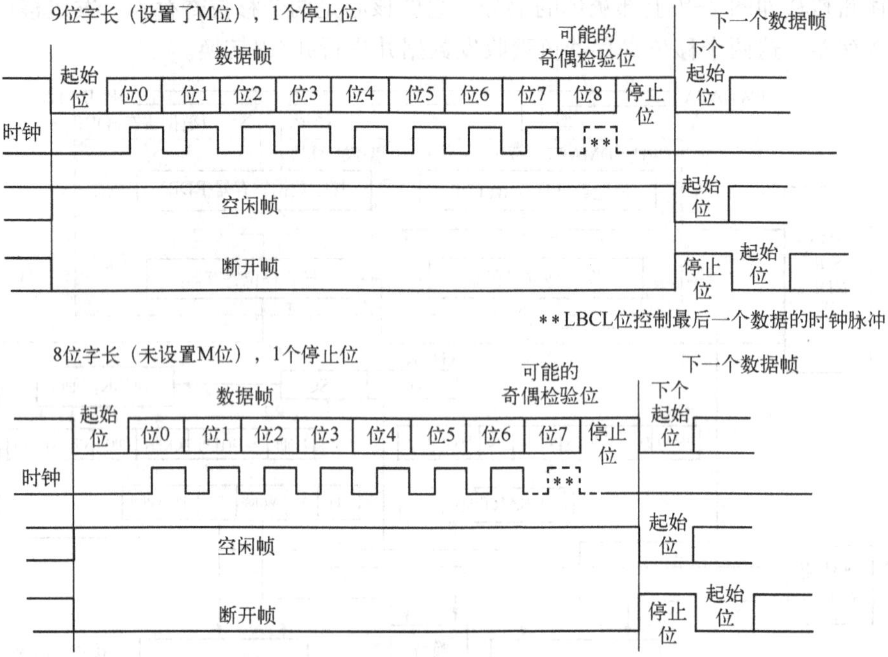

图 2-8 USART 通信时序

图 2-8 中的 LBCL（Last Bit Clock Pulse，最后一位时钟脉冲）为控制寄存器 2（USART_CR2）的第 8 位。在同步模式下，该位用于控制是否在 CK 引脚上输出最后发送的那个数据位（最高位）对应的时钟脉冲。

0：最后一位数据的时钟脉冲不从 CK 输出。

1：最后一位数据的时钟脉冲会从 CK 输出。

注意

1）最后一个数据位就是第 8 个或者第 9 个发送的位（根据 USART_CR1 寄存器中的 M 位所定义的 8 或者 9 位数据帧格式）。

2）UART4 和 UART5 上不存在这一位。

5. USART 的中断

STM32F407 系列微控制器的 USART 主要有以下各种中断事件：

1）发送期间的中断事件包括发送完成（TC）、清除发送（CTS）、发送数据寄存器空（TXE）。

2）接收期间的中断事件包括空闲总线检测（IDLE）、溢出错误（ORE）、接收数据寄存器非空（RXNE）、校验错误（PE）、LIN 断开检测（LBD）、噪声错误（NE，仅在多缓冲器通信）和帧错误（FE，仅在多缓冲器通信）。

如果设置了对应的使能控制位，这些事件就可以产生各自的中断。

2.8 STM32 外设例程

为了熟练掌握 STM32F407 微控制器的外设（GPIO、EXTI、TIM 和 USART），在本章的数字资源中提供了图 2-9 所示的已移植好 RT-Thread 的程序代码。这些程序代码可以运行在野火霸天虎开发板上，也可以修改代码后在其他开发板上运行。

图 2-9　STM32F407 微控制器外设的程序代码

习　题

1. STM32F407 的主要特性有哪些？
2. STM32F407xx 标准与高级通信接口的主要功能有哪些？
3. 简述 STM32F407VGT6 最小系统。
4. GPIO 接口的功能是什么？
5. GPIO 接口的工作模式有哪些？
6. USART 的主要特性是什么？

第 3 章 RT-Thread 线程管理

本章详细讲述 RT-Thread 实时操作系统中的线程管理机制及其应用。首先介绍线程管理的功能特点，概述线程在操作系统中的重要性。接着深入探讨线程的工作机制，包括线程控制块、线程的重要属性、线程状态切换及系统线程等内容。随后详细说明线程的管理方式，涵盖创建和删除线程、初始化和脱离线程、启动线程、获取当前线程、使线程让出处理器资源、使线程睡眠、挂起和恢复线程、控制线程、设置和删除空闲钩子及设置调度器钩子等操作方法。本章还提供多个线程应用示例，包括创建线程、线程时间片轮转调度及线程调度器钩子等示例，通过实际代码演示帮助读者理解和掌握线程管理的具体操作和应用场景，使读者能够灵活运用线程管理技术进行系统开发和优化。

3.1 线程管理的功能特点

在日常生活中，为了完成复杂的任务，人们往往会将其分解成多个简单、易于解决的小问题，通过逐一解决这些小问题，最终能够完成整个大任务。类似地，在多线程操作系统中，开发人员也需要采用这种策略，将复杂的应用程序分解成多个小的、可调度的程序单元。当任务划分得当且正确执行时，这种设计能够让系统满足实时性能和时间要求。

以嵌入式系统为例，假设需要采集传感器数据并实时显示在屏幕上。在多线程实时系统中，可以将这个任务合理地分解为两个子任务（如图 3-1 所示）。第一个子任务负责持续不断地读取传感器数据，并将其写入共享内存中；而第二个子任务则周期性地从共享内存中读取这些数据，并将其显示在屏幕上。通过这种方式，两个子任务协同工作，共同完成了整个复杂任务。

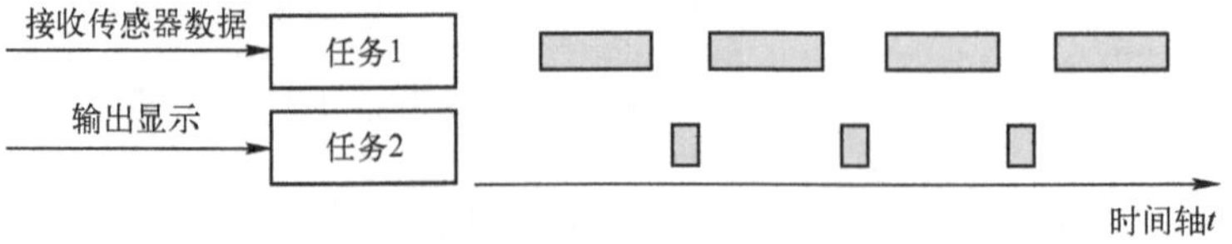

图 3-1　传感器数据接收任务与显示任务的切换执行

在 RT-Thread 操作系统中，子任务对应的程序实体是线程。线程作为实现任务的载体，是 RT-Thread 中最基本的调度单位。它定义了任务执行的运行环境和优先等级。对于重要的任务，可以为其设置较高的优先级；而对于不那么重要的任务，则可以设置较低的优先级。不同的任务也可以被设定为相同的优先级，此时它们将轮替运行。

当线程在运行时，它会认为自己独占 CPU。线程的运行环境称为“上下文”，它包含了各类变量和数据，如寄存器变量、堆栈及内存信息等。

RT-Thread 的线程管理主要涵盖了对线程的管理和调度。系统中存在两类线程：系统线程和用户线程。系统线程是由 RT-Thread 内核创建的，而用户线程则是由应用程序创建的。这两类线程都会从内核的对象容器中分配线程对象。当线程被删除时，它也会被从对象容器中移除（如图 3-2 所示）。每个线程都具备一些重要的属性，包括线程控制块、线程栈及入口函数等。

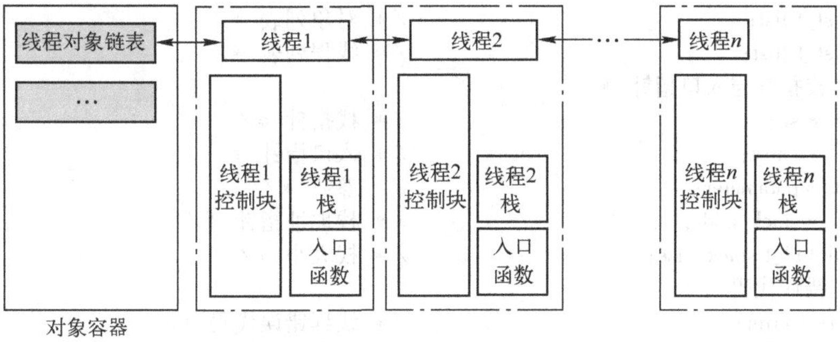

图 3-2 对象容器与线程对象

RT-Thread 的线程调度器采用抢占式调度策略。其核心机制是从就绪线程列表中查找并运行最高优先级的线程，以确保最高优先级的任务总是能够获得 CPU 的使用权。

当一个正在运行的线程使得一个比它优先级更高的线程满足运行条件时，当前线程的 CPU 使用权会被剥夺，而优先级更高的线程则会立即获得 CPU 的使用权。同样地，如果中断服务程序使得一个高优先级的线程满足运行条件，那么在中断完成时，被中断的线程会挂起，而优先级更高的线程则会开始运行。

在线程切换的过程中，调度器会先保存当前线程的上下文信息，然后切换到新线程的上下文信息，以确保线程在恢复时能够在正确的环境下继续运行。

通过这种严谨且高效的多线程设计与调度机制，RT-Thread 能够充分满足嵌入式系统对实时性能和资源管理的高要求。

3.2 线程的工作机制

RT-Thread 的线程工作机制通过线程控制块（Thread Control Block，TCB）来管理线程的状态、优先级、堆栈等关键属性。每个线程都拥有独立的堆栈空间和上下文环境。调度器会根据线程的优先级，选择最合适的线程来执行，并实现线程切换和上下文切换。

线程可以处于就绪、运行、挂起、等待等多种状态，并且可以通过系统调用进行线程的创建、删除、延时及通信等操作。为了确保多任务操作的高效性和实时性，线程间可以通过信号量、消息队列、邮箱等多种方式进行同步和通信。

3.2.1 线程控制块

在 RT-Thread 操作系统中，线程控制块由结构体 struct rt_thread 来表示。这是一个专门用于操作系统管理线程的数据结构，存储了线程的各种信息，如优先级、线程名称、线程状态等。此外，该结构体还包含了线程与线程之间连接所用的链表结构，以及线程等待的事件集合等。其详细定义如下：

```
/* 线程控制块 */
struct rt_thread
{
    /* rt 对象 */
    char name[RT_NAME_MAX];                  /* 线程名称 */
    rt_uint8_t type;                         /* 对象类型 */
    rt_uint8_t flags;                        /* 标志位 */
    rt_list_t list;                          /* 对象列表 */
    rt_list_t tlist;                         /* 线程列表 */
    /* 栈指针与入口指针 */
    void *sp;                                /* 栈指针 */
    void *entry;                             /* 入口指针 */
    void *parameter;                         /* 参数 */
    void *stack_addr;                        /* 栈地址指针 */
    rt_uint32_t stack_size;                  /* 栈大小 */
    /* 错误代码 */
    rt_err_t error;                          /* 线程错误代码 */
    rt_uint8_t stat;                         /* 线程状态 */
    /* 优先级 */
    rt_uint8_t current_priority;             /* 当前优先级 */
    rt_uint8_t init_priority;                /* 初始优先级 */
    rt_uint32_t number_mask;
    ...
    rt_ubase_t init_tick;                    /* 线程初始化计数值 */
    rt_ubase_t remaining_tick;               /* 线程剩余计数值 */
    struct rt_timer thread_timer;            /* 内置线程定时器 */
    void (*cleanup)(struct rt_thread *tid);  /* 线程退出清除函数 */
    rt_uint32_t user_data;                   /* 用户数据 */
};
```

init_priority 是线程创建时指定的线程优先级，它在线程的运行过程中是保持不变的，除非用户通过执行线程控制函数来手动调整线程的优先级。cleanup()函数则会在线程退出时被空闲线程回调一次，以便执行用户设置的清理现场等工作。至于最后一个成员 user_data，它允许用户挂接一些数据信息到线程控制块中，从而提供了一种类似线程私有数据的实现方式。

3.2.2 线程的重要属性

RT-Thread 线程的重要属性包括线程控制块（TCB）、优先级、堆栈大小、运行状态及时间片。在 TCB 中记录了线程的所有关键信息，如线程 ID、优先级和上下文等。

1. 线程栈

RT-Thread 线程具有独立的栈空间。当进行线程切换时，系统会将当前线程的上下文信息保存在栈中；而当线程需要恢复运行时，系统则会从栈中读取上下文信息进行恢复。

此外，线程栈还用于存放函数中的局部变量。这些局部变量最初是从寄存器中分配的（特别是在 ARM 架构下）。当函数再调用另一个函数时，这些局部变量会被放入栈中。

对于线程的首次运行，可以手动构造这个上下文来设置一些初始的环境，包括入口函数（PC 寄存器）、入口参数（R0 寄存器）、返回位置（LR 寄存器）及当前机器的运行状态（CPSR 寄存器）。

线程栈的增长方向与芯片的构架密切相关。在 RT-Thread 3.1.0 以前的版本中，系统仅支持栈由高地址向低地址增长的方式。对于 ARM Cortex-M 架构，线程栈的构造方式（ARM）如图 3-3 所示。

线程栈的大小可以这样设定：对于资源相对丰富的 MCU，可以适当地设计较大的线程栈。另外，也可以在初始时设置一个较大的栈，例如指定大小为 1024 或 2048 字节。然后，在 FinSH 中使用 list_thread 命令来查看线程在运行过程中所使用的栈的大小。通过这个命令，能够观察到从线程启动运行时到当前时刻，线程所使用的最大栈深度。在此基础上，可以加上适当的余量来确定最终的线程栈大小，并对栈空间的大小进行相应的修改。

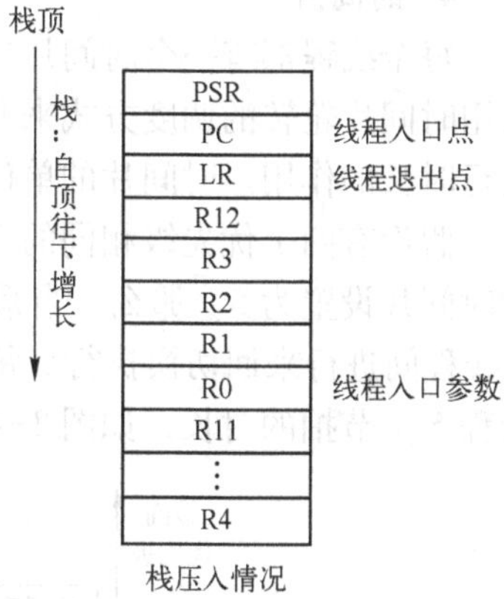

图 3-3　线程栈的构造方式（ARM）

2. 线程状态

线程在运行过程中，同一时间内只允许一个线程在处理器中运行。从运行过程的角度来看，线程有多种不同的运行状态。在 RT-Thread 中，线程包含 5 种状态，操作系统会根据线程的运行情况自动动态调整其状态。以下是 RT-Thread 中线程的 5 种状态。

（1）初始状态

当线程刚被创建且还未开始运行时，它就处于初始状态。在初始状态下，线程不参与调度。RT-Thread 中使用宏 RT_THREAD_INIT 来表示这种状态。

（2）就绪状态

在就绪状态下，线程已经准备好运行，并按照优先级排队以等待被执行。一旦当前线程运行完毕并释放处理器，操作系统就会立即寻找最高优先级的就绪状态线程来运行。RT-Thread 中使用宏 RT_THREAD_READY 来表示这种状态。

（3）运行状态

线程处于运行状态，正在占用 CPU 资源执行指令。在单核系统中，只有 rt_thread_self( ) 函数返回的线程处于运行状态；而在多核系统中，可能不止这一个线程处于运行状态。RT-Thread 中使用宏 RT_THREAD_RUNNING 来表示这种状态。

（4）挂起状态（也称阻塞态）

线程可能因为资源不可用而挂起等待，或者线程主动延时一段时间而挂起。在挂起状态下，线程不参与调度。RT-Thread 中使用宏 RT_THREAD_SUSPEN 来表示这种状态。

（5）关闭状态

当线程运行结束时，它将处于关闭状态。处于关闭状态的线程不参与线程的调度。RT-Thread 中使用宏 RT_THREAD_CLOSE 来表示这种状态。

3. 线程优先级

RT-Thread 线程的优先级表示线程被调度的优先程度。每个线程都具有一个优先级，线程的重要性越高，就应该赋予它越高的优先级，这样线程被调度的可能性才会越大。

RT-Thread 最大支持 256 个线程优先级，范围为 0～255，其中数值越小的优先级越高，0 代表最高优先级。在一些资源相对紧张的系统中，可以根据实际情况选择只支持 8 个或 32 个优先级的系统配置。对于 ARM Cortex-M 系列，普遍采用 32 个优先级的配置。

最低优先级默认分配给空闲线程使用，用户一般不使用这个优先级。在系统中，当有比当前线程优先级更高的线程就绪时，当前线程将立刻被换出，高优先级的线程会抢占处理器并运行。

4. 时间片

每个线程都有一个时间片参数，但这个参数仅对优先级相同的就绪状态线程有效。当系统采用时间片轮转的调度方式来调度优先级相同的就绪状态线程时，时间片起到了约束线程单次运行时长的作用。时间片的单位是一个系统节拍（OSTick）。

假设有两个优先级相同的就绪状态线程 A 和 B，其中 A 线程的时间片设置为 10，B 线程的时间片设置为 5。那么，当系统中不存在比 A 优先级更高的就绪状态线程时，系统会在 A、B 线程间进行来回切换执行。每次切换时，系统会执行 A 线程 10 个节拍的时长，然后执行 B 线程 5 个节拍的时长，如图 3-4 所示。

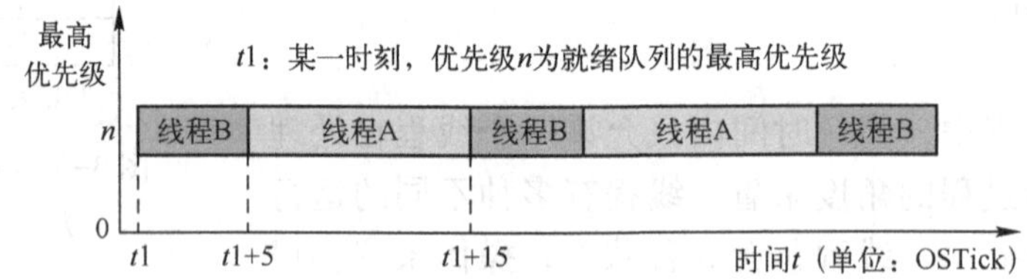

图 3-4　相同优先级时间片轮转

5. 线程的入口函数

线程控制块中的 entry 是线程的入口函数，它是线程实现预期功能的函数。线程的入口函数由用户设计实现，一般有以下两种代码形式。

（1）无限循环模式

在实时系统中，线程通常是被动式的：这个是由实时系统的特性所决定的，实时系统通常总是等待外界事件的发生，而后进行相应的服务。

```
void thread_entry( void * paramenter)
{
  while (1)
  {
    /* 等待事件的发生 */
    /* 对事件进行服务、进行处理 */
  }
}
```

线程看似没有什么限制程序执行的因素，似乎所有的操作都可以执行。但是作为一个实时系统，特别是一个优先级明确的实时系统，如果一个线程中的程序陷入了死循环操作，那么比它优先级低的线程都将不能够得到执行。所以在实时操作系统中必须注意的一点就是，线程不能陷入死循环操作，必须要有让出 CPU 使用权的动作，如循环中调用延时函数或者主动挂起。用户设计这种无线循环的线程，就是为了让这个线程一直被系统循环调度运行，永不删除。

（2）顺序执行模式或有限次循环模式

如简单的顺序语句、do…whlie 或 for 循环等，此类线程不会循环或不会永久循环，可谓是“一次性”线程，一定会被执行完毕。在执行完毕后，线程将被系统自动删除。

```
static void thread_entry( void * parameter)
{
    /* 处理事务#1 */
    …
    /* 处理事务#2 */
```

```
    …
    /* 处理事务#3 */
}
```

6. 线程错误码

一个线程就是一个执行场景，错误码是与执行环境密切相关的，所以每个线程都配备了一个变量用于保存错误码，线程的错误码有以下几种：

```
#define RT_EOK 0           /* 无错误 */
#define RT_ERROR 1         /* 普通错误 */
#define RT_ETIMEOUT 2      /* 超时错误 */
#define RT_EFULL 3         /* 资源已满 */
#define RT_EEMPTY 4        /* 无资源 */
#define RT_ENOMEM 5        /* 无内存 */
#define RT_ENOSYS 6        /* 系统不支持 */
#define RT_EBUSY 7         /* 系统忙 */
#define RT_EIO 8           /* I/O 错误 */
#define RT_EINTR 9         /* 中断系统调用 */
#define RT_EINVAL 10       /* 非法参数 */
```

3.2.3 线程状态切换

RT-Thread 提供了一系列的操作系统调用接口，使得线程按照预定逻辑在这 5 个状态之间来回切换，从而完成其生命周期的管理。线程状态间的转换关系如图 3-5 所示。

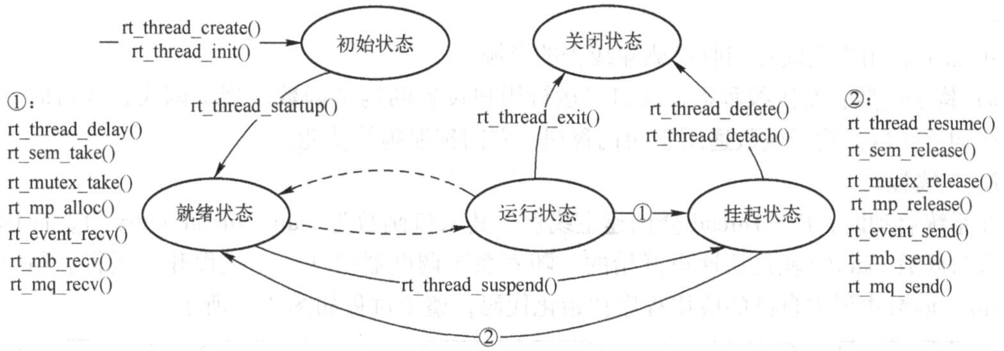

图 3-5 线程状态间的转换关系

1）初始状态（RT_THREAD_INIT）：线程通过调用 rt_thread_create( ) 或 rt_thread_init( ) 函数进入初始状态。这是线程的起始状态，表示线程已经创建或初始化，但尚未开始执行任务。

2）就绪状态（RT_THREAD_READY）：初始状态的线程通过调用 rt_thread_startup( ) 函数进入就绪状态。此时，线程已经准备好被调度器调度执行。

3）运行状态（RT_THREAD_RUNNING）：在 RT-Thread 中，线程并不存在单独的运行状态。就绪状态的线程被调度器选中后立即开始执行任务，就绪状态和运行状态是等同的。

4）挂起状态（RT_THREAD_SUSPEND）：当处于运行状态的线程调用 rt_thread_delay( )、rt_sem_take( )、rt_mutex_take( )、rt_mb_recv( ) 等函数，或者未能获取到所需资源时，线程将进入挂起状态。挂起状态的线程正在等待某种资源或条件的满足。

挂起状态的线程在如下情况下会返回到就绪状态：

① 等待资源超时后依然未能获得资源。

② 其他线程释放了所需资源，使其得以继续执行。

5）关闭状态（RT_THREAD_CLOSE）：挂起状态的线程如果调用 rt_thread_delete( ) 或 rt_thread_detach( ) 函数，则将更改为关闭状态。同样地，如果运行状态的线程执行完成，在其最后部分调用 rt_thread_exit( ) 函数，也会将状态改为关闭状态。关闭状态表示线程的生命周期已经结束，所有资源都将被释放。

通过以上状态转换机制，RT-Thread 能够有效地管理线程的生命周期，确保系统资源的合理分配和有效利用。

3.2.4 系统线程

在 RT-Thread 操作系统中，系统线程指由系统创建的线程，而用户线程则由用户程序通过调用线程管理接口创建。RT-Thread 内核中的系统线程主要包括空闲线程和主线程。

1. 空闲线程

空闲线程是系统创建的最低优先级线程，线程状态始终为就绪状态。当系统中不存在其他就绪线程时，调度器将调度空闲线程。空闲线程通常是一个死循环，并且永远不会被挂起。除此之外，空闲线程在 RT-Thread 中还有以下一些特殊用途。

1）自动删除线程：当某个线程运行完毕时，系统将自动删除该线程。具体步骤如下：

① 自动执行 rt_thread_exit( ) 函数，将该线程从系统就绪队列中删除。

② 将线程状态更改为关闭状态，使其不再参与系统调度。

③ 将线程挂入 rt_thread_defunct（僵尸队列），该队列包含资源未回收且处于关闭状态的线程。

④ 最后，由空闲线程回收已删除线程的资源。

2）钩子函数：空闲线程提供接口以运行用户设置的钩子函数。当空闲线程运行时，会调用这些钩子函数。钩子函数适用于功耗管理、看门狗喂狗等功能。

2. 主线程

在系统启动时，RT-Thread 会创建主线程，其入口函数为 main_thread_entry( )，而用户的应用入口函数 main( ) 就是从这里开始的。随着系统调度器启动，主线程开始运行。用户可以在 main( ) 函数中添加自己的应用程序初始化代码，整个过程如图 3-6 所示。

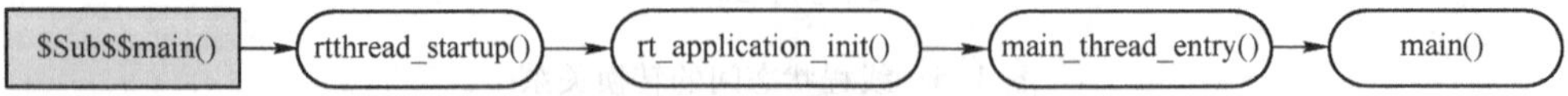

图 3-6 主线程调用过程

这种设计保障了系统启动的有序性，使得系统能在主线程启动时完成必要的初始化工作，并为用户应用程序的启动提供一个清晰的入口点。

通过这样的设计，RT-Thread 不仅能高效管理系统线程，还能够为用户提供清晰易用的接口和机制，提高开发效率和系统的稳定性。

3.3 线程的管理方式

本节将深入介绍 RT-Thread 中线程的各个接口，并提供部分源码，以帮助读者在代码层面上更好地理解线程操作。

图 3-7 展示了线程的相关操作，包括线程的创建/初始化、启动、运行以及删除/脱离等方面的内容。读者可以通过调用 rt_thread_create( ) 创建一个动态线程，或使用 rt_thread_init( ) 初

始化一个静态线程。这两者的主要区别在于资源分配方式。

1）动态线程：由系统自动从动态内存堆上分配栈空间和线程句柄。为了创建动态线程，需要先初始化堆（heap）。

2）静态线程：由用户自行分配栈空间和线程句柄。

下面是对这些操作的详细说明。

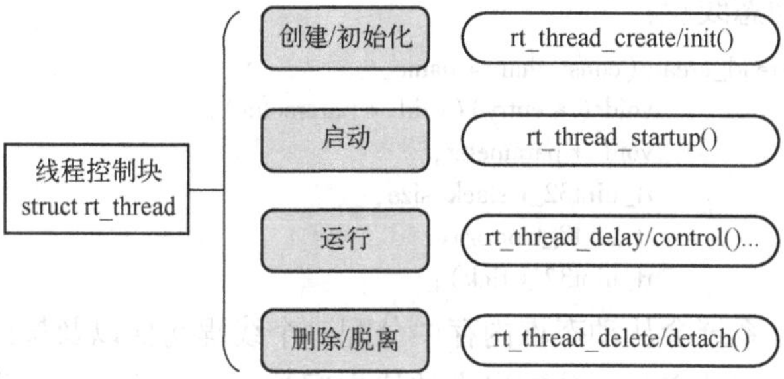

图 3-7　线程的相关操作

1. 创建/初始化线程

1）rt_thread_create()：用于创建一个动态线程。示例如下：

```
rt_thread_t thread = rt_thread_create("thread_name", thread_entry, RT_NULL, stack_size, priority, time_slice);
if (thread != RT_NULL)
{
    rt_thread_startup(thread);
}
```

其中，thread_entry 是线程的入口函数，stack_size 指定栈的大小，priority 为线程优先级，time_slice 指定时间片长度。

2）rt_thread_init()：用于初始化一个静态线程。示例如下：

```
static struct rt_thread thread;
rt_uint8_t thread_stack[STACK_SIZE];
rt_thread_init(&thread, "thread_name", thread_entry, RT_NULL, thread_stack, sizeof(thread_stack),
priority, time_slice);
rt_thread_startup(&thread);
```

2. 启动线程

rt_thread_startup()：启动线程，使其进入就绪状态。无论是动态线程还是静态线程，在创建或初始化之后，都需要调用 rt_thread_startup(thread)来启动线程。

3. 运行线程

线程一旦进入就绪状态，调度器就会根据优先级和调度策略选择线程进行运行。运行中的线程完成其任务后可以主动进入其他状态（如挂起状态）或等待资源。

4. 删除/脱离线程

1）删除线程：动态删除线程时，可使用 rt_thread_delete()函数。示例如下：

```
rt_thread_delete(thread);
```

2）脱离线程：对于静态线程，可使用 rt_thread_detach()函数。示例如下：

```
rt_thread_detach(&thread);
```

这些函数会将线程从调度系统中移除，并释放相应资源。

通过上述接口，RT-Thread 提供了灵活且高效的线程管理机制，使用户能够在不同的场景下使用适合的线程操作方式，确保系统的稳定性与高效性。

3.3.1 创建和删除线程

一个线程要成为可执行的对象，就必须由操作系统的内核来为它创建一个线程。可以通过如下的接口创建一个动态线程：

```
rt_thread_t rt_thread_create(const char * name,
                             void ( * entry)(void * parameter),
                             void * parameter,
                             rt_uint32_t stack_size,
                             rt_uint8_t priority,
                             rt_uint32_t tick);
```

调用这个函数时，系统会从动态堆内存中分配一个线程句柄以及按照参数中指定的栈大小从动态堆内存中分配相应的空间。分配出来的栈空间按照 rtconfig. h 中配置的 RT_ALIGN_SIZE 方式对齐。

对于一些使用 rt_thread_create()创建的线程，当不需要使用或者运行出错时，可以使用下面的函数接口从系统中把线程完全删除：

```
rt_err_t rt_thread_delete(rt_thread_t thread);
```

调用该函数后，线程对象将会被移出线程队列并且从内核对象管理器中删除，线程占用的堆栈空间也会被释放，收回的空间将重新用于其他的内存分配。实际上，用 rt_thread_delete()函数删除线程接口，仅仅是把相应的线程状态更改为 RT_THREAD_CLOSE 状态，然后放入 rt_thread_defunct 队列中；而真正的删除动作（释放线程控制块和释放线程栈）需要到下一次执行空闲线程时，由空闲线程完成最后的线程删除动作。

这个函数仅在系统启用了动态堆时才有效（即 RT_USING_HEAP 宏定义已经定义了）。

3.3.2 初始化和脱离线程

使用下面的函数接口完成初始化静态线程对象：

```
rt_err_t rt_thread_init(struct rt_thread * thread,
                        const char * name,
                        void ( * entry)(void * parameter), void * parameter,
                        void * stack_start, rt_uint32_t stack_size,
                        rt_uint8_t priority, rt_uint32_t tick);
```

静态线程的线程句柄（或者说线程控制块指针）、线程栈由用户提供。静态线程是指线程控制块、线程运行栈一般都设置为全局变量，在编译时就被确定、被分配处理，内核不负责动态分配内存空间。需要注意的是，用户提供的栈首地址需进行系统对齐（例如，ARM 上需要进行 4 字节对齐）。

对于用 rt_thread_init()初始化的线程，使用 rt_thread_detach()会使线程对象在线程队列和内核对象管理器中被脱离。线程脱离函数如下：

```
rt_err_t   rt_thread_detach(rt_thread_t thread);
```

这个函数的接口是和 rt_thread_delete()函数相对应的，rt_thread_delete()函数操作的对象是 rt_thread_create()创建的句柄，而 rt_thread_detach()函数操作的对象是使用 rt_thread_init()函数初始化的线程控制块。同样，线程自身不应调用这个接口来脱离自身。

3.3.3 启动线程

创建（初始化）的线程状态处于初始状态，并未进入就绪线程的调度队列，可以在线程初始化/创建成功后调用下面的函数接口让该线程进入就绪状态：

```
rt_err_t rt_thread_startup(rt_thread_t thread);
```

当调用这个函数时，将把线程的状态更改为就绪状态，并放到相应优先级队列中等待调度。如果新启动的线程优先级比当前线程优先级高，则将立刻切换到这个线程。

3.3.4 获取当前线程

在程序的运行过程中，相同的一段代码可能会被多个线程执行，在执行的时候可以通过下面的函数接口获得当前执行的线程句柄：

```
rt_thread_t rt_thread_self(void);
```

3.3.5 使线程让出处理器资源

当前线程的时间片用完或者该线程主动要求让出处理器资源时，它将不再继续占有处理器。此时，调度器会选择相同优先级的下一个线程来执行。线程调用相应的接口后，仍然会留在就绪队列中。

线程让出处理器使用的函数接口是：

```
rt_err_t rt_thread_yield(void);
```

调用这个函数后，当前线程会首先把自己从它所在的就绪优先级线程队列中删除，然后把自己挂到这个优先级队列链表的尾部。之后，会激活调度器进行线程上下文切换。如果当前优先级只有这一个线程，那么这个线程将继续执行，不进行上下文切换动作。

rt_thread_yield()函数和 rt_schedule()函数在某些方面相似，但在有相同优先级的其他就绪状态线程存在时，系统的行为却完全不同。执行 rt_thread_yield()函数后，当前线程会被换出，相同优先级的下一个就绪线程将被执行。而执行 rt_schedule()函数后，当前线程并不一定被换出，即使被换出，也不会被放到就绪线程链表的尾部。rt_schedule()函数可在系统中选取就绪的优先级最高的线程来执行。如果系统中没有比当前线程优先级更高的线程存在，那么执行完 rt_schedule()函数后，系统将继续执行当前线程。

3.3.6 使线程睡眠

在实际应用中，有时需要让运行的当前线程延迟一段时间，在指定的时间到达后重新运行，这称为“线程睡眠”。线程睡眠可使用以下 3 个函数接口：

```
rt_err_t rt_thread_sleep(rt_tick_t tick);
rt_err_t rt_thread_delay(rt_tick_t tick);
rt_err_t rt_thread_mdelay(rt_int32_t ms);
```

这 3 个函数接口的作用相同，调用它们可以使当前线程挂起一段指定的时间。当这个时间到时，线程会被唤醒并再次进入就绪状态。这 3 个函数都需要传入一个时间参数，该参数指定了线程的休眠时间。

3.3.7 挂起和恢复线程

当线程调用 rt_thread_delay()函数时，它会主动进入挂起状态；同样，当调用 rt_sem_take()、

rt_mb_recv()等函数时，如果所需资源不可使用，线程也会挂起。处于挂起状态的线程，如果其等待的资源超时（即超过了设定的等待时间），那么该线程将不再等待这些资源，并返回到就绪状态；或者，当其他线程释放了该线程所等待的资源时，该线程也会返回到就绪状态。

线程挂起使用的函数接口是：

```
rt_err_t rt_thread_suspend (rt_thread_t thread);
```

注意

通常不建议使用这个函数来挂起线程本身。如果确实需要使用 rt_thread_suspend()函数挂起当前任务，那么在调用 rt_thread_suspend()函数后，应立即调用 rt_schedule()函数进行手动的线程上下文切换。用户只需了解该接口的作用，一般不推荐使用该函数。

恢复线程就是让挂起的线程重新进入就绪状态，并将其放入系统的就绪队列中。如果被恢复的线程在所有就绪状态线程中位于最高优先级链表的第一位，那么系统将进行线程上下文的切换。线程恢复使用的函数接口如下：

```
rt_err_t rt_thread_resume(rt_thread_t thread);
```

3.3.8 控制线程

当需要对线程进行一些其他控制时，如动态更改线程的优先级，可以调用如下函数接口：

```
rt_err_t rt_thread_control(rt_thread_t thread,rt_uint8_t cmd,void * arg);
```

参数 cmd 支持以下控制命令类型：

1）RT_THREAD_CTRL_CHANGE_PRIORITY：动态更改线程的优先级。

2）RT_THREAD_CTRL_STARTUP：开始运行一个线程，等同于 rt_thread_startup()函数调用。

3）RT_THREAD_CTRL_CLOSE：关闭一个线程，等同于 rt_thread_delete()函数调用。

3.3.9 设置和删除空闲钩子

空闲钩子函数是空闲线程的钩子函数。如果设置了空闲钩子函数，就可以在系统执行空闲线程时，自动执行空闲钩子函数来做一些其他事情，如系统指示灯。设置/删除空闲钩子函数的接口如下：

```
rt_err_t rt_thread_idle_sethook(void( * hook)(void));
rt_err_t rt_thread_idle_delhook(void( * hook)(void));
```

注意

空闲线程是一个线程状态永远为就绪状态的线程，因此设置的空闲钩子函数必须保证空闲线程在任何时刻都不会处于挂起状态。例如，rt_thread_delay()、rt_sem_take()等可能会导致线程挂起的函数都不能使用。

3.3.10 设置调度器钩子

在整个系统的运行过程中，系统会不断地进行线程运行、中断触发与响应、切换到其他线程等操作，甚至频繁地进行线程间的切换。可以说，系统的上下文切换是系统中最普遍的事件。有时，用户可能会好奇在某个特定时刻发生了什么样的线程切换。为了满足这一需求，用户可以通过调用下面的函数接口来设置一个钩子函数。每当系统线程切换时，这个钩子函数就会被调用：

```
void rt_scheduler_sethook(void( * hook)(struct rt_thread  * from, struct rt_thread  * to));
```

注意

编写钩子函数时需要格外小心，因为任何小的错误都可能导致整个系统运行不正常。在这个钩子函数中，基本上不允许调用系统 API，更不应该导致当前运行的上下文挂起。

3.4 线程应用示例

下面给出在 Keil 模拟器环境下的应用示例。

3.4.1 创建线程示例

这个例子创建一个动态线程和初始化一个静态线程，一个线程在运行完毕后自动被系统删除，另一个线程一直打印计数，代码如下：

```
#include <rtthread.h>

#define     THREAD_PRIORITY         25
#define   THREAD_STACK_SIZE         512
#define     THREAD_TIMESLICE        5
static   rt_thread_t tid1 = RT_NULL;
    /* 线程 1 的入口函数 */
static void thread1_entry(void  * parameter)
{
    rt_uint32_t count = 0;
    while (1)
    {
        /* 线程 1 采用低优先级运行，一直打印计数值 */
        rt_kprintf("thread1 count: %d\n", count ++);
        rt_thread_mdelay(500);
    }
}
ALIGN(RT_ALIGN_SIZE)
static char thread2_stack[1024];
static struct rt_thread   thread2;
/* 线程 2 入口 */
static void thread2_entry(void  * param)
{
    rt_uint32_t count = 0;
    /* 线程 2 拥有较高的优先级，以抢占线程 1 而获得执行 */
    for (count = 0; count < 10; count++)
    {
        /* 线程 2 打印计数值 */
        rt_kprintf("thread2 count: %d\n", count);
    }
    rt_kprintf("thread2 exit\n");
    /* 线程 2 运行结束后也将自动被系统脱离 */
}
```

```
/* 线程示例 */
int thread_sample(void)
{
    /* 创建线程 1, 名称是 thread1, 入口是 thread1_entry */
    tid1 = rt_thread_create("thread1",
            thread1_entry, RT_NULL,
            THREAD_STACK_SIZE,
            THREAD_PRIORITY, THREAD_TIMESLICE);
    /* 如果获得线程控制块, 则启动这个线程 */
    if (tid1 != RT_NULL)
        rt_thread_startup(tid1);
/* 初始化线程 2, 名称是 thread2, 入口是 thread2_entry */
        rt_thread_init(&thread2,
        "thread2",
        thread2_entry,
        RT_NULL,
        &thread2_stack[0],
        sizeof(thread2_stack),
        THREAD_PRIORITY - 1, THREAD_TIMESLICE);
    rt_thread_startup(&thread2);
    return 0;
}
/* 导出到 msh 命令列表中 */
MSH_CMD_EXPORT(thread_sample, thread sample);
```

仿真运行结果如下：

```
RT -Thread Operating System
3.1.0 build Aug 24 2018
2006 -2018 Copyright by rt-thread team
msh >thread_sample
msh >thread2 count: 0
thread2   count:   1
thread2   count:   2
thread2   count:   3
thread2   count:   4
thread2   count:   5
thread2   count:   6
thread2   count:   7
thread2   count:   8
thread2   count:   9
thread2   exit
thread1   count:   0
thread1   count:   1
thread1   count:   2
thread1   count:   3
...
```

线程 2 计数到一定值后，线程执行完毕并被系统自动删除，计数停止。线程 1 一直打印计数。

关于删除线程：大多数线程是循环执行的，无须删除；而能运行完毕的线程，RT-Thread 在线程运行完毕后，自动删除线程，在 rt_thread_exit()里完成删除动作。用户只需要了解该接口的作用，不推荐使用该接口（可以由其他线程调用此接口，或在定时器超时函数中调用此接口删除一个线程，但是这种使用非常少）。

3.4.2 线程时间片轮转调度示例

这个例子创建两个线程，在执行时会一直打印计数，代码如下：

```
#include <rtthread.h>
#define   THREAD_STACK_SIZE   1024
#define    THREAD_PRIORITY     20
#define    THREAD_TIMESLICE    10
/* 线程入口 */
static void thread_entry(void * parameter)
{
    rt_uint32_t value;
    rt_uint32_t count = 0;
    value = (rt_uint32_t)parameter;
    while (1)
    {
        if(0 == (count % 5))
        {
            rt_kprintf("thread %d is running,thread %d count = %d\n", value, value,count);

        if(count> 200)
            return;
        }
          count++;
    }
}
int timeslice_sample(void)
{
    rt_thread_t tid = RT_NULL;
    /* 创建线程 1 */
    tid = rt_thread_create("thread1",
                           thread_entry, (void *)1,
                           THREAD_STACK_SIZE,
                           THREAD_PRIORITY, THREAD_TIMESLICE);
    if (tid != RT_NULL)
        rt_thread_startup(tid);

    /* 创建线程 2 */
    tid = rt_thread_create("thread2",
                           thread_entry, (void *)2,
                           THREAD_STACK_SIZE,
                           THREAD_PRIORITY, THREAD_TIMESLICE -5);
    if (tid != RT_NULL)
        rt_thread_startup(tid);
    return 0;
}
/* 导出到 msh 命令列表中 */
MSH_CMD_EXPORT(timeslice_sample, timeslice sample);
```

仿真运行结果如下：

```
RT -Thread Operating System
3.1.0 build Aug 27 2018
2006 - 2018 Copyright by rt-thread team
msh >timeslice_sample
```

```
msh >thread 1 is running,thread 1 count = 0
thread 1 is running,thread 1 count = 5
thread 1 is running,thread 1count=10
thread 1 is running,thread 1count=15
...
thread 1 is running,thread 1count=125
thread 1 is rthread 2 is running,thread 2 count = 0
thread 2 is running,thread 2 count =5
thread 2 is running,thread 2 count =10
thread 2 is running,thread 2 count =15
thread 2 is running,thread 2 count =20
thread 2 is running,thread 2 count =25
thread 2 is running,thread 2 count =30
thread 2 is running,thread 2 count =35
thread 2 is running,thread 2 count =40
thread 2 is running,thread 2 count =45
thread 2 is running,thread 2 count =50
thread 2 is running,thread 2 count =55
thread 2 is running,thread 2 count =60
thread 2 is running,thread 2 count = 65
thread 1 is running,thread 1 count =135
...
thread 2 is running,thread 2 count =205
```

由运行的计数结果可以看出，线程 2 的运行时间是线程 1 的一半。

3.4.3 线程调度器钩子示例

在线程进行调度切换时，可以设置一个调度器钩子，这样可以在线程切换时做一些额外的事情。这个例子是在调度器钩子函数中打印线程间的切换信息，代码如下：

```
#include <rtthread.h>

#define  THREAD_STACK_SIZE  1024
#define   THREAD_PRIORITY    20
#define   THREAD_TIMESLICE   10

/* 针对每个线程的计数器 */
volatile  rt_uint32_t count[2];
/* 线程 1、2 共用一个入口，但入口参数不同 */
static void thread_entry(void * parameter)
{
        rt_uint32_t value;
        value = (rt_uint32_t)parameter;
        while (1)
        {
            rt_kprintf("thread %d is running\n", value);
            rt_thread_mdelay(1000);  // 延时一段时间
        }
}
static   rt_thread_t tid1 = RT_NULL;
static   rt_thread_t tid2 = RT_NULL;
static void   hook_of_scheduler(struct rt_thread * from, struct rt_thread * to)
{
    rt_kprintf("from: %s -->   to: %s \n", from->name, to->name);
```

```
}
int scheduler_hook(void)
{
    /* 设置调度器钩子 */
    rt_scheduler_sethook(hook_of_scheduler);
    /* 创建线程 1 */
    tid1 = rt_thread_create("thread1",
                            thread_entry, (void *)1,
                            THREAD_STACK_SIZE,
                            THREAD_PRIORITY, THREAD_TIMESLICE);
    if (tid1 != RT_NULL)
        rt_thread_startup(tid1);
    /* 创建线程 2 */
    tid2 = rt_thread_create("thread2",
                            thread_entry, (void *)2,
                            THREAD_STACK_SIZE,
                            THREAD_PRIORITY,THREAD_TIMESLICE - 5);
    if (tid2 != RT_NULL)
        rt_thread_startup(tid2);
    return 0;
}
/* 导出到 msh 命令列表中 */
MSH_CMD_EXPORT(scheduler_hook, scheduler_hook sample);
```

仿真运行结果如下：

```
RT -Thread Operating System
3.1.0 build Aug 27 2018
2006 - 2018 Copyright by rt-thread team
msh >   scheduler_hook
msh >from: tshell   -->    to: thread1
thread   1   is    running
from:thread1 -->     to: thread2
thread   2   is   running
from:thread2 --> to: tidle
from:tidle -->    to: thread1
thread   1   is    running
from:thread1 -->     to: tidle
from:tidle -->     to: thread2
thread   2   is    running
from: thread2 -->    to: tidle
...
```

由仿真的结果可以看出，对线程进行切换时，设置的调度器钩子函数是在正常工作的，一直在打印线程切换的信息，包含切换到空闲线程。

3.5 RT-Thread 线程管理例程

为了熟练掌握本章讲述的线程管理，在数字资源中提供了图 3-8 所示的已移植好 RT-Thread 的线程管理程序代码。这些程序代码可以运行在野火霸天虎开发板上，也可以修改代码后在其他开发板上运行。

图 3-8　线程管理的程序代码

习　　题

1. RT-Thread 线程管理的主要功能是什么？
2. RT-Thread 中的线程有哪 5 种状态？
3. 什么是主线程？
4. 线程的相关操作有哪些？
5. 动态线程与静态线程的区别是什么？
6. 采用 RT-Thread 实时操作系统创建两个线程，在线程切换时打印线程信息。采用 C 语言编程。
7. 采用 RT-Thread 实时操作系统创建 3 个线程，其中两个线程的优先级相同，另一个线程的优先级较高。编程分析 3 个线程的运行情况。采用 C 语言编程。
8. 采用 RT-Thread 实时操作系统创建两个线程，两个线程共用一个线程入口函数，通过参数控制 LED1 和 LED2 分别间隔 1 s 和 0. 5 s 闪烁。采用 C 语言编程。

第 4 章　RT-Thread 时钟管理

本章讲述 RT-Thread 实时操作系统中的时钟管理。内容涵盖时钟节拍的实现和获取方式，详细介绍定时器的工作机制、管理方式，包括如何创建、启动、停止和删除定时器等操作。另外，通过具体应用示例展示定时器的实际使用。最后讨论高精度延时的实现方法，帮助读者掌握时钟与定时器的管理和应用，为实时系统的开发提供关键技术支持。

4.1 时钟节拍

任何操作系统都需要提供一个时钟节拍来处理与时间相关的各类事件，比如线程的延时、线程的时间片轮转调度及定时器的超时等。时钟节拍是一种特定的周期性中断，可以被看作系统的“心跳”。中断之间的时间间隔可以根据不同应用的需求进行调整，通常在 1~100 ms 之间。需要注意的是，时钟节拍率越高，系统的开销就会越大。系统从启动开始计数的时钟节拍数，通常称为系统时间。

在 RT-Thread 操作系统中，时钟节拍的长度是可以通过定义 RT_TICK_PER_SECOND 来进行调整的。具体来说，时钟节拍的长度就是 1 除以 RT_TICK_PER_SECOND 的值，单位是 s。

4.1.1 时钟节拍的实现方式

时钟节拍是由配置为中断触发模式的硬件定时器产生的。每当定时器产生中断时，系统就会调用 void rt_tick_increase(void) 函数。该函数的作用是通知操作系统已经过去了一个系统时钟周期。不同的硬件平台在实现定时器中断时可能略有不同，下面以 STM32 的定时器为例来进行具体的说明。

1）配置定时器：在硬件初始化时，配置定时器使其生成周期性中断。

2）中断服务程序：在中断处理函数中，调用 rt_tick_increase() 函数。例如：

```
void SysTick_Handler(void)
{
    rt_tick_increase();  // 通知操作系统已经过去一个系统时钟
}
```

3）系统时钟频率：通过定义 RT_TICK_PER_SECOND 来确定系统时钟的频率。假设定义如下：

```
#define RT_TICK_PER_SECOND 1000   // 设置每秒 1000 个时钟节拍
```

则每个时钟节拍的长度为 1/1000 s，即 1 ms。

通过上述方式，RT-Thread 能够有效管理和使用时钟节拍，处理各种与时间相关的事件，确保系统的准确性和实时性。

下面的中断函数以 STM32 定时器作为示例。

```
void SysTick_Handler(void)
{
    /* 进入中断 */
    rt_interrupt_enter();
    …
    rt_tick_increase();
    /* 退出中断 */
    rt_interrupt_leave();
}
```

在中断函数中调用 rt_tick_increase()对全局变量 rt_tick 进行自加，代码如下：

```
void rt_tick_increase(void)
{
    struct rt_thread *thread;
    /* 全局变量 rt_tick 自加 */
    ++rt_tick;
    /* 检查时间片 */
    thread = rt_thread_self();
    --thread->remaining_tick;
    if (thread->remaining_tick == 0)
    {
    /* 重新赋初值 */
    thread->remaining_tick = thread->init_tick;
    /* 线程挂起 */
    rt_thread_yield();
    }
    /* 检查定时器 */
    rt_timer_check();
}
```

可以看到，全局变量 rt_tick 每经过一个时钟节拍，值就会加 1。rt_tick 的值表示系统从启动开始总共经过的时钟节拍数，即系统时间。此外，每经过一个时钟节拍，都会检查当前线程的时间片是否用完，以及是否有定时器超时。

注意

中断中的 rt_timer_check()用于检查系统硬件定时器链表，如果有定时器超时，将调用相应的超时函数。所有的定时器在定时超时后都会从定时器链表中被移除，而周期性定时器会在它再次启动时被加入定时器链表。

4.1.2 获取时钟节拍

全局变量 rt_tick 每经过一个时钟节拍，值就会加 1，调用 rt_tick_get()会返回当前 rt_tick 的值，即可获取到当前的时钟节拍值。此接口可用于记录系统的运行时间长短，或者测量某任务运行的时间。接口函数如下：

```
rt_tick_t rt_tick_get(void);
```

4.2 定时器管理

定时器是一种在指定时间后触发事件的机制，就像设置闹钟以便第二天按时起床一样。定时器可以分为两种：硬件定时器和软件定时器。

1. 硬件定时器

硬件定时器的定时功能是由芯片本身提供的。通常，外部晶振为芯片提供输入时钟，而芯片则通过一组配置寄存器来接收控制输入。当达到设定的时间值时，芯片的中断控制器会产生时钟中断。硬件定时器的精度通常很高，可以达到纳秒级别，并且它采用中断触发方式。

2. 软件定时器

软件定时器是由操作系统提供的一类系统接口，它构建在硬件定时器的基础之上，使系统能够提供数量不受限制的定时器服务。

RT-Thread 操作系统提供了软件实现的定时器。这些软件定时器以时钟节拍（OSTick）的时间长度为单位，并且定时数值必须是 OSTick 的整数倍。例如，如果一个 OSTick 是 10 ms，那么上层软件定时器只能设置为 10 ms、20 ms、100 ms 等，而不能设置为 15 ms。这样，RT-Thread 的软件定时器就基于系统节拍，提供了基于节拍整数倍的定时能力。

通过硬件定时器和软件定时器的结合，RT-Thread 能够灵活且高效地管理定时任务，满足不同精度和数量需求的定时服务。

4.2.1 RT-Thread 定时器介绍

RT-Thread 提供了以下两类定时器机制。

1）单次触发定时器：这种定时器在启动后只会触发一次定时器事件，然后自动停止。

2）周期触发定时器：这种定时器会周期性地触发定时器事件，直到用户手动停止，否则将持续执行。

此外，根据超时函数执行时所处的上下文环境，RT-Thread 的定时器可以分为 HARD_TIMER 模式和 SOFT_TIMER 模式，定时器上下文环境如图 4-1 所示。

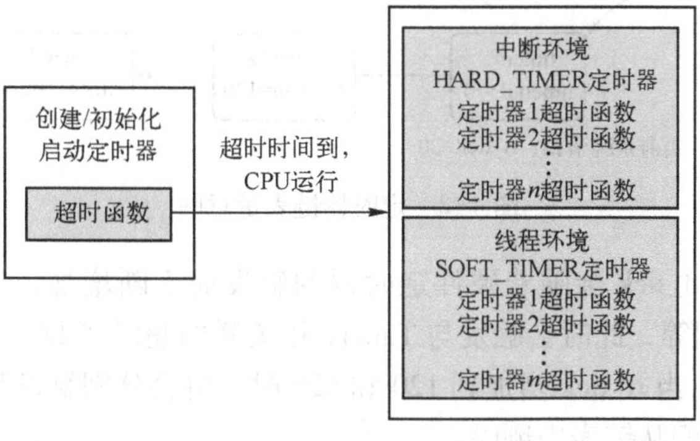

图 4-1　定时器上下文环境

1. HARD_TIMER 模式

在 HARD_TIMER 模式下，定时器的超时函数会在中断上下文环境中执行。在初始化或创建定时器时，可以通过使用参数 RT_TIMER_FLAG_HARD_TIMER 来指定该模式。由于是在中断上下文中执行的，超时函数需要满足与中断服务程序相同的要求：执行时间应尽量短，且不应导致当前上下文挂起或等待。例如，超时函数应避免执行如申请或释放动态内存等耗时操作。RT-Thread 定时器默认采用 HARD_TIMER 模式，即定时器超时后，超时函数会在系统时钟中断的上下文环境中运行。这种执行方式要求超时函数不能调用任何会导致当前上下文挂起的系统函数，也不能执行耗时较长的操作，否则可能会延长其他中断的响应时间或占用其他线程的执行时间。

2. SOFT_TIMER 模式

SOFT_TIMER 模式是可配置的，可以通过宏定义 RT_USING_TIMER_SOFT 来启用。启用后，系统会在初始化时创建一个专门的 timer 线程，SOFT_TIMER 模式的定时器超时函数将在这个 timer 线程的上下文环境中执行。在初始化或创建定时器时，可以通过使用参数 RT_TIMER_FLAG_SOFT_TIMER 来指定该模式。SOFT_TIMER 模式的优势在于超时函数是在线程上下文中执行的，因此可以执行耗时较长的操作和调用可能导致当前上下文挂起的系统函数，而不会影响中断响应时间或其他线程的执行。

通过这两种模式，RT-Thread 提供了灵活的定时器机制。用户可以根据具体的应用需求选择适合的定时器模式，以实现高效且稳定的定时功能。

4.2.2 定时器工作机制

在 RT-Thread 的定时器模块中，维护着以下两个关键的全局变量。

1）rt_tick：表示当前系统已经经过的 tick 时间。每当硬件定时器产生中断时，该变量的值就会增加 1。

2）rt_timer_list：这是一个定时器链表，系统中新创建并激活的定时器都会根据它们的超时时间（即定时器设定的 tick 数与当前 rt_tick 之和）被排序并插入这个链表中。

如图 4-2 所示，假设系统当前的 rt_tick 值为 20，并且已经创建并启动了 3 个定时器：Timer1（定时 50 个 tick）、Timer2（定时 100 个 tick）和 Timer3（定时 500 个 tick）。这 3 个定时器的超时时间分别是它们各自的定时 tick 数加上当前的 rt_tick 值（即 20），然后按照从小到大的顺序被插入 rt_timer_list 链表中。

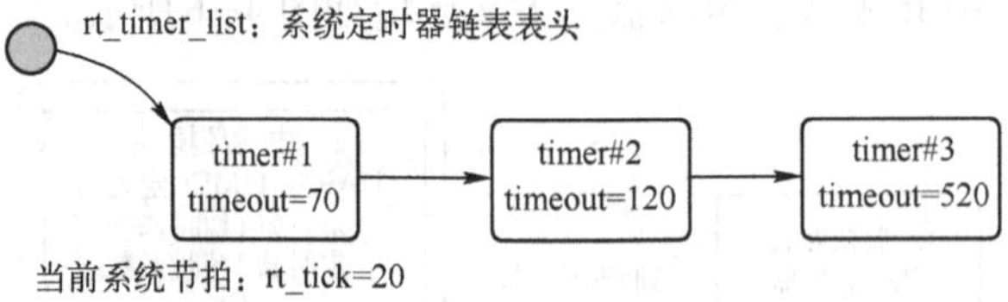

图 4-2 定时器链表示意图

随着时间的推移，rt_tick 会随着硬件定时器的触发而不断增加。当 rt_tick 增加到 70 时，与 Timer1 的超时时间相等，此时会触发与 Timer1 相关联的超时函数，并将 Timer1 从 rt_timer_list 链表中删除。同理，当 rt_tick 增加到 120 和 520 时，也会分别触发与 Timer2 和 Timer3 相关联的超时函数，并将它们从链表中删除。

进一步地，如果在系统运行了 10 个 tick 之后（即 rt_tick 增加到 30 时），有一个任务新创建了一个定时 300 个 tick 的 Timer4 定时器，由于 Timer4 的超时时间是当前的 rt_tick 值（即 30）加上其定时 tick 数（即 300），等于 330，因此它将被插入 Timer2 和 Timer3 定时器之间，形成图 4-3 所示的链表结构。

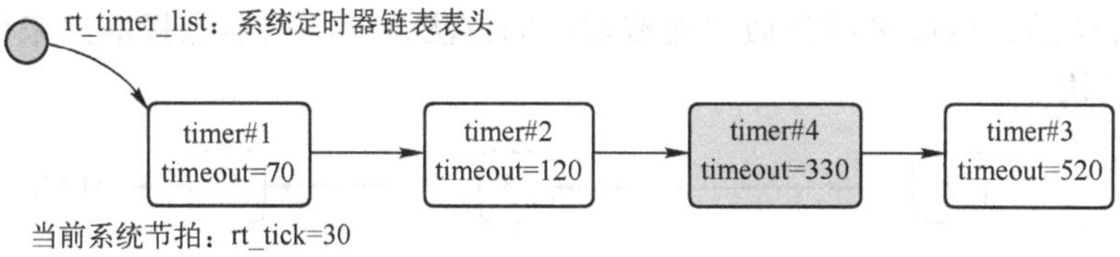

图 4-3　定时器链表插入示意图

1. 定时器控制块

在 RT-Thread 操作系统中，定时器是通过结构体 struct rt_timer 来定义的，这个结构体代表了定时器的控制块，并作为定时器内核对象存在。这些内核对象会被链接到内核对象容器中进行统一的管理。struct rt_timer 是操作系统用于管理定时器的一个核心数据结构，它存储了定时器的一系列重要信息，包括定时器的初始节拍数、计算的绝对超时节拍数，以及用于将定时器彼此连接起来的链表结构。此外，该结构体还包含了超时回调函数，这个函数会在定时器到达超时时被调用执行。通过这样的设计，RT-Thread 能够有效地管理和调度系统中的定时器。

```
struct rt_timer
{
    struct rt_object parent;
    rt_list_t row[RT_TIMER_SKIP_LIST_LEVEL];   /* 定时器链表节点 */
    void (*timeout_func)(void *parameter);     /* 定时器超时调用的函数 */
    void *parameter;                           /* 超时函数的参数 */
    rt_tick_t init_tick;                       /* 定时器初始超时节拍数 */
    rt_tick_t timeout_tick;                    /* 定时器实际超时节拍数 */
};
typedef struct rt_timer *rt_timer_t;
```

定时器控制块由 struct rt_timer 结构体定义并形成定时器内核对象，再链接到内核对象容器中进行管理。list 成员则用于把一个激活的（已经启动的）定时器链接到 rt_timer_list 链表中。

2. 定时器跳表（SkipList）算法

前面介绍定时器的工作方式时提到，系统新创建并激活的定时器会根据它们的超时时间被排序并插入 rt_timer_list 链表中。这意味着 rt_timer_list 是一个有序链表。为了加快搜索链表元素的速度，RT-Thread 中采用了跳表算法。

跳表是一种基于并联链表的数据结构，它的实现相对简单，但功能强大。在跳表中，插入、删除和查找操作的时间复杂度都可以达到 $O(\log n)$，这使得跳表在处理大量数据时具有显著的优势。

具体来说，跳表是链表的一种变体，但它在传统链表的基础上增加了“跳跃”功能。这个功能允许在查找元素时，跳表能够以 $O(\log n)$ 的时间复杂度快速定位到目标元素，从而大幅提高了搜索效率。举个例子，如果有一个包含大量节点的链表，使用传统的遍历方法可能需要很长时间才能找到目标节点，但是，如果使用跳表，则可以通过跳跃的方式快速跳过一些节点，从而更快地找到目标节点。

例如，一个有序的链表如图 4-4 所示，从该有序链表中搜索元素{13,39}，需要比较的次数分别为{3,5}，总共比较的次数为 3+5=8 次。

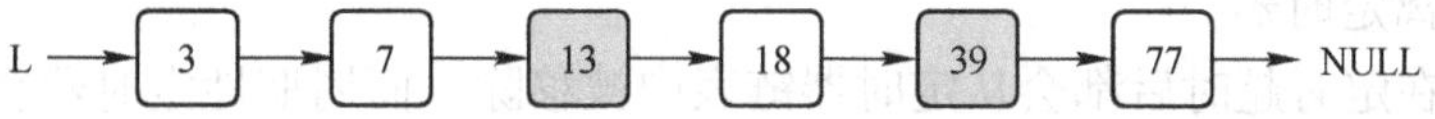

图 4-4　有序链表示意图

使用跳表算法后，可以采用类似二叉搜索树的方法，把一些节点提取出来作为索引，得到图 4-5 所示的结构。

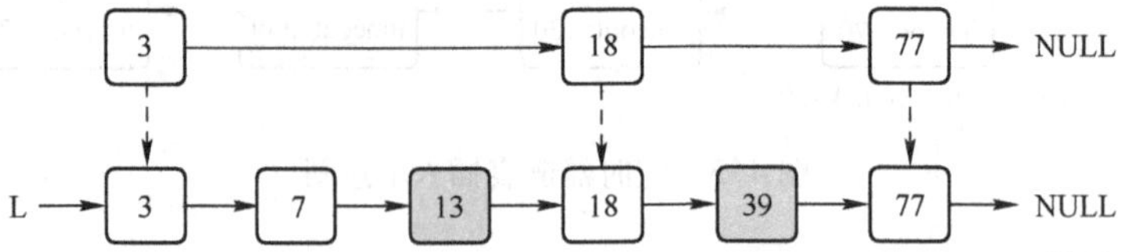

图 4-5　有序链表索引示意图

在这个结构里，把{3,18,77}提取出来作为一级索引，这样搜索的时候就可以减少比较次数，例如，在搜索 39 时仅比较了 3 次（比较 3、18、39）。当然还可以再从一级索引提取一些元素出来，作为二级索引，这样更能加快元素搜索。3 层跳表示意图如图 4-6 所示。

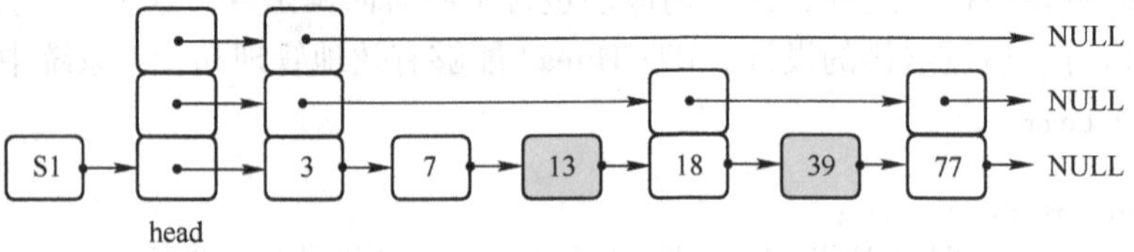

图 4-6　3 层跳表示意图

所以，定时器跳表可以通过上层的索引，在搜索的时候减少比较次数，提升查找的效率，这是一种通过“空间来换取时间”的算法。在 RT-Thread 中，通过宏定义 RT_TIMER_SKIP_LIST_LEVEL 来配置跳表的层数，默认为 1，表示采用一级有序链表图的有序链表算法，每增加 1，就表示在原链表基础上增加一级索引。

4.2.3　定时器的管理方式

前面的章节中介绍了 RT-Thread 定时器的基本概念和工作机制。本小节将深入探讨定时器的各个接口，帮助读者在代码层面上理解 RT-Thread 定时器的实现。

1. 初始化定时器管理系统

在系统启动时，需要初始化定时器管理系统。可以通过以下函数接口完成初始化：

```
void rt_system_timer_init(void);
```

如果需要使用 SOFT_TIMER 模式，则在系统初始化时，还应调用以下函数接口：

```
void rt_system_timer_thread_init(void);
```

2. 定时器控制块

定时器控制块包含定时器相关的重要参数，在定时器的各种状态之间起到纽带作用。定时器的相关操作如图 4-7 所示，主要包括：

1）创建/初始化定时器。

2）启动定时器。

3）停止/控制定时器。

4）删除/脱离定时器。

所有定时器在定时超时后都会从定时器链表中被移除，而周期性定时器会在其再次启动时重新加入定时器链表。这与定时器的参数设置相关。

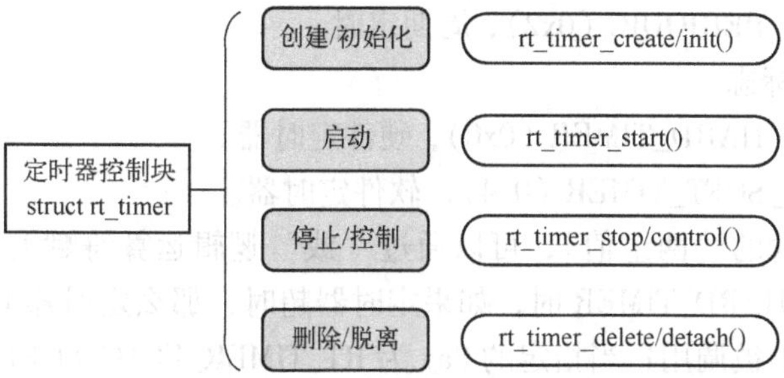

图 4-7 定时器的相关操作

在每次操作系统时钟中断发生时，系统会检查并更新已经超时的定时器状态参数。以下是一些常用的定时器操作接口。

1）创建定时器。

```
rt_timer_t rt_timer_create(const char *name, void (*timeout)(void *parameter), void *parameter, rt_tick_t time, rt_uint8_t flag);
```

2）初始化定时器。

```
void rt_timer_init(rt_timer_t timer, const char *name, void (*timeout)(void *parameter), void *parameter, rt_tick_t time, rt_uint8_t flag);
```

3）启动定时器。

```
rt_err_t rt_timer_start(rt_timer_t timer);
```

4）停止定时器。

```
rt_err_t rt_timer_stop(rt_timer_t timer);
```

5）删除定时器。

```
rt_err_t rt_timer_delete(rt_timer_t timer);
```

通过这些接口，RT-Thread 提供了丰富且灵活的定时器管理功能，使用户能够方便地创建、启动、停止和删除定时器，满足不同应用场景的需求。定时器管理系统在操作系统时钟中断发生时自动处理定时器状态的更新，确保定时器事件能够及时触发和处理。

3. 创建和删除定时器

当动态创建一个定时器时，可使用下面的函数接口：

```
rt_timer_t rt_timer_create(const char *name,
                           void (*timeout)(void *parameter),
                           void *parameter,
                           rt_tick_t time,
                           rt_uint8_t flag);
```

调用该函数后，内核首先从动态内存堆中分配一个定时器控制块，然后对该控制块进行基本的初始化。

include/rtdef.h 中定义了一些定时器相关的宏，代码如下：

```
#define RT_TIMER_FLAG_ONE_SHOT 0x0        /* 单次定时 */
#define RT_TIMER_FLAG_PERIODIC 0x2        /* 周期定时 */
#define RT_TIMER_FLAG_HARD_TIMER 0x0      /* 硬件定时器 */
#define RT_TIMER_FLAG_SOFT_TIMER 0x4      /* 软件定时器 */
```

“两组值”是指与定时器标志相关的宏定义，具体如下。

（1）定时器类型标志

RT_TIMER_FLAG_ONE_SHOT（0x0），单次定时。

RT_TIMER_FLAG_PERIODIC（0x2），周期定时。

（2）定时器模式标志

RT_TIMER_FLAG_HARD_TIMER（0x0），硬件定时器。

RT_TIMER_FLAG_SOFT_TIMER（0x4），软件定时器。

上述宏定义中包含的“两组值”，可以通过“或”逻辑运算符赋值给 flag。当指定的 flag 为 RT_TIMER_FLAG_HARD_TIMER 时，如果定时器超时，那么定时器的回调函数将在时钟中断服务例程的上下文中被调用；当指定的 flag 为 RT_TIMER_FLAG_SOFT_TIMER 时，如果定时器超时，那么定时器的回调函数将在系统时钟定时线程的上下文中被调用。

例如，如果希望创建一个周期性的软件定时器，可以将 RT_TIMER_FLAG_PERIODIC 和 RT_TIMER_FLAG_SOFT_TIMER 结合为 flag 的值：

```
rt_uint8_t flag = RT_TIMER_FLAG_PERIODIC | RT_TIMER_FLAG_SOFT_TIMER;
```

系统不再使用动态定时器时，可使用下面的函数接口：

```
rt_err_t rt_timer_delete(rt_timer_t timer);
```

调用这个函数后，系统会把这个定时器从 rt_timer_list 链表中删除，然后释放相应的定时器控制块占有的内存。

4. 初始化和脱离定时器

当选择静态创建定时器时，可利用 rt_timer_init 接口来初始化该定时器，函数接口如下：

```
void rt_timer_init(rt_timer_t timer,
                   const char * name,
                   void ( * timeout)(void * parameter),
                   void * parameter,
                   rt_tick_t time, rt_uint8_t flag);
```

使用该函数时会初始化相应的定时器控制块、定时器名称、定时器超时函数等。

当一个静态定时器不需要再使用时，可以使用下面的函数接口：

```
rt_err_t rt_timer_detach(rt_timer_t timer);
```

脱离定时器时，系统会把定时器对象从内核对象容器中脱离，但是定时器对象所占有的内存不会被释放。

5. 启动和停止定时器

当定时器被创建或者初始化以后，并不会被立即启动，必须在调用启动定时器函数接口后才开始工作。启动定时器函数接口如下：

```
rt_err_t rt_timer_start(rt_timer_t timer);
```

调用定时器启动函数接口后，定时器的状态将更改为激活状态（RT_TIMER_FLAG_ACTIVATED），并按照超时顺序插入 rt_timer_list 队列链表中。

启动定时器以后，若想使它停止，则可以使用下面的函数接口：

```
rt_err_t rt_timer_stop(rt_timer_t timer);
```

调用定时器停止函数接口后，定时器状态将更改为停止状态，并从 rt_timer_list 链表中移除不再参与定时器超时检查。当一个周期性定时器超时时，也可以调用这个函数接口来停止这个周期性定时器本身。

6. 控制定时器

除了上述提供的一些编程接口，RT-Thread 也额外提供了定时器控制函数接口，以获取或设置更多定时器的信息。控制定时器函数接口如下：

```
rt_err_t rt_timer_control(rt_timer_t timer,rt_uint8_t cmd,void * arg);
```

控制定时器函数接口可根据命令类型参数来查看或改变定时器的设置。

函数参数 cmd 支持的命令：

```
#define RT_TIMER_CTRL_SET_TIME 0x0          /* 设置定时器超时时间 */
#define RT_TIMER_CTRL_GET_TIME 0x1          /* 获得定时器超时时间 */
#define RT_TIMER_CTRL_SET_ONESHOT 0x2       /* 设置定时器为单次定时器 */
#define RT_TIMER_CTRL_SET_PERIODIC 0x3      /* 设置定时器为周期性定时器 */
```

4.3 定时器应用示例

这是一个创建定时器的例子，这个示例会创建两个动态定时器：一个是单次定时，另一个是周期性定时，并让周期性定时器运行一段时间后停止运行。代码如下：

```
#include <rtthread.h>

/*  定时器的控制块  */
static rt_timer_t timer1;
static rt_timer_t timer2;
static int cnt = 0;

/*  定时器 1 超时函数  */
static void timeout1(void * parameter)
{
    rt_kprintf("periodic timer is timeout %d\n", cnt);

    /*  运行第 10 次，停止周期定时器  */
    if (cnt++>= 9)
    {
        rt_timer_stop(timer1);
        rt_kprintf("periodic timer was stopped! \n");
    }
}

/*  定时器 2 超时函数  */
static void timeout2(void * parameter)
{
    rt_kprintf("one shot timer is timeout\n");
}
int timer_sample(void)
{
    /*  创建定时器 1，周期定时器  */
    timer1 = rt_timer_create("timer1", timeout1,
                             RT_NULL, 10,
                             RT_TIMER_FLAG_PERIODIC);

    /*  启动定时器 1 */
    if (timer1 != RT_NULL) rt_timer_start(timer1);

    /*  创建定时器 2，单次定时器  */
    timer2 = rt_timer_create("timer2", timeout2,
                             RT_NULL,30,
                             RT_TIMER_FLAG_ONE_SHOT);
```

```
    /*  启动定时器 2 */
    if (timer2 != RT_NULL) rt_timer_start(timer2);
    return 0;
}
/*  导出到 msh 命令列表中  */
MSH_CMD_EXPORT(timer_sample, timer sample);
```

仿真运行结果如下：

```
RT -Thread Operating System
3.1.0 build Aug 24 2018
2006 - 2018 Copyright by rt-thread team
msh>timer_sample
msh>periodic timer is timeout 0
periodic timer is timeout 1
one shot timer is timeout
periodic timer is timeout 2
periodic timer is timeout 3
periodic timer is timeout 4
periodic timer is timeout 5
periodic timer is timeout 6
periodic timer is timeout 7
periodic timer is timeout 8
periodic timer is timeout 9
periodic timer was stopped!
```

周期性定时器 1 的超时函数，每 10 个 OSTick 运行 1 次，共运行 10 次（10 次后调用 rt_timer_stop()使定时器 1 停止运行）；单次定时器 2 的超时函数在第 30 个 OSTick 时运行一次。

初始化定时器的例子与创建定时器的例子类似，这个程序会初始化两个静态定时器：一个是单次定时，另一个是周期性的定时，代码如下：

```
#include <rtthread.h>

/*  定时器的控制块  */
static struct rt_timer timer1;
static struct rt_timer timer2;
static int cnt = 0;

/*  定时器 1 超时函数  */
static void timeout1(void * parameter)
{
    rt_kprintf("periodic timer is timeout\n");
    /*  运行 10 次  */
    if (cnt++>= 9)
    {
        rt_timer_stop(&timer1);
    }
}

/*  定时器 2 超时函数  */
static void timeout2(void * parameter)
{
    rt_kprintf("one shot timer is timeout\n");
}
```

```
int timer_static_sample( void)
{
    /*  初始化定时器   */
    rt_timer_init( &timer1, "timer1",                       /*  定时器名字是 timer1 */
                timeout1,                                   /*  超时时回调的处理函数   */
                RT_NULL,                                    /*  超时函数的入口参数   */
                10,                         /*  定时长度，以 OSTick 为单位，即 10 个 OSTick */
                RT_TIMER_FLAG_PERIODIC);                    /*  周期性定时器   */
    rt_timer_init( &timer2, "timer2",                       /*  定时器名字是 timer2 */
                timeout2,                                   /*  超时时回调的处理函数   */
                RT_NULL,                                    /*  超时函数的入口参数   */
                30,                                         /*  定时长度为 30 个 OSTick */
                RT_TIMER_FLAG_ONE_SHOT);                    /*  单次定时器   */
    /*  启动定时器   */
    rt_timer_start( &timer1);
    rt_timer_start( &timer2);
    return 0;
}
/*  导出到 msh 命令列表中   */
MSH_CMD_EXPORT( timer_static_sample , timer_static sample);
```

仿真运行结果如下：

```
RT -Thread Operating System
3. 1. 0 build Aug 24 2018
2006 - 2018 Copyright by rt-thread team
msh>timer_static_sample
msh>periodic timer is timeout
periodic timer is timeout
one shot timer is timeout
periodic  timer is  timeout
periodic  timer is  timeout
periodic  timer is  timeout
periodic  timer is  timeout
periodic  timer is  timeout
periodic  timer is  timeout
periodic  timer is  timeout
periodic  timer is  timeout
```

周期性定时器 1 的超时函数，每 10 个 OSTick 运行 1 次，共运行 10 次（10 次后调用 rt_timer_stop() 使定时器 1 停止运行）；单次定时器 2 的超时函数在第 30 个 OSTick 时运行一次。

4.4 高精度延时

RT-Thread 定时器的最小精度是由系统时钟节拍决定的（1 OSTick = 1/RT_TICK_PER_SECOND 秒，RT_TICK_PER_SECOND 的值在 rtconfig. h 文件中定义）。因此，定时器设定的时间必须是 OSTick 的整数倍。然而，当需要实现更短时间长度的系统定时（如 OSTick 是 10 ms，而程序需要 1 ms 的定时或延时）时，操作系统的定时器将无法满足要求。此时，必须通过读取系统某个硬件定时器的计数器或直接使用硬件定时器的方式来实现。

在 Cortex-M 系列中，SysTick 计时器已被 RT-Thread 用作 OSTick（系统时钟节拍）的定时器。它被配置为每 1/RT_TICK_PER_SECOND 秒触发一次中断，中断处理函数使用 Cortex-M3 默认的 SysTick_Handler 名称。

根据 Cortex-M3 的 CMSIS（Cortex Microcontroller Software Interface Standard，Cortex 微控制器软件接口标准）规定，SystemCoreClock 代表芯片的主频。因此，基于 SysTick 及 SystemCoreClock，能够使用 SysTick 实现一个精确的延时函数。

高精度延时的实现方法通常包括以下步骤：

1）配置 SysTick 定时器。SysTick 计数器被配置为每 1/RT_TICK_PER_SECOND 秒触发一次中断。

2）读取定时器计数器。通过读取 SysTick 或其他硬件定时器的计数器值，可以实现高精度的时间测量。

3）使用 CMSIS 提供的接口。利用 SystemCoreClock 提供的芯片主频信息，结合 SysTick，实现精确的定时和延时功能。

通过这些步骤，RT-Thread 能够在精度要求较高的场合提供可靠的定时解决方案，使得在某些特殊需求下能够实现比系统时钟节拍更短的计时。这对于实时系统中的某些应用场景非常重要，能够提高系统的响应速度和精确度。

4.5 RT-Thread 时钟管理例程

为了熟练掌握本章讲述的时钟管理，在数字资源中提供了图 4-8 所示的已移植好 RT-Thread 的时钟管理程序代码。这些程序代码可以运行在野火霸天虎开发板上，也可以修改代码后在其他开发板上运行。

图 4-8　时钟管理的程序代码

时钟管理程序在野火多功能调试助手上的测试结果如图 4-9 所示。

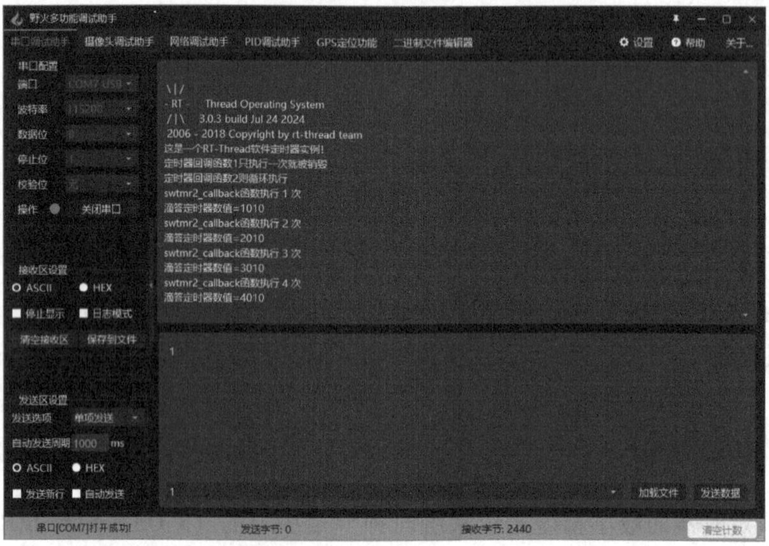

图 4-9　时钟管理程序在野火多功能调试助手上的测试结果

习　题

1. 什么是时钟节拍？
2. 什么是软件定时器？

第 5 章 RT-Thread 线程间同步

本章详细讲述 RT-Thread 实时操作系统中线程间同步的各种机制及其应用。首先概述线程间同步的重要性和基本概念。接着详细介绍信号量的工作机制、控制块及管理方式，并通过应用示例和使用场合帮助读者理解信号量在同步中的作用。随后讨论互斥量，阐述了其工作机制、控制块、管理方式以及应用示例和使用场合，重点说明互斥量在防止资源竞争中的关键角色。最后介绍事件集的工作机制、控制块、管理方式及其应用示例和使用场合。本章通过对信号量、互斥量和事件集 3 种同步工具的详细讲解和实际案例分析，为读者提供全面掌握线程间同步方法的知识基础，帮助开发者在复杂的多线程环境中实现高效、稳定的线程同步。

5.1 RT-Thread 线程间同步机制概述

在多线程实时系统中，任务的顺利完成往往需要多个线程之间的紧密协作。为了确保这种协作无差错地进行，线程之间必须达成一种“默契”。下面通过传感器数据处理的例子来说明如何实现这种线程间的默契协作。

假设有两个线程：一个线程负责从传感器接收数据并将其写入共享内存，另一个线程则周期性地从共享内存中读取数据并发送到显示设备。图 5-1 清晰地描述了两个线程之间的数据传递过程。

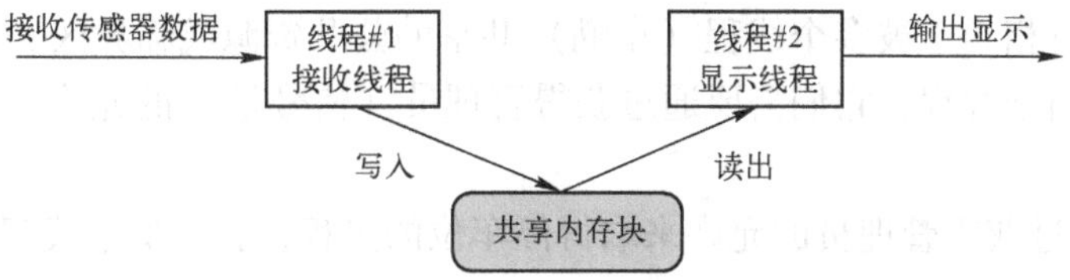

图 5-1　线程间数据传递过程示意图

然而，如果多个线程能够同时访问共享内存，而不是以排他的方式进行，那么就可能引发数据一致性的问题。例如，显示线程可能会在接收线程还未完全写入数据之前就尝试读取数据，这样就会导致显示的数据是不同时间采样的混合，从而造成显示数据的错乱。

为了避免这种情况，接收线程（线程#1）和显示线程（线程#2）对共享内存的访问必须是互斥的。也就是说，必须确保一个线程在完成对共享内存块的操作之后，另一个线程才能开始进行操作。这样，接收线程和显示线程才能正常配合，确保任务的正确执行。

(1) 线程同步与互斥的概念

同步是指多个线程按照预定的先后次序运行。线程同步则是通过特定的机制（如互斥量、事件对象、临界区）来控制线程之间的执行顺序，从而建立起执行顺序的关系。如果没有同步机制，那么线程之间的执行将是无序的。

当多个线程都需要操作或访问同一块区域（代码）时，这块代码就被称为临界区。在上述例子中，共享内存块就是一个典型的临界区。线程互斥则是指对临界区资源的访问具有排他性。当多个线程都需要使用临界区资源时，任何时刻最多只允许一个线程使用，其他线程必须等待，直到占用资源的线程释放该资源。可以说，线程互斥是一种特殊的线程同步方式。

(2) 进入/退出临界区的方法

线程的同步方式有很多种，但它们的核心思想都是在访问临界区时只允许一个（或一类）线程运行。进入/退出临界区的方法主要包括：

1）调用 rt_hw_interrupt_disable( )进入临界区，调用 rt_hw_interrupt_enable( )退出临界区。

2）调用 rt_enter_critical( )进入临界区，调用 rt_exit_critical( )退出临界区。

这些方法可以确保线程在访问临界区时不会发生冲突，从而保证数据的一致性和系统的稳定性。这样，多线程实时系统中的各个线程就能协调一致地完成任务。

5.2 RT-Thread 信号量

为了更好地理解信号量（Semaphore）的概念，可以借助生活中的停车场管理来举例说明。想象一下，当停车场有空位时，管理员会允许外面的车辆陆续进入，直到所有停车位都被占满。一旦停车位满了，管理员就会阻止外部车辆进入，这些车只能在停车场外排队等候。每当停车场内有车辆离开，腾出空位时，管理员就会让外面的车进入；而当停车位再次被填满时，管理员又会暂停允许车辆进入。

在这个例子中，可以将各个元素与信号量的概念相对应：

1）停车场管理员的角色类似于信号量，控制着对停车位的访问。

2）停车位的数量代表着信号量的值，这是一个非负数，并且会根据车辆的进出而动态变化。

3）停车位本身相当于被多个线程（车辆）共享的公共资源或临界区。

4）车辆则相当于线程，它们需要通过获得管理员（信号量）的允许来获取停车位（访问公共资源）。

因此，车辆通过获得管理员的允许来取得停车位的过程，就类似于线程通过获得信号量来访问公共资源的情况。

5.2.1 信号量工作机制

信号量是一种轻量级的内核对象，专门用于解决线程间的同步问题。通过获取或释放信号量，线程能够实现同步或互斥，从而协调对共享资源的访问。

信号量的工作示意图如图 5-2 所示，其工作机制可以概括为以下几个关键点。

1. 信号量的构成

1）每个信号量对象都包含一个信号量值和一个线程等待队列。

2）信号量的值表示信号量实例（即资源）的数量。例如，如果信号量值为 5，那么就有

5 个信号量实例（资源）可以被线程使用。

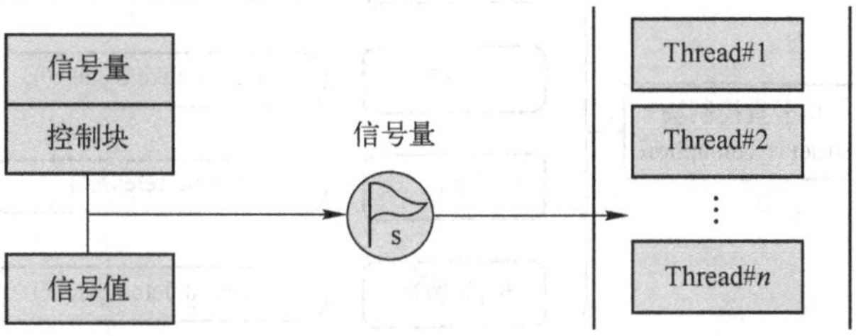

图 5-2　信号量的工作示意图

2. 信号量的操作

1）初始化信号量：为信号量设置一个初始值，这个值代表了资源的总数量。

2）获取信号量（P 操作）：线程尝试获取信号量。如果信号量的值大于零，那么信号量的值会减 1，并且线程成功获取信号量；如果信号量的值为 0，那么线程会进入等待状态，排在等待队列中，等待其他线程释放信号量。

3）释放信号量（V 操作）：线程释放信号量，使得信号量的值加 1；如果此时有线程正在等待信号量，那么这些线程会被唤醒，从等待队列中移除，并允许它们尝试获取信号量。

通过这些机制，信号量能够有效地控制线程对公共资源的访问，确保临界区资源的有序使用，从而避免资源争用和数据冲突的问题。信号量作为一种同步手段，使得多个线程能够协调一致、高效稳定地完成任务。

5.2.2　信号量控制块

在 RT-Thread 中，信号量控制块是操作系统用于管理信号量的一个数据结构，由结构体 struct rt_semaphore 表示。另外一种 C 表达方式 rt_sem_t，表示的是信号量的句柄，在 C 语言中的实现是指向信号量控制块的指针。信号量控制块结构的详细定义如下：

```
struct rt_semaphore
{
    struct rt_ipc_object parent;            /* 继承自 ipc_object 类 */
    rt_uint16_t value;                      /* 信号量的值 */
};
/* rt_sem_t 是指向 semaphore 结构体的指针类型 */
typedef struct rt_semaphore *rt_sem_t;
```

rt_semaphore 对象从 rt_ipc_object 中派生，由 IPC 容器管理，信号量的最大值是 65535。

5.2.3　信号量的管理方式

信号量控制块中含有信号量相关的重要参数，在信号量各种状态间起到纽带的作用。信号量相关接口如图 5-3 所示。对一个信号量的操作包括：创建/初始化信号量、获取信号量、释放信号量、删除/脱离信号量。

1. 创建和删除信号量

当创建一个信号量时，内核首先创建一个信号量控制块，然后对该控制块进行基本的初始化工作。创建信号量使用下面的函数接口：

```
rt_sem_t rt_sem_create(const char *name,
                       rt_uint32_t value,
                       rt_uint8_t flag);
```

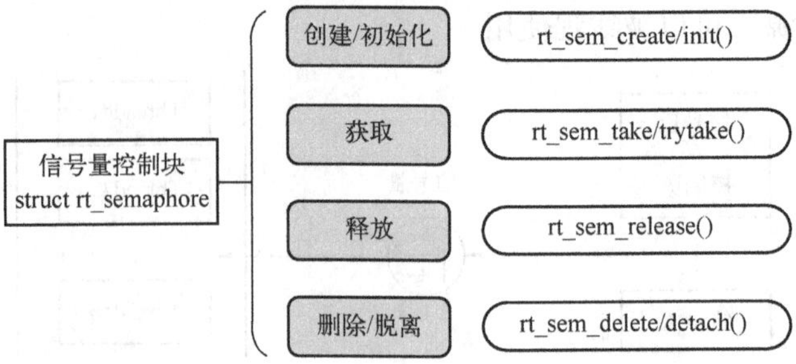

图 5-3 信号量相关接口

当调用这个函数时，系统会先从对象管理器中分配一个 semaphore 对象，并初始化这个对象，然后初始化父类 IPC 对象以及与 semaphore 相关的部分。在创建信号量指定的参数中，信号量标志参数决定了当信号量不可用时，多个线程等待的排队方式。当选择 RT_IPC_FLAG_FIFO（先进先出）方式时，等待线程队列将按照先进先出的方式排队，先进入的线程将先获得等待的信号量；当选择 RT_IPC_FLAG_PRIO（优先级等待）方式时，等待线程队列将按照优先级进行排队，优先级高的等待线程将先获得等待的信号量。

系统不再使用信号量时，可通过删除信号量来释放系统资源，适用于动态创建的信号量。删除信号量使用下面的函数接口：

```
rt_err_t rt_sem_delete(rt_sem_t sem);
```

如果删除该信号量时有线程正在等待该信号量，那么删除操作会先唤醒在该信号量上等待的线程（等待线程的返回值是-RT_ERROR），然后释放信号量的内存资源。

2. 初始化和脱离信号量

对于静态信号量对象，它的内存空间在编译时期就被编译器分配出来，放在读写数据段或未初始化的数据段上，此时使用信号量就不再需要使用 rt_sem_create 接口来创建，而只需在使用前对它进行初始化即可。初始化信号量对象可使用下面的函数接口：

```
rt_err_t rt_sem_init(rt_sem_t sem,
                     const char * name,
                     rt_uint32_t value,
                     rt_uint8_t flag)
```

当调用这个函数时，系统将对这个 semaphore 对象进行初始化，然后初始化 IPC 对象以及与 semaphore 相关的部分。信号量标志可用上面提到的标志。

脱离信号量就是让信号量对象从内核对象管理器中脱离，适用于静态初始化的信号量。脱离信号量使用下面的函数接口：

```
rt_err_t rt_sem_detach(rt_sem_t sem);
```

使用该函数后，内核先唤醒所有挂在该信号量等待队列上的线程，然后将该信号量从内核对象管理器中脱离。原来挂起在信号量上的等待线程将获得-RT_ERROR 的返回值。

3. 获取信号量

线程通过获取信号量来获得信号量资源实例。当信号量的值大于 0 时，线程将获得信号量，并且相应的信号量值会减 1。获取信号量使用下面的函数接口：

```
rt_err_t rt_sem_take(rt_sem_t sem,rt_int32_t time);
```

在调用这个函数时，如果信号量的值等于 0，那么说明当前信号量资源实例不可用。申请该信号量的线程将根据 time 参数的情况选择直接返回、挂起等待一段时间或永久等待，直到其他线程或中断释放该信号量。如果在参数 time 指定的时间内依然得不到信号量，那么线程将超时返回，返回值是-RT_ETIMEOUT。

4. 无等待获取信号量

当用户不想在申请的信号量上挂起线程进行等待时，可以使用无等待方式获取信号量。无等待获取信号量使用下面的函数接口：

```
rt_err_t rt_sem_trytake(rt_sem_t sem);
```

这个函数的作用与 rt_sem_take(sem,0)相同，即当线程申请的信号量资源实例不可用时，它不会在该信号量上等待，而是直接返回-RT_ETIMEOUT。

5. 释放信号量

释放信号量可以唤醒挂起在该信号量上的线程。释放信号量使用下面的函数接口：

```
rt_err_t rt_sem_release(rt_sem_t sem);
```

例如，当信号量的值等于 0，并且有线程等待这个信号量时，释放信号量将唤醒在该信号量线程队列中等待的第一个线程，由它获取信号量，否则把信号量的值加 1。

5.2.4 信号量应用示例

下面是一个信号量应用示例，该示例创建了一个动态信号量，初始化两个线程：一个线程发送信号量，另一个线程接收到信号量后执行相应的操作。代码如下：

```
#include <rtthread.h>

#define    THREAD_PRIORITY     25
#define    THREAD_TIMESLICE    5

/*  指向信号量的指针  */
static rt_sem_t  dynamic_sem = RT_NULL;

ALIGN(RT_ALIGN_SIZE)
static char thread1_stack[1024];
static struct rt_thread  thread1;
static void  rt_thread1_entry(void *parameter)
{
    static rt_uint8_t count = 0;

    while(1)
    {
        if(count  <= 100)
        {
        count++;
        }
    else
            return;
          /* count 每计数 10 次，就释放一次信号量  */
          if(0 == (count % 10))
        {
          rt_kprintf("t1 release a dynamic semaphore. \n");
          rt_sem_release(dynamic_sem);
        }
    }
}
```

```
ALIGN(RT_ALIGN_SIZE)
static char thread2_stack[1024];
static struct rt_thread  thread2;
static void  rt_thread2_entry(void *parameter)
{
        static rt_err_t result;
        static rt_uint8_t  number = 0;
        while(1)
        {
          /* 永久方式等待信号量，获取到信号量，则执行 number 自加的操作 */
          result = rt_sem_take(dynamic_sem, RT_WAITING_FOREVER);
          if (result != RT_EOK)
          {
              rt_kprintf("t2 take a dynamic semaphore, failed.\n");
              rt_sem_delete(dynamic_sem);
              return;
          }
          else
          {
              number++;
              rt_kprintf("t2 take a dynamic semaphore. number = %d\n",number);
          }
    }
}
/*  信号量示例的初始化  */
int semaphore_sample(void)
{
    /*  创建一个动态信号量，初始值是  0 */
    dynamic_sem = rt_sem_create("dsem", 0, RT_IPC_FLAG_FIFO);
    if (dynamic_sem == RT_NULL)
    {
        rt_kprintf("create dynamic semaphore failed.\n");
        return -1;
    }
    else
    {
    rt_kprintf("create done. dynamic semaphore value = 0.\n");
    }
    rt_thread_init(&thread1,
                   "thread1",
                   rt_thread1_entry ,
                   RT_NULL,
                   &thread1_stack[0],
                   sizeof(thread1_stack),
                   THREAD_PRIORITY , THREAD_TIMESLICE);
    rt_thread_startup(&thread1);

    rt_thread_init(&thread2,
                   "thread2",
                   rt_thread2_entry ,
                   RT_NULL,
                   &thread2_stack[0],
                   sizeof(thread2_stack),
```

```
                    THREAD_PRIORITY -1, THREAD_TIMESLICE);
    rt_thread_startup(&thread2);
    return 0;
}
/*   导出到 msh 命令列表中   */
MSH_CMD_EXPORT(semaphore_sample , semaphore sample);
```

仿真运行结果如下：

```
RT -Thread Operating System
3.1.0 build Aug 27 2018
2006 - 2018 Copyright by rt-thread team
msh >semaphore_sample
create done. dynamic   semaphore value = 0.
msh >t1 release a dynamic   semaphore.
t2 take a dynamic   semaphore. number = 1
t1 release a dynamic   semaphore.
t2 take a dynamic   semaphore. number = 2
t1 release a dynamic   semaphore.
t2 take a dynamic   semaphore. number = 3
t1 release a dynamic   semaphore.
t2 take a dynamic   semaphore. number = 4
t1 release a dynamic   semaphore.
t2 take a dynamic   semaphore. number = 5
t1 release a dynamic   semaphore.
t2 take a dynamic   semaphore. number = 6
t1 release a dynamic   semaphore.
t2 take a dynamic   semaphore. number = 7
t1 release a dynamic   semaphore.
t2 take a dynamic   semaphore. number = 8
t1 release a dynamic   semaphore.
t2 take a dynamic   semaphore. number = 9
t1 release a dynamic   semaphore.
t2 take a dynamic   semaphore. number = 10
```

根据上面的运行结果可知：线程 1 在 count 计数为 10 的倍数时（count 计数为 100 之后线程退出），发送一个信号量；线程 2 在接收信号量后，对 number 进行加 1 操作。

信号量的另一个应用示例如下，本示例将使用 2 个线程、3 个信号量来解决生产者与消费者问题。其中，3 个信号量分别如下。

lock：起信号量锁的作用，因为 2 个线程会对同 1 个数组 array 进行操作，所以该数组是一个共享资源，锁用来保护这个共享资源。

empty：空位个数，初始化为 5。

full：满位个数，初始化为 0。

2 个线程分别如下。

生产者线程：获取到空位后，产生 1 个数字，循环放入数组中，然后释放一个满位。

消费者线程：获取到满位后，读取数组内容并相加，然后释放一个空位。

生产者消费者例程代码如下：

```
#include <rtthread.h>

#define     THREAD_PRIORITY     6
#define     THREAD_STACK_SIZE   512
#define     THREAD_TIMESLICE    5
```

```
/*  定义最大 5 个元素能够被产生  */
#define MAXSEM  5

/*  用于放置生产的整数数组  */
rt_uint32_t array[MAXSEM];
/* 指向生产者、消费者在 array 数组中的读写位置 */
static rt_uint32_t set, get;

/*  指向线程控制块的指针  */
static  rt_thread_t  producer_tid = RT_NULL;
static  rt_thread_t  consumer_tid = RT_NULL;

struct  rt_semaphore  sem_lock;
struct  rt_semaphore sem_empty, sem_full;

/*  生产者线程入口  */
void  producer_thread_entry(void *parameter)
{
      int cnt = 0;

      /*  运行 10  次  */
      while (cnt < 10)
      {
          /*  获取 1 个空位  */
          rt_sem_take(&sem_empty, RT_WAITING_FOREVER);
          /*  修改 array 内容，上锁  */
          rt_sem_take(&sem_lock, RT_WAITING_FOREVER);
          array[set % MAXSEM] = cnt + 1;
          rt_kprintf("the producer generates a number: %d\n", array[set % MAXSEM]); set++;
          rt_sem_release(&sem_lock);

          /*  发布 1 个满位  */
          rt_sem_release(&sem_full);
          cnt++;

          /*  暂停一段时间  */
          rt_thread_mdelay(20);
      }
    rt_kprintf("the producer exit! \n");
}
/*  消费者线程入口  */
void  consumer_thread_entry(void *parameter)
{
    rt_uint32_t sum = 0;
    while (1)
    {
        /*  获取 1 个满位  */
        rt_sem_take(&sem_full, RT_WAITING_FOREVER);

        /*  临界区,上锁进行操作  */
        rt_sem_take(&sem_lock, RT_WAITING_FOREVER);
        sum += array[get % MAXSEM];
                rt_kprintf("the consumer[%d] get a number: %d\n", (get % MAXSEM), array[get
```

```
            %MAXSEM]); get++;
        rt_sem_release(&sem_lock);

        /*  释放 1 个空位  */
        rt_sem_release(&sem_empty);

        /*  生产者生产到 10 个数目后停止，消费者线程相应停止  */
        if (get == 10) break;

        /*  暂停一小会时间  */
        rt_thread_mdelay(50);
    }

    rt_kprintf("the consumer sum is: %d\n", sum);
    rt_kprintf("the consumer exit! \n");
}
int producer_consumer(void)
{
    Set=0;
    Get=0;

    /*  初始化 3 个信号量  */
    rt_sem_init(&sem_lock, "lock", 1,        RT_IPC_FLAG_FIFO);
    rt_sem_init(&sem_empty, "empty",         MAXSEM, RT_IPC_FLAG_FIFO);
    rt_sem_init(&sem_full, "full",  0,       RT_IPC_FLAG_FIFO);
    /*  创建生产者线程  */
    producer_tid = rt_thread_create("producer",
                                    producer_thread_entry, RT_NULL,
                                    THREAD_STACK_SIZE,
                                    THREAD_PRIORITY - 1,
                                    THREAD_TIMESLICE);
    if (producer_tid != RT_NULL)
    {
        rt_thread_startup(producer_tid);
    }
    else
    {
        rt_kprintf("create thread producer failed");
        return -1;
    }
    /*  创建消费者线程  */
    consumer_tid = rt_thread_create("consumer",
                                    consumer_thread_entry, RT_NULL,
                                    THREAD_STACK_SIZE,
                                    THREAD_PRIORITY + 1,
                                    THREAD_TIMESLICE);
    if (consumer_tid != RT_NULL)
    {
        rt_thread_startup(consumer_tid);
    }
    else
    {
        rt_kprintf("create thread consumer failed");
        return -1;
```

```
    }
        return 0;
}
/*  导出到 msh 命令列表中  */
MSH_CMD_EXPORT(producer_consumer, producer_consumer sample);
```

该示例的仿真结果如下：

```
RT -Thread Operating System
3.1.0 build Aug 27 2018
2006 - 2018 Copyright by rt-thread team
msh >producer_consumer
the producer  generates a number: 1
the consumer[0] get a number: 1
msh >the producer  generates a number: 2
the producer  generates a number: 3
the consumer[1] get a number: 2
the producer  generates a number: 4
the producer  generates a number: 5
the producer  generates a number: 6
the consumer[2] get a number: 3
the producer  generates a number: 7
the producer  generates a number: 8
the consumer[3] get a number: 4
the producer  generates a number: 9
the consumer[4] get a number: 5
the producer  generates a number: 10
the producer exit!
the consumer[0] get a number: 6
the consumer[1] get a number: 7
the consumer[2] get a number: 8
the consumer[3] get a number: 9
the consumer[4] get a number: 10
the consumer sum is: 55
the consumer exit!
```

本示例可以理解为生产者生产产品放入仓库，消费者从仓库中取走产品。

1）生产者线程。

① 获取 1 个空位（放产品 number），此时空位减 1。

② 上锁保护；本次产生的 number 值为 cnt+1，把值循环存入数组 array 中；再开锁。

③ 释放 1 个满位（给仓库中放置 1 个产品，仓库就多 1 个满位），满位加 1。

2）消费者线程。

① 获取 1 个满位（取产品 number），此时满位减 1。

② 上锁保护；将本次生产者生产的 number 值从 array 中读出来，并与上次的 number 值相加；再开锁。

③ 释放 1 个空位（从仓库上取走 1 个产品，仓库就多 1 个空位），空位加 1。

生产者依次产生 10 个 number，消费者依次取走，并将 10 个 number 的值求和。信号量锁 lock 保护 array 临界区资源，保证了消费者每次取 number 值的排他性，实现了线程间同步。

5.2.5 信号量的使用场合

信号量是一种非常灵活的同步机制，适用于多种场景。它可以形成锁、实现同步、进行资源计数，并且方便地应用于线程与线程、中断与线程之间的同步。

1. 线程同步

线程同步是信号量最简单的一类应用。例如，当使用信号量进行两个线程之间的同步时，可以将信号量的值初始化为 0，表示当前没有可用的信号量资源实例，尝试获取该信号量的线程将直接在信号量上等待。当持有信号量的线程完成其处理工作时，会释放这个信号量，从而唤醒在该信号量上等待的线程，让它继续执行下一部分工作。在这种场合，信号量也可以看作工作完成标志：持有信号量的线程完成自己的工作后，会通知等待该信号量的线程继续执行后续任务。

2. 锁

锁通常用于多个线程间对同一共享资源（即临界区）的访问控制。当信号量作为锁使用时，通常将其资源实例初始化为 1，表示系统默认有一个资源可用。由于信号量的值在 1 和 0 之间变动，因此这类锁也被称为二值信号量。如图 5-4 所示，当线程需要访问共享资源时，它必须先获得这个资源锁。如果线程成功获得了资源锁，那么其他打算访问共享资源的线程将会因为无法获取资源而被挂起，因为它们在尝试获取锁时，锁已经被占用（信号量值为 0）。当获得信号量的线程处理完毕并退出临界区时，它会释放信号量并解开锁，此时挂起在锁上的第一个等待线程将被唤醒并获得临界区的访问权。

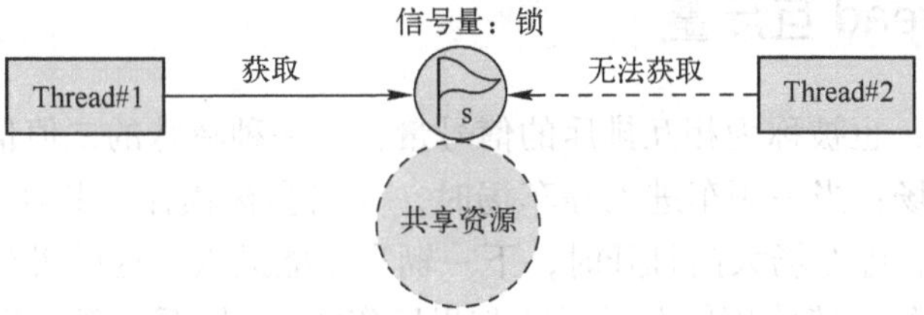

图 5-4　锁

3. 中断与线程的同步

信号量同样能够便捷地应用于中断与线程之间的同步。例如，当一个中断被触发时，中断服务程序需要通知某个线程进行相应的数据处理。在这种情况下，可以将信号量的初始值设置为 0。当线程尝试获取这个信号量时，由于信号量的初始值为 0，因此线程会直接在信号量上挂起，等待信号量被释放。当中断被触发时，中断服务程序会首先执行与硬件相关的操作，例如从硬件的 I/O 端口读取相应的数据，并确认中断以清除中断源。随后，中断服务程序会释放一个信号量，从而唤醒相应的线程以进行后续的数据处理。

以 FinSH 线程的处理方式为例，如图 5-5 所示，信号量的初始值为 0。当 FinSH 线程尝试获取信号量时，由于信号量的值为 0，因此它会被挂起。当 console 设备有数据输入时，会产生一个中断，从而进入中断服务程序。在中断服务程序中，它会读取 console 设备的数据，并将读取的数据放入 UART Buffer 中进行缓冲。然后，中断服务程序会释放信号量，这个操作将唤

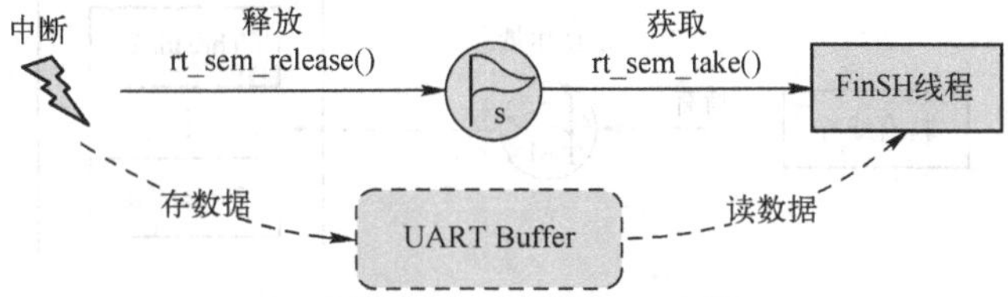

图 5-5　FinSH 的中断、线程间同步示意图

醒 Shell 线程。当中断服务程序运行完毕后，如果系统中没有比 Shell 线程优先级更高的就绪线程存在，那么 Shell 线程将获取信号量并运行，从 UART Buffer 中获取输入的数据并进行处理。

需要注意的是，中断与线程间的互斥不能采用信号量（锁）的方式来实现，而应该采用开关中断的方式来确保互斥性。

4. 资源计数

信号量可以被视为一个具有递增或递减功能的计数器，但需要注意的是，信号量的值始终保持非负。例如，如果初始化一个信号量的值为 5，那么这个信号量可以连续减少 5 次，直到其计数器减至 0 为止。资源计数特别适用于线程间工作处理速度不匹配的场合。在这种情况下，信号量可以作为前一个线程完成工作个数的计数。当调度到后一个线程时，它可以以一种连续的方式一次处理多个事件。

以生产者与消费者问题为例，生产者可以对信号量进行多次释放，这样，当消费者被调度到时，它能够一次处理多个信号量资源。

需要注意的是，一般资源计数类型多采用混合方式的线程间同步。因为即使是对单个资源的处理，也可能存在线程的多重访问。这就需要对一个单独的资源进行访问、处理，并进行锁方式的互斥操作，以确保数据的一致性和线程的安全。

5.3 RT-Thread 互斥量

互斥量（Mutex），也被称为相互排斥的信号量，是一种特殊的二值信号量。它类似于一个只有一个车位的停车场：当一辆车进入停车场时，大门会被锁住，其他车辆只能在外面等候。只有当里面的车离开，停车场大门打开时，下一辆车才能进入。这种机制确保了同一时间内只有一辆车（或一个线程）能使用停车场（或临界区资源），从而实现了互斥访问。

5.3.1 互斥量工作机制

互斥量与信号量有一些显著的区别。首先，拥有互斥量的线程拥有互斥量的所有权。互斥量支持递归访问，并且能够防止线程优先级翻转。此外，互斥量只能由持有它的线程释放，而信号量则可以由任何线程释放。

1. 互斥量的状态

互斥量有两种状态：开锁和闭锁。当有线程持有互斥量时，互斥量处于闭锁状态，并由该线程获得所有权。当该线程释放互斥量时，互斥量将被开锁，线程失去其所有权。在一个线程持有互斥量时，其他线程无法对其进行开锁或持有操作。持有互斥量的线程可以再次获得这个锁而不被挂起。互斥量的工作示意图如图 5-6 所示。

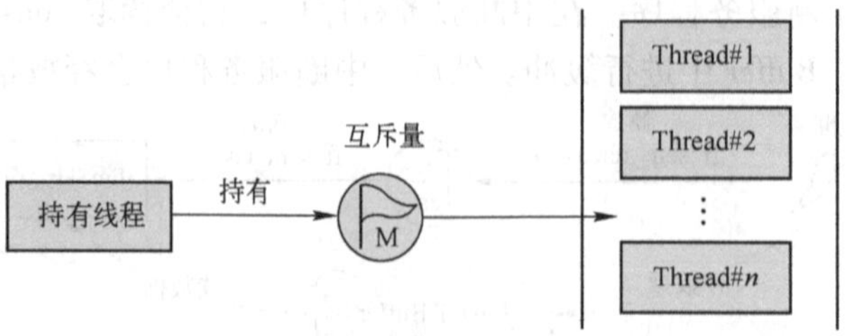

图 5-6　互斥量的工作示意图

这一特性与一般的二值信号量有很大不同：在信号量中，如果没有可用的实例，线程递归持有信号量会导致主动挂起，最终形成死锁。

2. 线程优先级翻转问题

使用信号量时，可能会遇到线程优先级翻转的问题。所谓优先级翻转，是指当一个高优先级的线程试图通过信号量机制访问共享资源时，如果该信号量已被一个低优先级的线程持有，而这个低优先级的线程在运行过程中可能被其他中等优先级的线程抢占，那么这会导致高优先级的线程被许多较低优先级的线程阻塞，从而使得系统的实时性难以得到保证。

例如，在图 5-7 中有 3 个线程，其优先级分别为 A、B 和 C，且 A > B > C。线程 A 和 B 都处于挂起状态，等待某一事件的触发，而线程 C 正在运行。当线程 C 开始使用某一共享资源 M 时，线程 A 等待的事件到来了，于是线程 A 转为就绪状态。由于线程 A 的优先级高于线程 C，所以线程 A 立即开始执行。然而，当线程 A 尝试使用共享资源 M 时，由于该资源正在被线程 C 使用，线程 A 被挂起，系统切换到线程 C 继续运行。如果此时线程 B 等待的事件也到来了，线程 B 就会转为就绪状态。由于线程 B 的优先级高于线程 C，因此线程 B 会开始运行，直到其运行完毕，然后线程 C 才开始继续运行。只有当线程 C 释放了共享资源 M 后，线程 A 才得以执行。

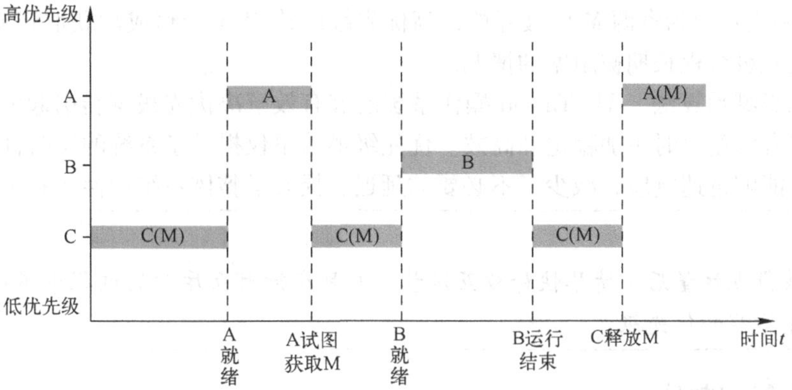

图 5-7　优先级反转（M 为信号量）

在这种情况下，优先级发生了翻转：线程 B 先于线程 A 运行。这种情况无法保证高优先级线程的响应时间。

为了避免优先级翻转问题，可以使用互斥量。互斥量在设计时考虑了优先级继承机制。当低优先级的线程持有互斥量时，如果有高优先级的线程请求该互斥量，那么低优先级的线程将临时提升到高优先级线程的优先级，直到它释放互斥量为止。这种机制确保了高优先级的线程能够尽快获得所需的资源，从而提升系统的实时性和响应速度。

在 RT-Thread 操作系统中，互斥量能够有效解决优先级翻转问题，其关键实现机制是优先级继承算法。当一个线程（如线程 A）尝试获取某个共享资源并被挂起时，优先级继承算法会临时提升持有该资源的低优先级线程（如线程 C）的优先级，使之等同于线程 A 的优先级，从而防止中间优先级的线程（如线程 B）抢占资源。这一过程如图 5-8 所示。

优先级继承算法的工作原理如下。

1）资源竞争：当高优先级线程 A 尝试获取共享资源 M，但该资源正由低优先级线程 C 持有时，由于资源被占用，线程 A 无法执行，因此 A 将被挂起。

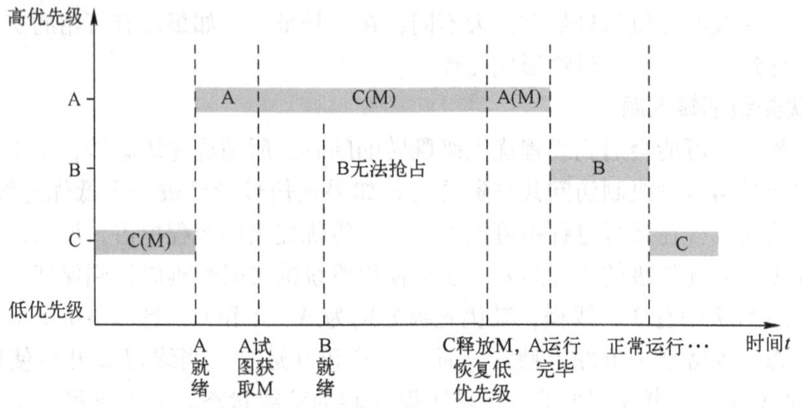

图 5-8 优先级继承（M 为互斥量）

2）优先级提升：为防止处于中间优先级（如线程 B）的其他线程抢占资源 M，系统将临时提升线程 C 的优先级，使其与线程 A 的优先级相同。

3）资源释放：线程 C 持有资源 M，执行完相关任务后释放资源。在释放资源的同时，线程 C 的优先级将重新降回到其初始设定的优先级。

4）重新调度：因为资源 M 已被释放，高优先级的线程 A 能够成功获取资源并继续执行，从而避免高优先级线程长期被阻塞的情况。

通过优先级继承算法，RT-Thread 操作系统能够有效解决优先级翻转引起的问题，使系统在处理多线程资源竞争时更加稳定和高效。优先级继承不仅提升了系统的实时性能，还确保了高优先级任务能够迅速响应，减少了不必要的延迟，提升了整体系统的性能和可靠性。

注意

在获得互斥量后，请尽快释放互斥量，并且在持有互斥量的过程中不得再次更改持有互斥量线程的优先级。

5.3.2 互斥量控制块

在 RT-Thread 中，互斥量控制块是操作系统用于管理互斥量的一个数据结构，由结构体 struct rt_mutex 表示。另外一种 C 表达方式 rt_mutex_t，表示的是互斥量的句柄，在 C 语言中的实现是指向互斥量控制块的指针。互斥量控制块结构的详细定义见以下代码：

```
struct rt_mutex
{
    struct rt_ipc_object parent;              /* 继承自 ipc_object 类 */
    rt_uint16_t value;                        /* 互斥量的值 */
    rt_uint8_t original_priority;             /* 持有线程的原始优先级 */
    rt_uint8_t hold;                          /* 持有线程的持有次数 */
    struct rt_thread *owner;                  /* 当前拥有互斥量的线程 */
};
/* rt_mutext_t 为指向互斥量结构体的指针类型 */
typedef struct rt_mutex *rt_mutex_t;
```

rt_mutex 对象从 rt_ipc_object 中派生，由 IPC 容器所管理。

5.3.3 互斥量的管理方式

互斥量控制块中含有互斥相关的重要参数，在互斥量功能的实现中起着重要的作用。互斥量相关接口如图 5-9 所示，对一个互斥量的操作包括：创建/初始化互斥量、获取互斥量、释放互斥量、删除/脱离互斥量。

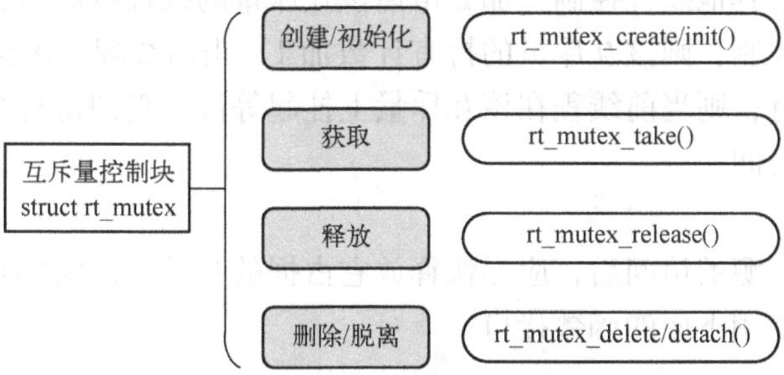

图 5-9　互斥量相关接口

1. 创建和删除互斥量

创建一个互斥量时，内核首先创建一个互斥量控制块，然后完成对该控制块的初始化工作。创建互斥量使用下面的函数接口：

```
rt_mutex_t rt_mutex_create(constchar *name,rt_uint8_t flag);
```

当调用这个函数时，系统会先从对象管理器中分配一个 mutex 对象，并初始化这个对象，然后初始化父类 IPC 对象以及与 mutex 相关的部分。互斥量的 flag 标志设置为 RT_IPC_FLAG_PRIO，表示多个线程等待资源时，将由优先级高的线程优先获得资源；flag 设置为 RT_IPC_FLAG_FIFO，表示多个线程等待资源时，将按照先来先得的顺序获得资源。

当不再使用互斥量时，可通过删除互斥量以释放系统资源，适用于动态创建的互斥量。删除互斥量使用下面的函数接口：

```
rt_err_t rt_mutex_delete(rt_mutex_t mutex);
```

当删除一个互斥量时，所有等待此互斥量的线程都将被唤醒，等待线程获得的返回值是-RT_ERROR。然后系统将该互斥量从内核对象管理器链表中删除，并释放互斥量占用的内存空间。

2. 初始化和脱离互斥量

静态互斥量对象的内存是在系统编译时由编译器分配的，一般放于读写数据段或未初始化数据段中。在使用这类静态互斥量对象前，需要先进行初始化。初始化互斥量使用下面的函数接口：

```
rt_err_t rt_mutex_init(rt_mutex_t mutex,constchar *name,rt_uint8_t flag);
```

使用该函数时，需指定互斥量对象的句柄（即指向互斥量控制块的指针）、互斥量名称及互斥量标志。互斥量标志可用上面创建互斥量函数里提到的标志。

脱离互斥量指把互斥量对象从内核对象管理器中脱离，适用于静态初始化的互斥量。脱离互斥量使用下面的函数接口：

```
rt_err_t rt_mutex_detach(rt_mutex_t mutex);
```

使用该函数后，内核先唤醒所有挂在该互斥量上的线程（线程的返回值是-RT_ERROR），然后系统将该互斥量从内核对象管理器中脱离。

3. 获取互斥量

线程获取了互斥量，就有了对该互斥量的所有权，即某一个时刻一个互斥量只能被一个线程持有。获取互斥量使用下面的函数接口：

```
rt_err_t rt_mutex_take(rt_mutex_t mutex,rt_int32_t time);
```

如果互斥量没有被其他线程控制，那么申请该互斥量的线程将成功获得该互斥量。如果互斥量已经被当前线程控制，则该互斥量的持有计数加 1，当前线程也不会挂起等待。如果互斥量已经被其他线程占有，则当前线程在该互斥量上挂起等待，直到持有线程释放它，或者等待时间超过指定的超时时间。

4. 释放互斥量

当线程完成互斥资源的访问后，应尽快释放它占据的互斥量，使得其他线程能及时获取该互斥量。释放互斥量使用下面的函数接口：

```
rt_err_t rt_mutex_release(rt_mutex_t mutex);
```

使用该函数时，只有已经拥有互斥量控制权的线程才能释放它，每释放一次该互斥量，它的持有计数就减 1。当该互斥量的持有计数为 0（即持有线程已经释放所有的持有操作）时，它变为可用，等待在该信号量上的线程将被唤醒。如果线程的运行优先级被互斥量提升，那么当互斥量被释放后，线程恢复为持有互斥量前的优先级。

5.3.4 互斥量应用示例

互斥锁是一种保护共享资源的方法。当一个线程拥有互斥锁的时候，可以保护共享资源不被其他线程破坏。下面用一个例子来说明，有两个线程（线程 1 和线程 2），线程 1 对 2 个 number 分别进行加 1 操作；线程 2 也对 2 个 number 分别进行加 1 操作，使用互斥量保证线程改变 2 个 number 值的操作不被打断，代码如下：

```
#include <rtthread.h>

#define    THREAD_PRIORITY 8
#define    THREAD_TIMESLICE    5

/*  指向互斥量的指针   */
static rt_mutex_t  dynamic_mutex = RT_NULL;
static rt_uint8_t number1,number2 = 0;
ALIGN(RT_ALIGN_SIZE)
static char thread1_stack[1024];
static struct rt_thread  thread1;
static void  rt_thread_entry1(void *parameter)
{
    while(1)
    {
        /*  线程 1 获取到互斥量后,先后对 number1、number2 进行加 1 操作, 然后释放互斥量  */
    rt_mutex_take(dynamic_mutex, RT_WAITING_FOREVER);
    number1++;
    rt_thread_mdelay(10);
    number2++;
    rt_mutex_release(dynamic_mutex);
    }
}

ALIGN(RT_ALIGN_SIZE)
static char thread2_stack[1024];
```

```
static struct rt_thread  thread2;
static void  rt_thread_entry2(void *parameter)
{
    while(1)
    {
    /*  线程 2 获取到互斥量后，检查 number1、number2 的值是否相同，相同则表示 mutex 起到
了锁的作用  */
        rt_mutex_take(dynamic_mutex, RT_WAITING_FOREVER);
        if(number1 != number2)
        {
            rt_kprintf("not protect. number1 = %d, mumber2 =     %d \n",number1 ,number2);

        }
        else
        {
            rt_kprintf("mutex protect ,number1 = mumber2 is %d\n",number1);
        }
          number1++;
          number2++;
          rt_mutex_release(dynamic_mutex);

          if(number1 >=50)
          return;
    }
}
/*  互斥量示例的初始化  */
int mutex_sample(void)
{
    /*  创建一个动态互斥量  */
    dynamic_mutex = rt_mutex_create("dmutex", RT_IPC_FLAG_FIFO);
    if(dynamic_mutex == RT_NULL)
    {
        rt_kprintf("create dynamic mutex failed. \n");
        return -1;
    }

    rt_thread_init(&thread1,
                    "thread1",
                    rt_thread_entry1 ,
                    RT_NULL,
                    &thread1_stack[0],
                    sizeof(thread1_stack),
                    THREAD_PRIORITY , THREAD_TIMESLICE);
    rt_thread_startup(&thread1);
  rt_thread_init(&thread2,
                    "thread2",
                    rt_thread_entry2 ,
                    RT_NULL,
                    &thread2_stack[0],
                    sizeof(thread2_stack),
                    THREAD_PRIORITY -1, THREAD_TIMESLICE);
  rt_thread_startup(&thread2);
        return 0;
}
```

```
/*  导出到 msh 命令列表中 */
MSH_CMD_EXPORT(mutex_sample, mutex sample);
```

线程 1 与线程 2 中均使用互斥量保护对 2 个 number 的操作（如果将线程 1 中的获取、释放互斥量语句注释掉，那么线程 1 将对 number 不再进行保护），仿真运行结果如下：

```
RT -Thread Operating System
3.1.0 build Aug 24 2018
2006 - 2018 Copyright by rt-thread team
msh >mutex_sample
msh >mutex protect,number1 = mumber2 is 1
mutex protect,number1 = mumber2 is 2
mutex protect,number1 = mumber2 is 3
mutex protect,number1 = mumber2 is 4
…
mutex protect,number1 = mumber2 is 48
mutex protect,number1 = mumber2 is 49
```

线程使用互斥量保护对 2 个 number 的操作，使 number 的值保持一致。

互斥量的另一个应用示例如下。这个例子将创建 3 个动态线程，以检查持有互斥量的线程优先级是否被调整到等待线程优先级中的最高优先级。

防止优先级翻转特性示例代码如下：

```
#include <rtthread.h>

/*  指向线程控制块的指针  */
static  rt_thread_t tid1 = RT_NULL;
static  rt_thread_t tid2 = RT_NULL;
static  rt_thread_t tid3 = RT_NULL;
static  rt_mutex_t mutex = RT_NULL;

#define    THREAD_PRIORITY      10
#define    THREAD_STACK_SIZE    512
#define    THREAD_TIMESLICE     5

/*  线程 1 入口  */
static void thread1_entry(void * parameter)
{
    /*  先让低优先级线程运行  */
    rt_thread_mdelay(100);
    /*  此时 thread3 持有 mutex，并且 thread2 等待持有 mutex */
    /*  检查 thread2 与 thread3 的优先级情况  */
    if (tid2->current_priority    != tid3->current_priority)
    {
        /*  优先级不相同，测试失败  */
        rt_kprintf("the priority of thread2 is: %d\n", tid2->current_priority);
        rt_kprintf("the priority of thread3 is: %d\n", tid3->current_priority);
        rt_kprintf("test failed. \n");
        return;
    }
    else
    {
        rt_kprintf("the priority of thread2 is: %d\n", tid2->current_priority);
        rt_kprintf("the priority of thread3 is: %d\n", tid3->current_priority);
        rt_kprintf("test OK. \n");
```

```
    }
}
/*  线程2入口  */
static void thread2_entry(void *parameter)
{
    rt_err_t result;
    rt_kprintf("the priority of thread2 is: %d\n", tid2->current_priority);
    /*  先让低优先级线程运行  */
    rt_thread_mdelay(50);

    /*
     *  试图持有互斥锁，此时 thread3 持有，应把 thread3 的优先级提升
     * 到与 thread2 相同的优先级
     */
    result = rt_mutex_take(mutex, RT_WAITING_FOREVER);

    if (result == RT_EOK)
    {
    /*  释放互斥锁  */
    rt_mutex_release(mutex);
    }
}
/*  线程3入口  */
static void thread3_entry(void *parameter)
{
    rt_tick_t tick;
    rt_err_t result;

    rt_kprintf("the priority of thread3 is: %d\n", tid3->current_priority);

    result = rt_mutex_take(mutex, RT_WAITING_FOREVER);
    if (result != RT_EOK)
    {
        rt_kprintf("thread3 take a mutex, failed.\n");
    }
    /*  做一个长时间的循环，500ms  */
    tick = rt_tick_get();
    while (rt_tick_get() - tick < (RT_TICK_PER_SECOND / 2));

    rt_mutex_release(mutex);
}

int pri_inversion(void)
{
    /*  创建互斥锁  */
    mutex = rt_mutex_create("mutex", RT_IPC_FLAG_FIFO);
    if (mutex == RT_NULL)
    {
        rt_kprintf("create dynamic mutex failed.\n");
        return -1;
    }
    /*  创建线程1  */
    tid1 = rt_thread_create("thread1",
                            thread1_entry,
```

```
                                RT_NULL,
                                THREAD_STACK_SIZE,
                                THREAD_PRIORITY - 1, THREAD_TIMESLICE);
    if (tid1 != RT_NULL)
        rt_thread_startup(tid1);
    /*  创建线程 2  */
    tid2 = rt_thread_create("thread2",
                                thread2_entry,
                                RT_NULL,
                                THREAD_STACK_SIZE,
                                THREAD_PRIORITY, THREAD_TIMESLICE);
    if (tid2 != RT_NULL)
        rt_thread_startup(tid2);

    /*  创建线程 3  */
    tid3 = rt_thread_create("thread3",
                                    thread3_entry,
                                    RT_NULL,
                                    THREAD_STACK_SIZE,
                                    THREAD_PRIORITY + 1, THREAD_TIMESLICE);
  if (tid3 != RT_NULL)
      rt_thread_startup(tid3);
      return 0;
  }
  /*  导出到 msh 命令列表中  */
  MSH_CMD_EXPORT(pri_inversion , prio_inversion sample);
```

仿真运行结果如下：

```
RT -Thread Operating System
3.1.0 build Aug 27 2018
2006 - 2018 Copyright by rt-thread team
msh >pri_inversion
the priority of thread2 is: 10
the priority of thread3 is: 11
the priority of thread2 is: 10
the priority of thread3 is: 10
test OK.
```

示例演示了互斥量的使用方法。线程 3 先持有互斥量，而后线程 2 试图持有互斥量，此时线程 3 的优先级被提升为和线程 2 的优先级相同。

需要切记的是，互斥量不能在中断服务程序中使用。

5.3.5 互斥量的使用场合

互斥量的使用相对专一，它作为信号量的一种特殊形式，主要以锁的形态存在。在初始化时，互斥量总是处于未锁定的状态，而一旦被某个线程持有，它会立即转变为锁定状态。互斥量尤其适用于以下两种情况：

1）当线程需要多次持有互斥量时。这种情况下，互斥量能够有效防止同一线程因多次递归持有而导致死锁的问题。

2）在多线程同步可能导致优先级翻转的场景中。互斥量通过其设计上的优先级继承机制，能够避免低优先级线程长时间占用资源，从而避免高优先级线程的响应时间受到影响。

5.4 RT-Thread 事件集

事件集是一种用于线程间同步的机制，它允许一个集合中包含多个事件，从而满足复杂的线程同步需求，包括一对多和多对多的同步场景。可以通过“坐公交”的例子来形象地解释事件集的应用。

1）单一事件触发：乘客 P1 准备去某个地方，而只有一趟公交车可以到达那里。因此，P1 只需等待这趟公交车到来即可出发。这种情况下，可以将 P1 的出发视为一个线程，将“公交车到达公交站”视为一个事件的发生，该事件发生时唤醒线程。

2）任意事件触发：乘客 P1 准备去某个地方，有 3 趟不同的公交车都可以到达那里。在这种情况下，P1 只需等待其中任意一辆公交车到来即可出发。这相当于线程等待集合中的任意一个事件发生即可被唤醒。

3）多事件同时触发：乘客 P1 和 P2 约定一起去某个地方。此时，P1 必须同时等待两个条件都满足后才能出发：一是“同伴 P2 到达公交站”，二是“公交车到达公交站”。这种情况下，可以将 P1 的出发视为一个线程，将“公交车到达公交站”和“同伴 P2 到达公交站”视为两个事件的发生。线程必须等待这两个事件同时发生才能被唤醒。

通过这个例子可以看到，事件集能够灵活地应用于不同的线程同步需求中，无论是等待特定事件、任意事件还是多个事件同时发生。

5.4.1 事件集工作机制

事件集是一种主要用于线程间同步的机制。与信号量不同，事件集能够满足一对多和多对多的同步需求。一个线程可以等待多个事件的发生来触发执行。线程与事件的关系可以设置为如下两种模式：

1）线程等待任意一个事件的发生来触发执行。

2）线程等待多个事件全部发生后才触发执行。

在这种机制中，一个 32 位无符号整型变量就可以表示整个事件集，每一位都代表一个独立的事件。线程通过“逻辑与”或“逻辑或”操作将一个或多个事件关联起来，形成事件组合。

1）独立型同步（逻辑或）：只要线程关联的事件集中任意一个事件发生，就会触发线程的同步操作。

2）关联型同步（逻辑与）：线程必须等待所有指定的事件全部发生后，才会触发同步操作。

RT-Thread 定义的事件集具有以下几个特点：

1）事件专用于线程。每个事件都只与特定的线程相关，事件之间相互独立。每个线程都可以拥有 32 个事件标志，这些标志用一个 32 位无符号整型数来表示，每一位代表一个事件。

2）仅用于同步。事件集仅用于线程之间的同步操作，不用于数据传输。

3）无排队性。如果向线程多次发送同一事件（且线程尚未处理），则其效果与只发送一次相同。

在 RT-Thread 中，每个线程都有一个事件信息标志，该标志具有 3 个属性：RT_EVENT_

FLAG_AND（逻辑与）、RT_EVENT_FLAG_OR（逻辑或）和 RT_EVENT_FLAG_CLEAR（清除标志）。当线程等待事件同步时，它会通过检查 32 个事件标志和事件信息标志来判断接收到的事件是否满足同步条件。

例如，如图 5-10 所示，线程#1 的事件标志中，第 1 位和第 30 位被置位。根据设置的不同：

如果设置为逻辑与（RT_EVENT_FLAG_AND），则线程#1 只有在事件 1 和事件 30 都发生后才会被唤醒。

如果设置为逻辑或（RT_EVENT_FLAG_OR），则事件 1 或事件 30 中的任意一个发生即可触发唤醒线程#1。

如果同时设置了清除标志（RT_EVENT_FLAG_CLEAR），则线程#1 被唤醒后会主动将事件 1 和事件 30 清 0；如果没有设置清除标志，则这些事件标志将继续保持置位状态。

这种灵活的机制使得事件集成为一种强大的多线程同步工具，能够有效地管理复杂的线程间协作，从而提高系统的性能和实时性。

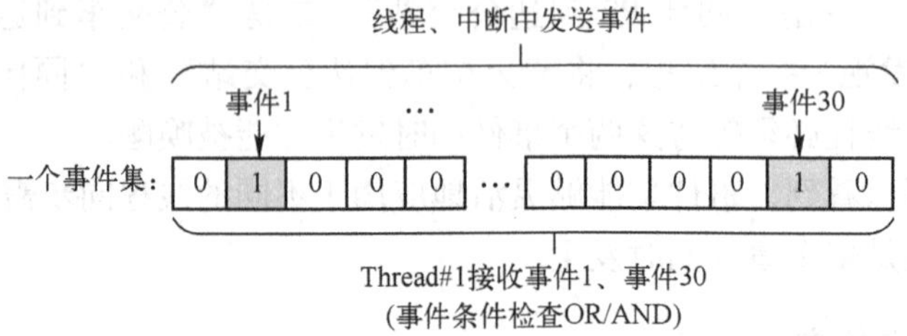

图 5-10　事件集工作示意图

5.4.2　事件集控制块

在 RT-Thread 操作系统中，事件集控制块是一个核心的数据结构，用于高效地管理事件。这个控制块由结构体 struct rt_event 来表示，它封装了事件集的所有必要信息，使得操作系统能够方便地追踪、管理和操作事件集。

此外，C 语言中常用的表达方式 rt_event_t 实际上是一个事件集的句柄。在 C 语言的实现中，rt_event_t 被定义为一个指向事件集控制块的指针。这样的设计使得程序员可以通过这个句柄轻松地访问和操作事件集，而无须直接处理复杂的数据结构。

事件集控制块和事件集句柄是 RT-Thread 中事件管理的基础，它们共同为操作系统提供了强大而灵活的事件处理能力。

5.4.3　事件集的管理方式

事件集控制块中包含了与事件集紧密相关的重要参数，这些参数在事件集功能的实现过程中扮演着至关重要的角色。它们不仅确保了事件集能够正常运作，还为其提供了必要的配置和状态信息。

事件集的相关接口在图 5-11 中得到了清晰的展示。对于事件集的操作，主要包括以下几种。

1）创建/初始化事件集：这是事件集使用的起点。通过这一操作，系统会为事件集分配必要的资源，并初始化其内部参数，确保事件集处于可用状态。

2）发送事件：当某个事件发生时，系统会通过这一操作将事件信息发送到对应的事件集中，以便后续的处理和同步。

3）接收事件：线程或任务在需要等待某个或某些事件发生时，会通过这一操作来接收事件集中的事件信息，并根据事件信息进行相应的处理。

4）删除/脱离事件集：当事件集不再需要时，系统会执行这一操作来释放事件集所占用的资源，或者将某个事件从事件集中移除。

事件集的控制块及其相关接口共同构成了事件集功能的核心部分，它们确保了事件集能够在操作系统中高效地运作，并为线程或任务之间的同步提供了有力的支持。

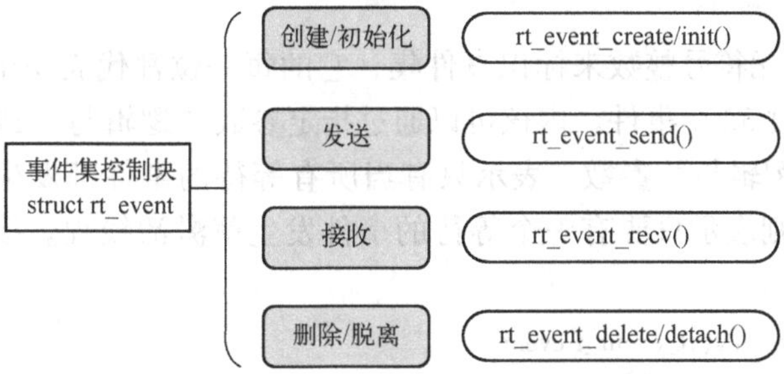

图5-11 事件集的相关接口

1. 创建和删除事件集

当创建一个事件集时，内核首先创建一个事件集控制块，然后对该事件集控制块进行基本的初始化。创建事件集使用下面的函数接口：

```
rt_event_t rt_event_create(constchar *name,rt_uint8_t flag);
```

调用该函数时，系统会从对象管理器中分配事件集对象，并初始化这个对象，然后初始化父类IPC对象。

系统不再使用rt_event_create()创建的事件集对象时，通过删除事件集对象控制块来释放系统资源。删除事件集可以使用下面的函数接口：

```
rt_err_t rt_event_delete(rt_event_t event);
```

在调用rt_event_delete()函数删除一个事件集对象时，应该确保该事件集不再被使用。在删除前会唤醒所有挂起在该事件集上的线程（线程的返回值是-RT_ERROR），然后释放事件集对象占用的内存块。

2. 初始化和脱离事件集

静态事件集对象的内存是在系统编译时由编译器分配的，一般放于读写数据段或未初始化数据段中。在使用静态事件集对象前，需要先对它进行初始化操作。初始化事件集使用下面的函数接口：

```
rt_err_t rt_event_init(rt_event_t event,constchar *name,rt_uint8_t flag);
```

调用该函数时，需指定静态事件集对象的句柄（即指向事件集控制块的指针），然后系统会初始化事件集对象，并加入系统对象容器中进行管理。

系统不再使用rt_event_init()初始化的事件集对象时，通过脱离事件集对象控制块来释放系统资源。脱离事件集指将事件集对象从内核对象管理器中脱离。脱离事件集使用下面的函数接口：

```
rt_err_t rt_event_detach(rt_event_t event);
```

调用这个函数时，系统首先唤醒所有挂在该事件集等待队列上的线程（线程的返回值是-RT_ERROR），然后将该事件集从内核对象管理器中脱离。

3. 发送事件

发送事件函数接口可以发送事件集中的一个或多个事件，如下：

```
rt_err_t rt_event_send(rt_event_t event,rt_uint32_t set);
```

使用该函数时，通过参数 set 指定的事件标志来设定 event 事件集对象的事件标志值，然后遍历等待在 event 事件集对象上的等待线程链表，判断是否有线程的事件激活条件与当前 event 对象事件标志值匹配，如果有，则唤醒该线程。

4. 接收事件

内核使用 32 位的无符号整数来标识事件集，它的每一位都代表一个事件，因此一个事件集对象可同时等待接收 32 个事件。内核可以通过指定参数“逻辑与”或“逻辑或”来选择如何激活线程。使用“逻辑与”参数，表示只有当所有等待的事件都发生时才激活线程；而使用“逻辑或”参数，则表示只要有一个等待的事件发生就激活线程。接收事件使用下面的函数接口：

```
rt_err_t rt_event_recv(rt_event_t event,
                       rt_uint32_t set,
                       rt_uint8_t option,
                       rt_int32_t timeout,
                       rt_uint32_t  * recved);
```

当用户调用这个函数时，系统会首先根据传入的 set 参数和接收选项 option 来判断用户想要接收的事件是否已经发生。如果指定的事件已经发生，则系统会根据 option 参数中是否设置了 RT_EVENT_FLAG_CLEAR 标志来决定是否需要重置与该事件对应的标志位，然后返回操作结果，并通过 recved 参数告知用户接收到的事件。

如果指定的事件尚未发生，则系统会将等待的 set 参数和 option 参数保存到线程自身的结构体中，并将该线程挂起，使其等待在此事件上，直到其等待的事件满足条件或者等待时间超过了指定的超时时间。如果用户将超时时间设置为 0，那么当线程要接收的事件没有满足其要求时，线程将不会等待，而是直接返回-RT_ETIMEOUT 错误码。

5.4.4 事件集应用示例

这是事件集的应用示例，例子中初始化了一个事件集、两个线程。一个线程等待自己关心的事件发生，另外一个线程发送事件，代码如下：

```
#include <rtthread.h>

#define      THREAD_PRIORITY       9
#define      THREAD_TIMESLICE      5

#define  EVENT_FLAG3 (1 << 3)
#define  EVENT_FLAG5 (1 << 5)

/*   事件控制块   */
static struct rt_event event;

ALIGN(RT_ALIGN_SIZE)
```

```
static char thread1_stack[1024];
static struct rt_thread  thread1;

/*  线程 1 入口函数  */
static void  thread1_recv_event(void *param)
{
    rt_uint32_t e;
    /*  第一次接收事件，事件 3 或事件 5 中的任意一个都可以触发线程 1，接收完后清除事件标志  */
    if (rt_event_recv(&event, (EVENT_FLAG3 | EVENT_FLAG5),
                      RT_EVENT_FLAG_OR | RT_EVENT_FLAG_CLEAR ,
                      RT_WAITING_FOREVER , &e) == RT_EOK)
    {
        rt_kprintf("thread1: OR recv event 0x%x\n", e);
    }

    rt_kprintf("thread1: delay 1s to prepare the second event\n");
    rt_thread_mdelay(1000);

    /*  第二次接收事件，事件 3 和事件 5 均发生时才可以触发线程 1，接收完后清除事件标志 */
    if (rt_event_recv(&event, (EVENT_FLAG3 | EVENT_FLAG5),
                      RT_EVENT_FLAG_AND | RT_EVENT_FLAG_CLEAR ,
                      RT_WAITING_FOREVER, &e) == RT_EOK)
    {
        rt_kprintf("thread1: AND recv event 0x%x\n", e);
    }
    rt_kprintf("thread1 leave.\n");
}

ALIGN(RT_ALIGN_SIZE)
static char thread2_stack[1024];
static struct rt_thread  thread2;

/*  线程 2 入口函数  */
static void  thread2_send_event(void *param)
{
    rt_kprintf("thread2: send event3\n");
    rt_event_send(&event, EVENT_FLAG3);
    rt_thread_mdelay(200);

    rt_kprintf("thread2: send event5\n");
    rt_event_send(&event, EVENT_FLAG5);
    rt_thread_mdelay(200);

    rt_kprintf("thread2: send event3\n");
    rt_event_send(&event, EVENT_FLAG3);
    rt_kprintf("thread2 leave.\n");
}
int event_sample(void)
{
```

```
    rt_err_t result;
    /*  初始化事件对象  */
    result = rt_event_init(&event, "event", RT_IPC_FLAG_FIFO);
    if (result != RT_EOK)
    {
        rt_kprintf("init event failed.\n");
        return -1;
    }
    rt_thread_init(&thread1,
                   "thread1",
                   thread1_recv_event ,
                   RT_NULL,
                   &thread1_stack[0],
                   sizeof(thread1_stack),
                   THREAD_PRIORITY - 1, THREAD_TIMESLICE);
    rt_thread_startup(&thread1);

    rt_thread_init(&thread2,
                   "thread2",
                   thread2_send_event,
                   RT_NULL,
                   &thread2_stack[0],
                   sizeof(thread2_stack),
                   THREAD_PRIORITY, THREAD_TIMESLICE);
    rt_thread_startup(&thread2);
    return 0;
}
/*  导出到 msh 命令列表中  */
MSH_CMD_EXPORT(event_sample, event sample);
```

仿真运行结果如下：

```
RT -Thread Operating System
3.1.0 build Aug 24 2018
2006 - 2018 Copyright by rt-thread team
msh >event_sample
thread2: send event3
thread1: OR recv event 0x8
thread1: delay 1s to prepare the second event
msh >thread2: send event5
thread2: send event3
thread2 leave.
thread1: AND recv event 0x28
thread1 leave.
```

示例演示了事件集的使用方法。线程 1 前后两次接收事件，分别使用了“逻辑或”与“逻辑与”触发模式。

5.4.5 事件集的使用场合

事件集作为一种功能强大的多线程同步机制，适用于多种复杂的应用场景。虽然在某些简单情况下，它或许可以被视为信号量的一种替代方案，但事件集本身所提供的灵活性和丰富功能，使其在处理更复杂的线程间同步问题时显得尤为出色。

以下是事件集的一些关键特性和使用场合。

1）线程间的高效同步。当一个线程或中断服务程序向事件集对象发送一个事件时，那些正在等待的线程会被迅速唤醒并处理这一事件。这与信号量的工作机制类似，但两者在事件或信号的累计性上存在显著差异。具体来说，对于事件集，如果某个事件在未被清除之前再次被发送，那么它并不会像信号量那样累计增加，而是保持其触发状态。相反，信号量的释放操作是可以累计的，意味着每次释放都会增加信号量的计数值。

2）灵活等待多种事件。事件集的一个显著优势在于它允许接收线程等待多种事件的触发。这意味着一个线程可以同时等待多个不同事件的发生，或者多个线程可以共同等待同一个事件的发生。线程可以根据其实际需求选择“逻辑或”或者“逻辑与”触发模式。相比之下，信号量无法实现这种复杂的等待逻辑，因为它只能识别单一的释放动作，而无法同时等待多种类型的释放。因此，事件集在处理复杂同步逻辑时提供了更高的灵活性和强大的功能。

图 5-12 所示的多事件接收示意图，清晰地展示了事件集如何在多线程环境中实现有效的事件管理和同步。

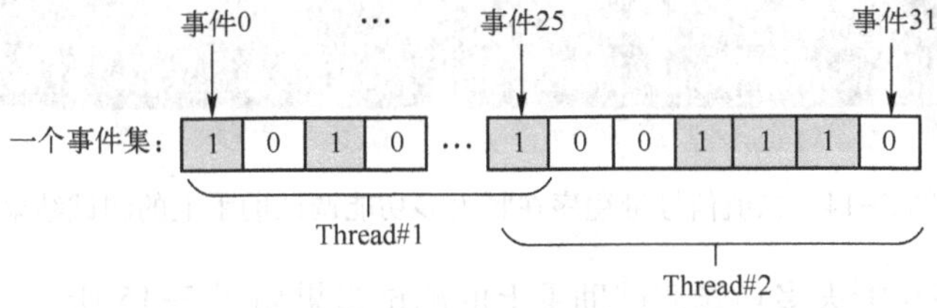

图 5-12　多事件接收示意图

一个事件集包含 32 个事件，每个事件都由一个位（bit）表示。特定线程只等待和接收它关注的事件。这可以包括以下情况：

1）一个线程等待多个事件。例如，线程 1 和线程 2 都可以等待多个事件的发生。事件间可以使用“逻辑与”或者“逻辑或”触发线程。当所有指定事件发生（“逻辑与”）或任意一个事件发生（“逻辑或”）时，线程将被唤醒。

2）多个线程等待同一个事件。多个线程可以同时等待一个事件的到来。例如，当事件 25 发生时，任何等待事件 25 的线程都会被唤醒。

当事件集中的事件被触发时，所有等待该事件的线程都会被唤醒，并进行相应的处理。

通过事件集，开发者能实现灵活且高效的线程同步和协作，提升系统的性能和实时性。这种机制使事件集在多线程编程中成为不可或缺的工具。

5.5 RT-Thread 线程间同步例程

为了熟练掌握本章讲述的线程间同步，在数字资源中，提供了图 5-13 所示的已移植好 RT-Thread 的线程间同步程序代码。这些程序代码可以运行在野火霸天虎开发板上，也可以修改代码后，在其他开发板上运行。

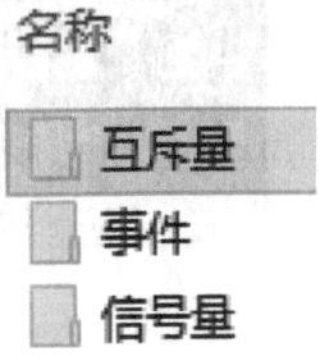

图 5-13　线程间同步的程序代码

二值信号量程序在野火多功能调试助手上的测试结果如图 5-14 所示。

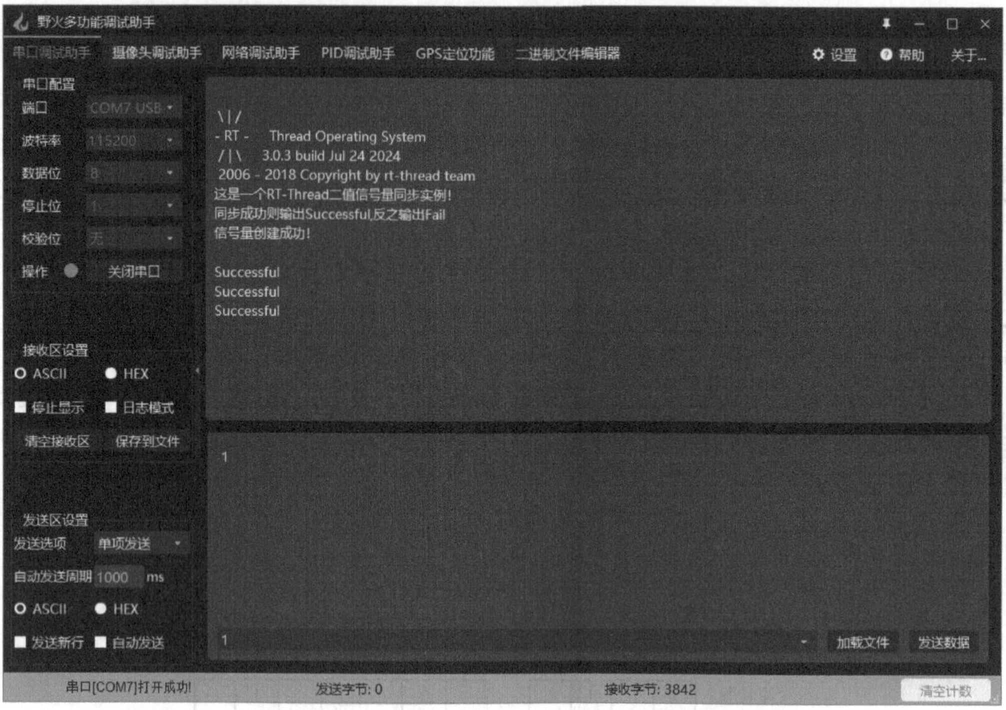

图 5-14 二值信号量程序在野火多功能调试助手上的测试结果

计数信号量程序在野火多功能调试助手上的测试结果如图 5-15 所示。

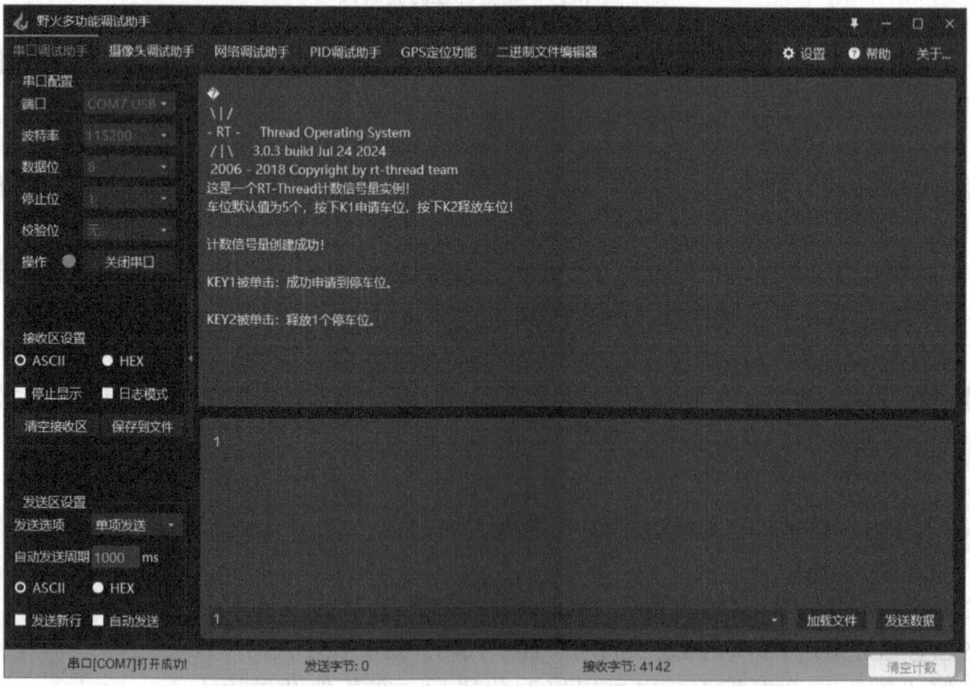

图 5-15 计数信号量程序在野火多功能调试助手上的测试结果

互斥量程序在野火多功能调试助手上的测试结果如图 5-16 所示。

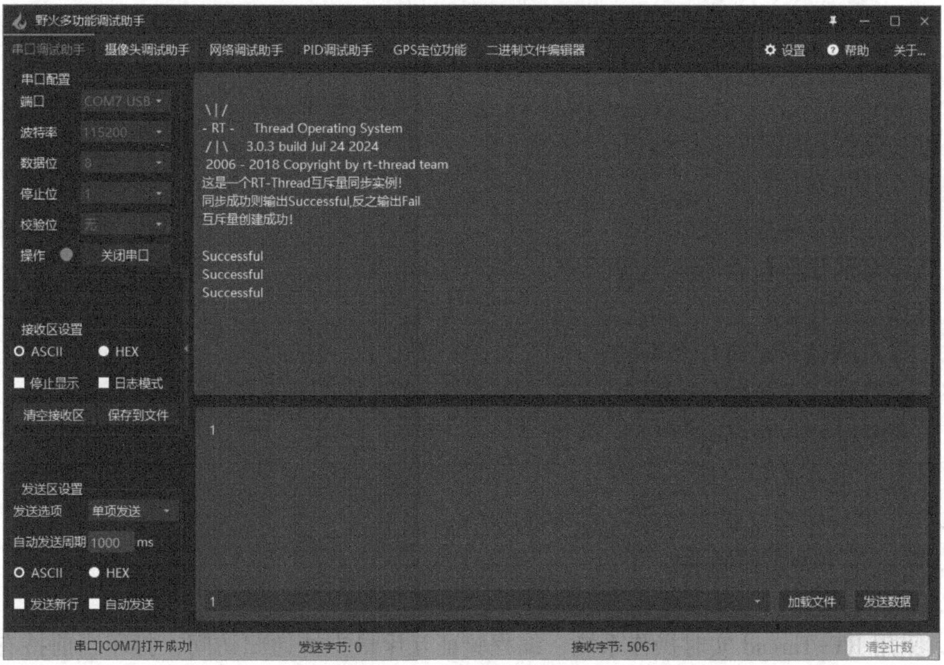

图 5-16　互斥量程序在野火多功能调试助手上的测试结果

事件程序在野火多功能调试助手上的测试结果如图 5-17 所示。

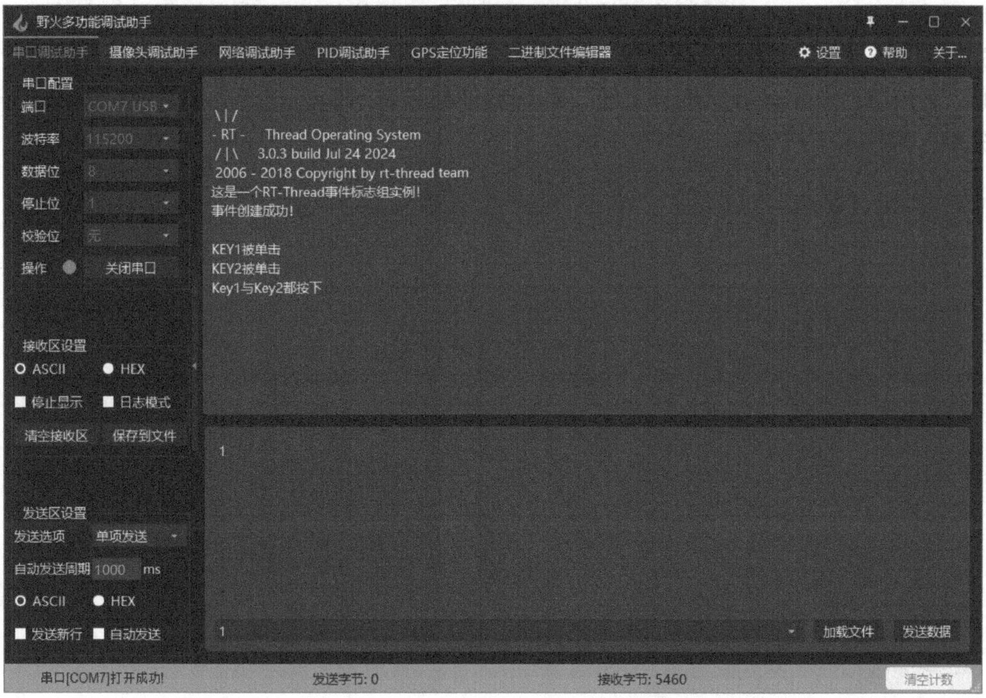

图 5-17　事件程序在野火多功能调试助手上的测试结果

习　题

1. 什么是线程同步？
2. 什么是信号量？
3. 什么是信号量控制块？
4. 信号量的操作包含哪些内容？
5. 什么是互斥量？
6. 互斥量和信号量有什么不同？
7. 什么是互斥量控制块？
8. 互斥量的操作包括哪些？
9. 什么是事件集？
10. RT-Thread 定义的事件集有哪些特点？
11. 什么是事件集控制块？
12. 事件集的操作包括哪些内容？
13. 采用 RT-Thread 实时操作系统，编程验证互斥量支持递归访问，打印当前持有线程的持有次数和互斥量值。采用 C 语言编程。
14. 采用 RT-Thread 实时操作系统，编程验证信号量不支持递归访问，打印当前持有线程的持有次数和互斥量值。采用 C 语言编程。
15. 采用 RT-Thread 实时操作系统，编程验证互斥量能够防止优先级翻转，打印运行线程的优先级。采用 C 语言编程。
16. 采用 RT-Thread 实时操作系统，编程验证信号量不能防止优先级翻转，打印运行线程的优先级。采用 C 语言编程。

第 6 章　RT-Thread 线程间通信

本章讲述 RT-Thread 实时操作系统中线程间通信的多种机制与应用。首先介绍邮箱的工作机制、控制块和管理方式，并通过具体示例和使用场合，展示如何在线程间进行数据传递和通信。接着详细讨论消息队列，包括其工作机制、控制块和管理方式，同样通过应用示例和使用场合，帮助读者理解消息队列在有序消息传递中的作用。最后阐述信号的工作机制和管理方式，通过示例展示信号在线程通信中的实际应用。本章内容涵盖邮箱、消息队列和信号 3 种主要的线程间通信方法，结合理论和实践案例进行全面讲解，使读者能够熟练掌握不同通信机制的使用方式及最佳实践。

6.1　RT-Thread 邮箱

邮箱服务在实时操作系统中是一种非常典型的线程间通信方式。以下是一个简单的使用示例：

假设有两个线程，线程 1 负责检测按键状态并将其发送出去，而线程 2 则负责读取这些按键状态，并根据按键的当前状态来控制 LED 的亮灭。当使用邮箱进行通信时，线程 1 可以将按键的状态封装成一封邮件，然后将其发送到邮箱中。线程 2 则会从邮箱中读取这封邮件，从而获取按键的状态，并据此对 LED 执行相应的操作。

这个场景也可以很容易地扩展到多个线程之间的通信。例如，假设有 3 个线程。

1）线程 1：专门负责检测按键状态，并将其作为信息发送出去。

2）线程 2：负责检测 ADC（模拟-数字转换器）的采样信息，并将其发送出去。

3）线程 3：根据接收到的信息类型来执行不同的操作。它可能会读取线程 1 发送的按键状态，也可能会读取线程 2 发送的 ADC 采样信息，并根据这些信息来执行相应的任务。

通过这样的方式，邮箱服务为实时操作系统中的线程间通信提供了一种灵活且高效的方法。

6.1.1　邮箱的工作机制

RT-Thread 操作系统中的邮箱服务，作为一种线程间的通信机制，以其低开销和高效率而著称。在 32 位处理系统中，考虑到指针的大小恰好为 4 个字节，邮箱被巧妙地设计为每封邮件只能容纳 4 字节的内容。这意味着一封邮件刚好可以容纳一个指针，从而使得邮箱系统非常适合于传递指针或小型数据结构。这种基于固定大小邮件的通信方式，也被称为交换消息，其工作示意图如图 6-1 所示。通过这样的设计，RT-Thread 的邮箱服务为线程间提供了一种高效且紧凑的通信手段。

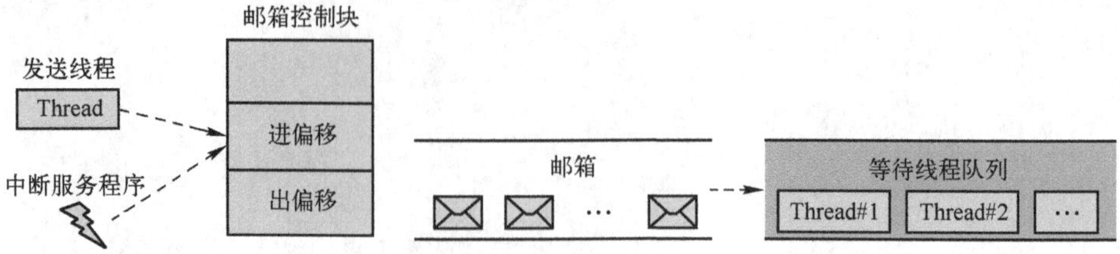

图 6-1　邮箱工作示意图

在 RT-Thread 操作系统的邮箱服务中，线程或中断服务程序能够发送一封长度为 4 字节的邮件，而一个或多个线程则可以从邮箱中接收并处理这些邮件。接下来详细介绍非阻塞与阻塞两种方式下的邮件发送和接收过程。

1）非阻塞邮件发送。非阻塞方式的邮件发送特别适用于中断服务中，它也是一种有效的手段，允许线程、中断服务和定时器向线程发送消息。相比之下，邮件的接收过程可能是阻塞的，这主要取决于邮箱中是否有邮件以及接收邮件时设置的超时时间。

2）邮件接收。当邮箱中没有邮件且设置了非零的超时时间时，邮件接收过程将采用阻塞方式。在这种情况下，仅有线程能够接收邮件。当一个线程尝试向邮箱发送邮件时，如果邮箱未满，则邮件会被成功复制到邮箱中。然而，如果邮箱已满，则发送线程可以设置超时时间，并决定是等待挂起还是直接返回错误代码-RT_EFULL。如果选择挂起等待，那么一旦邮箱中的邮件被收取并空出空间，等待的发送线程就将被唤醒并继续发送过程。

同样地，当一个线程尝试从邮箱中接收邮件时，如果邮箱为空，则接收线程可以选择是否等待挂起，直到收到新的邮件被唤醒，或者可以设置超时时间。如果在设定的超时时间内邮箱仍未收到邮件，那么选择超时等待的线程将被唤醒并返回错误代码-RT_ETIMEOUT。相反，如果邮箱中有邮件可用，接收线程则会将这封 4 字节的邮件从邮箱中复制到接收缓存中。

通过使用邮箱服务，实时操作系统中的多个线程能够以简单而高效的方式进行通信。其低开销和高效率使得邮箱成为在复杂多线程应用中实现线程间通信的理想选择。同时，灵活的阻塞与非阻塞机制允许线程根据具体应用场景进行优化设置，从而进一步提升系统的实时性能。

6.1.2　邮箱控制块

在 RT-Thread 中，邮箱控制块是操作系统用于管理邮箱的一个数据结构，由结构体 struct rt_mailbox 表示。另外一种 C 表达方式 rt_mailbox_t，表示的是邮箱的句柄，在 C 语言中的实现是指向邮箱控制块的指针。邮箱控制块结构的详细定义见以下代码：

```
struct rt_mailbox
{
    struct rt_ipc_object parent;
    rt_uint32_t *msg_pool;                 /* 邮箱缓冲区的开始地址 */
    rt_uint16_t size;                      /* 邮箱缓冲区的大小 */
    rt_uint16_t entry;                     /* 邮箱中邮件的数目 */
    rt_uint16_t in_offset, out_offset;     /* 邮箱缓冲的进出指针 */
    rt_list_t suspend_sender_thread;       /* 发送线程的挂起等待队列 */
};
typedef struct rt_mailbox *rt_mailbox_t;
```

rt_mailbox 对象从 rt_ipc_object 中派生，由 IPC 容器所管理。

6.1.3 邮箱的管理方式

邮箱控制块是一个结构体，其中含有与事件相关的重要参数，在邮箱的功能实现中起着重要的作用。邮箱的相关接口如图 6-2 所示，对一个邮箱的操作包括：创建/初始化邮箱、发送邮件、接收邮件、删除/脱离邮箱。

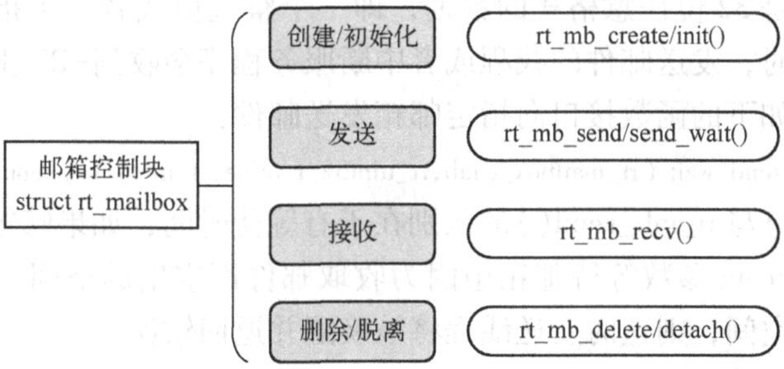

图 6-2 邮箱的相关接口

1. 创建和删除邮箱

动态创建一个邮箱对象可以调用如下的函数接口：

```
rt_mailbox_t rt_mb_create(constchar *name,rt_size_t size,rt_uint8_t flag);
```

创建邮箱对象时会先从对象管理器中分配一个邮箱对象，然后给邮箱动态分配一块内存空间来存放邮件，这块内存的大小等于邮件大小（4 字节）与邮箱容量的乘积，接着初始化接收邮件数目和发送邮件在邮箱中的偏移量。

当用 rt_mb_create()创建的邮箱不再被使用时，应该删除它来释放相应的系统资源，一旦操作完成，邮箱就将被永久性地删除。删除邮箱的函数接口如下：

```
rt_err_t rt_mb_delete(rt_mailbox_t mb);
```

删除邮箱时，如果有线程被挂起在该邮箱对象上，则内核首先唤醒挂起在该邮箱上的所有线程（线程返回值是-RT_ERROR），然后释放邮箱使用的内存，最后删除邮箱对象。

2. 初始化和脱离邮箱

初始化邮箱只用于静态邮箱对象的初始化。与创建邮箱不同的是，静态邮箱对象的内存是在系统编译时由编译器分配的，一般放于读写数据段或未初始化数据段中，其余的初始化工作与创建邮箱时相同。函数接口如下：

```
rt_err_t rt_mb_init(rt_mailbox_t mb,
                    const char *name,
                    void *msgpool,
                    rt_size_t size,
                    rt_uint8_t flag)
```

初始化邮箱时，该函数接口需要获得用户已经申请的邮箱对象控制块、缓冲区的指针，以及邮箱名称和邮箱容量（能够存储的邮件数）。

这里 size 参数指定的是邮箱容量，即如果 msgpool 指向的缓冲区的字节数是 N，那么邮箱容量应该是 $N/4$。

脱离邮箱指把静态初始化的邮箱对象从内核对象管理器中脱离。脱离邮箱使用下面的函数接口：

```
rt_err_t rt_mb_detach(rt_mailbox_t mb);
```

使用该函数后，内核先唤醒所有挂在该邮箱上的线程（线程获得返回值是-RT_ERROR），然后将该邮箱对象从内核对象管理器中脱离。

3. 发送邮件

线程或者中断服务程序可以通过邮箱给其他线程发送邮件，发送邮件的函数接口如下：

```
rt_err_t rt_mb_send(rt_mailbox_t mb,rt_uint32_t value);
```

发送的邮件可以是 32 位任意格式的数据，即一个整型值或者一个指向缓冲区的指针。当邮箱中的邮件已经满时，发送邮件的线程或者中断服务程序会收到-RT_EFULL 的返回值。

用户也可以通过如下的函数接口向指定邮箱发送邮件：

```
rt_err_t rt_mb_send_wait (rt_mailbox_t mb,rt_uint32_t value,rt_int32_t timeout);
```

rt_mb_send_wait()与 rt_mb_send()的区别在于有等待时间，如果邮箱已经满了，那么发送线程将根据设定的 timeout 参数等待邮箱中因为收取邮件而空出的空间。如果设置的超时时间到达后依然没有空出空间，则这时发送线程将被唤醒并返回错误码。

4. 接收邮件

只有当接收者接收的邮箱中有邮件时，接收者才能立即取到邮件并返回 RT_EOK 的返回值，否则接收线程会根据超时时间设置，或挂起在邮箱的等待线程队列上，或直接返回。接收邮件的函数接口如下：

```
rt_err_t rt_mb_recv(rt_mailbox_t mb,rt_uint32_t *value,rt_int32_t timeout);
```

接收邮件时，接收者需指定接收邮件的邮箱句柄，并指定接收到的邮件存放位置以及最多能够等待的超时时间。如果接收时设定了超时时间，但在指定的时间内未收到邮件时，将返回-RT_ETIMEOUT。

6.1.4 邮箱使用示例

这是一个邮箱的应用示例，该示例初始化 2 个静态线程，其中一个线程往邮箱中发送邮件，另一个线程往邮箱中收取邮件。代码如下：

```
#include <rtthread.h>

#define     THREAD_PRIORITY      10
#define     THREAD_TIMESLICE     5
/*  邮箱控制块  */
static struct rt_mailbox mb;
/*  用于放邮件的内存池  */
static char mb_pool[128];

static char mb_str1[] = "I'm a mail!";
static char mb_str2[] = "this is another mail!";
static char mb_str3[] = "over";

ALIGN(RT_ALIGN_SIZE)
static char thread1_stack[1024];
static struct rt_thread  thread1;

/*  线程 1 入口  */
static void thread1_entry(void *parameter)
{
```

```
        char * str;
        while (1)
        {
            rt_kprintf("thread1: try to recv a mail\n");
            /*  从邮箱中收取邮件   */
            if (rt_mb_recv(&mb, (rt_uint32_t *)&str, RT_WAITING_FOREVER) == RT_EOK) {

            rt_kprintf("thread1: get a mail from mailbox, the content:%s\n", str);
            if (str == mb_str3)
                    break;

            /*  延时 100ms  */
            rt_thread_mdelay(100);
            }
    }
    /*  执行邮箱对象脱离操作   */
    rt_mb_detach(&mb);
}
ALIGN(RT_ALIGN_SIZE)
static char thread2_stack[1024];
static struct rt_thread  thread2;

/*  线程 2 入口  */
static void thread2_entry(void * parameter)
{
    rt_uint8_t count;
    count = 0;
    while (count < 10)
      {
      count ++;
      if (count & 0x1)
      {
          /*  发送 mb_str1 地址到邮箱中   */
          rt_mb_send(&mb, (rt_uint32_t)&mb_str1);
      }
    else
      {
          /*  发送 mb_str2 地址到邮箱中   */
          rt_mb_send(&mb, (rt_uint32_t)&mb_str2);
      }
          /*  延时 200ms  */
          rt_thread_mdelay(200);
    }
      /* 发送邮件告诉线程 1, 线程 2 已经运行结束 */
      rt_mb_send(&mb, (rt_uint32_t)&mb_str3);
}
  int mailbox_sample(void)
  {
      rt_err_t result;
      /*  初始化一个 mailbox  */
      result = rt_mb_init(&mb,
                  "mbt",               /*  名称是 mbt  */
                  &mb_pool[0],         /*  邮箱用到的内存池是 mb_pool  */
                  sizeof(mb_pool) / 4, /*  邮箱中的邮件数目,因为一封邮件占 4 字节  */
```

```
                    RT_IPC_FLAG_FIFO);     /*  采用 FIFO 方式进行线程等待  */
    if (result != RT_EOK)
    {
        rt_kprintf("init mailbox failed.\n");
        return -1;
    }
    rt_thread_init(&thread1,
                   "thread1",
                   thread1_entry ,
                   RT_NULL,
                   &thread1_stack[0],
                   sizeof(thread1_stack),
                   THREAD_PRIORITY , THREAD_TIMESLICE);
    rt_thread_startup(&thread1);

    rt_thread_init(&thread2,
                   "thread2",
                   thread2_entry ,
                   RT_NULL,
                   & thread2_stack[0],
                   sizeof(thread2_stack),
                   THREAD_PRIORITY, THREAD_TIMESLICE);
    rt_thread_startup(&thread2);
    return 0;
}
/*  导出到 msh 命令列表中  */
MSH_CMD_EXPORT(mailbox_sample, mailbox sample);
```

仿真运行结果如下：

```
RT -Thread Operating System
3.1.0 build Aug 27 2018
2006 - 2018 Copyright by rt-thread team
msh>mailbox_sample
thread1: try to recv a mail
thread1: get a mail from mailbox, the content:I'm a mail!
msh>thread1: try to recv a mail

thread1: get a mail from mailbox, the content:this is another mail!
...
thread1: try to recv a mail
thread1: get a mail from mailbox, the content:this is another mail!
thread1: try to recv a mail
thread1: get a mail from mailbox, the content:over
```

该示例演示了邮箱的使用方法。线程 2 发送邮件，共发送 11 次；线程 1 接收邮件，共接收到 11 封邮件，将邮件内容打印出来，并判断结束。

6.1.5 邮箱的使用场合

邮箱是一种简单的线程间消息传递方式，特点是开销比较低，效率较高。在 RT-Thread 操作系统的实现中能够一次传递一个 4 字节大小的邮件，并且邮箱具备一定的存储功能，能够缓存一定数量的邮件（邮件数由创建、初始化邮箱时指定的容量决定）。邮箱中一封邮件的最大长度是 4 字节，所以邮箱能够用于不超过 4 字节的消息传递。由于在 32 位系统上，4 字节的内容恰好可以放置一个指针，因此当需要在线程间传递比较大的消息时，可以把指向一个缓冲区的指针作为邮件发送到邮箱中，即邮箱也可以传递指针。

6.2 RT-Thread 消息队列

消息队列作为一种常用的线程间通信方式，实际上是对邮箱功能的一种扩展。它不仅能够处理基本的线程间消息交换，还能够应对更为复杂的应用场景，例如使用串口接收不定长的数据。相较于邮箱，消息队列的设计使其能够存储更大容量的数据，并且支持队列形式的消息管理，这使得它在处理大量数据或复杂通信逻辑时显得尤为出色。因此，消息队列在多线程应用中成为一种非常实用且强大的通信工具。

6.2.1 消息队列的工作机制

消息队列是一种能够接收来自线程或中断服务程序的不固定长度消息的通信方式，它将这些消息缓存在自己的内存空间中。其他线程可以从这个消息队列中读取相应的消息。当消息队列为空时，尝试读取的线程可以选择挂起状态，等待新的消息到达。一旦有新消息到达，挂起的线程将被唤醒，以接收并处理这条消息。因此，消息队列是一种异步的通信方式。

如图 6-3 所示，线程或中断服务程序可以将一条或多条消息放入消息队列中。同样地，一个或多个线程可以从这个消息队列中获取消息。当多条消息被发送到消息队列时，它们通常遵循先进先出（FIFO）的原则，这意味着线程首先获取的是最早进入消息队列的消息。

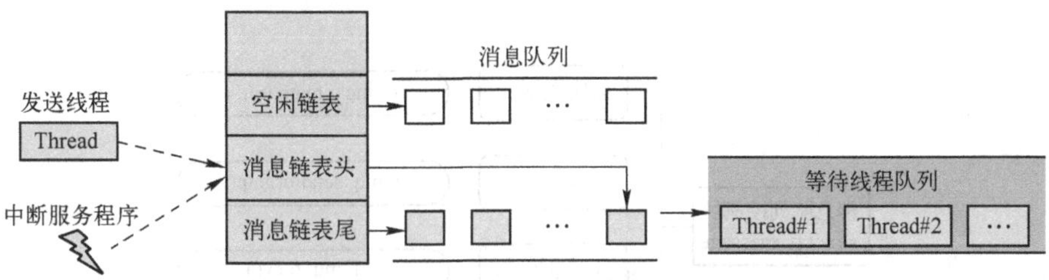

图 6-3　消息队列工作示意图

在 RT-Thread 操作系统中，消息队列对象由多个关键元素构成。创建消息队列时，系统会分配一个消息队列控制块，其中包含了消息队列的名称、内存缓冲区、每条消息的大小及队列的总长度等重要信息。每个消息队列对象都包含多个消息框，而每个消息框都可以存放一条具体的消息。在消息队列中，第一个和最后一个消息框分别被称为消息链表头和消息链表尾，它们在消息队列控制块中通过 msg_queue_head 和 msg_queue_tail 进行标识。此外，还可能存在一些空的消息框，这些空框通过 msg_queue_free 连接成一个空闲消息框链表。消息队列的长度，即其中所有消息框的总数，是在创建消息队列时指定的。

消息队列作为一种灵活且高效的线程间通信方式，能够处理不定长的消息并支持异步通信机制。它不仅适用于线程间的消息交换，还广泛应用于各种需要处理不定长数据的场景。通过引入消息队列，系统能够更有效地组织和管理线程间的数据传递，从而显著提升多线程应用的性能和可维护性。

6.2.2 消息队列控制块

在 RT-Thread 中，消息队列控制块是操作系统用于管理消息队列的一个数据结构，由结构体 struct rt_messagequeue 表示。另外一种 C 表达方式 rt_mq_t，表示的是消息队列的句柄，在 C 语言中的实现是指向消息队列控制块的指针。消息队列控制块结构的详细定义见以下代码：

```
struct rt_messagequeue
{
    struct rt_ipc_object parent;
    void *msg_pool;                          /* 指向存放消息的缓冲区的指针 */
    rt_uint16_t msg_size;                    /* 每个消息的长度 */
    rt_uint16_t max_msgs;                    /* 最大能够容纳的消息数 */
    rt_uint16_t entry;                       /* 队列中已有的消息数 */
    void *msg_queue_head;                    /* 消息链表头 */
    void *msg_queue_tail;                    /* 消息链表尾 */
    void *msg_queue_free;                    /* 空闲消息链表 */
    rt_list_t suspend_sender_thread;         /* 发送线程的挂起等待队列 */
};
typedef struct rt_messagequeue *rt_mq_t;
```

rt_messagequeue 对象从 rt_ipc_object 中派生，由 IPC 容器所管理。

6.2.3 消息队列的管理方式

消息队列控制块是一个重要的结构体，它包含了消息队列的相关关键参数，并在消息队列的功能实现中发挥着核心作用。如图 6-4 所示，对消息队列的操作主要包括创建/初始化消息队列、发送消息、接收消息以及删除/脱离消息队列。这些操作共同构成了消息队列的基本使用流程。

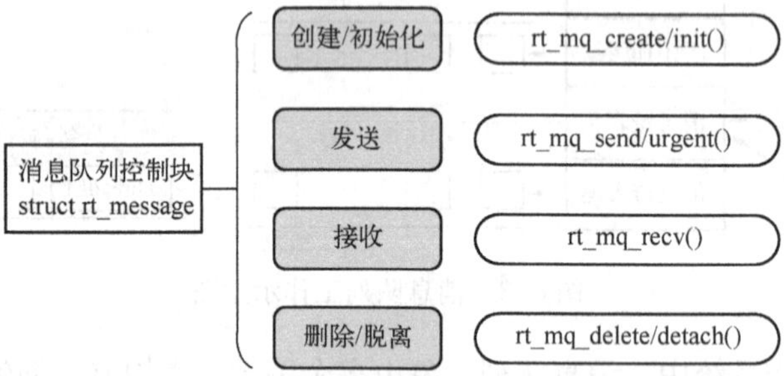

图 6-4 消息队列相关接口

1. 创建和删除消息队列

在使用消息队列之前，需要先创建或对已有的静态消息队列对象进行初始化。创建消息队列的函数接口如下：

```
rt_mq_t rt_mq_create(const char *name, rt_size_t msg_size, rt_size_t max_msgs, rt_uint8_t flag);
```

创建消息队列时，系统首先会从对象管理器中分配一个消息队列对象，并为该对象分配一块内存空间，将其组织成空闲消息链表。这块内存的大小是根据消息大小、消息头（用于链表连接）的大小及消息队列的最大个数计算得出的。接着，系统会初始化消息队列，此时消息队列为空，准备接收消息。

当消息队列不再被使用时，应该将其删除以释放系统资源。一旦删除操作完成，消息队列将被永久性地移除。删除消息队列的函数接口如下：

```
rt_err_t rt_mq_delete(rt_mq_t mq);
```

在删除消息队列时，如果有线程正在该消息队列的等待队列上挂起，那么内核会首先唤醒所有挂起在该消息等待队列上的线程（此时线程的返回值是-RT_ERROR)，然后释放消息队列使用的内存，最后删除消息队列对象。

2. 初始化和脱离消息队列

初始化静态消息队列对象与创建消息队列对象有相似之处，但关键在于静态消息队列对象的内存分配方式。静态消息队列的内存是在系统编译时由编译器分配的，通常被放置在读数据段或未初始化数据段中。因此，在使用这类静态消息队列对象之前，必须进行初始化操作。

初始化消息队列对象的函数接口如下：

```
rt_err_t rt_mq_init(rt_mq_t mq,constchar *name,
                    void *msgpool,rt_size_t msg_size,
                    rt_size_t pool_size,rt_uint8_t flag);
```

在初始化消息队列时，需要用户提供几个关键信息：消息队列对象的句柄（这是一个指向消息队列对象控制块的指针)、消息队列的名称、消息缓冲区的指针、每条消息的大小及消息队列缓冲区的大小。完成初始化后，所有的消息都会被挂载到空闲消息链表上，此时消息队列处于空状态，准备接收新的消息。

脱离消息队列指使消息队列对象从内核对象管理器中脱离。脱离消息队列使用下面的函数接口：

```
rt_err_t rt_mq_detach(rt_mq_t mq);
```

使用该函数后，内核首先唤醒所有挂在该消息等待队列对象上的线程（线程返回值是-RT_ERROR)，然后将该消息队列对象从内核对象管理器中脱离。

3. 发送消息

线程或中断服务程序都可以向消息队列发送消息。在发送消息时，消息队列对象会先从空闲消息链表上取下一个空闲的消息块，然后将线程或中断服务程序发送的消息内容复制到这个消息块上。接着，该消息块会被挂到消息队列的尾部。值得注意的是，只有当空闲消息链表上有可用的空闲消息块时，发送者才能成功发送消息。如果空闲消息链表上没有可用的消息块，则说明消息队列已满。在这种情况下，尝试发送消息的线程或中断服务程序会收到一个错误码(-RT_EFULL)。

发送消息的函数接口如下：

```
rt_err_t rt_mq_send(rt_mq_t mq,void *buffer,rt_size_t size);
```

发送消息时，发送者需指定发送的消息队列的对象句柄（即指向消息队列控制块的指针)，并且指定发送的消息内容及消息大小。

用户也可以通过如下的函数接口向指定的消息队列中发送消息：

```
rt_err_t rt_mq_send_wait(rt_mq_t mq, const void *buffer,rt_size_t size,rt_int32_t timeout);
```

rt_mq_send_wait()与 rt_mq_send()的区别在于有等待时间，如果消息队列已经满了，那么发送线程将根据设定的 timeout 参数进行等待。如果设置的超时时间到达但依然没有空出空间，则发送线程将被唤醒并返回错误码。

发送紧急消息的过程与发送消息几乎一样，唯一的不同是，当发送紧急消息时，从空闲消息链表上取下来的消息块不是挂到消息队列的队尾，而是挂到队首，这样，接收者就能够优先接收到紧急消息，从而及时进行消息处理。发送紧急消息的函数接口如下：

```
rt_err_t rt_mq_urgent(rt_mq_t mq,void *buffer,rt_size_t size);
```

4. 接收消息

当消息队列中有消息时，接收者才能接收消息，否则接收者会根据超时时间设置，或挂起在消息队列的等待线程队列上，或直接返回。接收消息的函数接口如下：

```
rt_err_t rt_mq_recv(rt_mq_t mq,void *buffer,rt_size_t size,rt_int32_t timeout);
```

接收消息时，接收者需指定存储消息的消息队列对象句柄，并且指定一个内存缓冲区，接收到的消息内容将被复制到该缓冲区里。此外，还需指定等待消息的超时时间。

6.2.4 消息队列应用示例

这是一个消息队列的应用示例，该示例中初始化了 2 个静态线程，一个线程从消息队列中收取消息，另一个线程会定时给消息队列发送普通消息和紧急消息，代码如下：

```
#include <rtthread.h>
/* 消息队列控制块 */
static struct rt_messagequeue mq;
/* 消息队列中用到的放置消息的内存池 */
static rt_uint8_t msg_pool[2048];
ALIGN(RT_ALIGN_SIZE)
static char thread1_stack[1024];
static struct rt_thread thread1;
/* 线程 1 入口函数 */
static void thread1_entry(void *parameter)
{
char buf = 0;
rt_uint8_t cnt = 0;
while (1)
{
/* 从消息队列中接收消息 */
if (rt_mq_recv(&mq, &buf, sizeof(buf), RT_WAITING_FOREVER) == RT_EOK)
{
rt_kprintf("thread1: recv msg from msg queue, the content:%c\n", buf);
if (cnt == 19)
{
break;
}
}
/* 延时 50ms */
cnt++;
rt_thread_mdelay(50);
}
rt_kprintf("thread1: detach mq \n");
rt_mq_detach(&mq);
}
ALIGN(RT_ALIGN_SIZE)
static char thread2_stack[1024];
static struct rt_thread thread2;
/* 线程 2 入口函数 */
static void thread2_entry(void *parameter)
{
int result;
char buf = 'A';
```

```
rt_uint8_t cnt = 0;
while (1)
{
if (cnt == 8)
{
/* 发送紧急消息到消息队列中 */
result = rt_mq_urgent(&mq, &buf, 1);
if (result != RT_EOK)
{
rt_kprintf("rt_mq_urgent ERR\n");
}
else
{
rt_kprintf("thread2: send urgent message - %c\n", buf);
}
}
else if (cnt>= 20)                              /* 发送 20 次消息之后退出 */
{
rt_kprintf("message queue stop send, thread2 quit\n");
break;
}
else
{
/* 发送消息到消息队列中 */
result = rt_mq_send(&mq, &buf, 1);
if (result != RT_EOK)
{
rt_kprintf("rt_mq_send ERR\n");
}
rt_kprintf("thread2: send message - %c\n", buf);
}
buf++;
cnt++;
/* 延时 5 ms */
rt_thread_mdelay(5);
}
}
/* 消息队列示例的初始化 */
int msgq_sample(void)
{
rt_err_t result;
/* 初始化消息队列 */
result = rt_mq_init(&mq,
"mqt",
&msg_pool[0],                   /* 内存池指向 msg_pool */
1,                              /* 每个消息的大小是 1 字节 */
sizeof(msg_pool),               /* 内存池的大小是 msg_pool 的大小 */
RT_IPC_FLAG_FIFO);              /* 如果有多个线程等待，则按照先来先得到的方法分配消息 */
if (result != RT_EOK)
{
rt_kprintf("init message queue failed.\n");
return -1;
}
rt_thread_init(&thread1,
```

```
"thread1",
thread1_entry,
RT_NULL,
&thread1_stack[0],
sizeof(thread1_stack), 25, 5);
rt_thread_startup(&thread1);
rt_thread_init(&thread2,
"thread2",
thread2_entry,
RT_NULL,
&thread2_stack[0],
sizeof(thread2_stack), 25, 5);
rt_thread_startup(&thread2);
return 0;
}
/* 导出到 msh 命令列表中 */
MSH_CMD_EXPORT(msgq_sample, msgq sample);
```

仿真运行结果如下：

```
\ | /
- RT - Thread Operating System
/ | \ 3.1.0 build Aug 24 2018
2006 - 2018 Copyright by rt-thread team
msh> msgq_sample
msh>thread2: send message - A
thread1: recv msg from msg queue, the content:A
thread2: send message - B
thread2: send message - C
thread2: send message - D
thread2: send message - E
thread1: recv msg from msg queue, the content:B
thread2: send message - F
thread2: send message - G
thread2: send message - H
thread2: send urgent message - I
thread2: send message - J
thread1: recv msg from msg queue, the content:I
thread2: send message - K
thread2: send message - L
thread2: send message - M
thread2: send message - N
thread2: send message - O
thread1: recv msg from msg queue, the content:C
thread2: send message - P
thread2: send message - Q
thread2: send message - R
thread2: send message - S
thread2: send message - T
thread1: recv msg from msg queue, the content:D
message queue stop send, thread2 quit
thread1: recv msg from msg queue, the content:E
thread1: recv msg from msg queue, the content:F
thread1: recv msg from msg queue, the content:G
```

```
…
thread1: recv msg from msg queue, the content:T
thread1: detach mq
```

该示例演示了消息队列的使用方法。线程 1 会从消息队列中收取消息；线程 2 定时给消息队列发送普通消息和紧急消息。由于线程 2 发送的消息“I”是紧急消息，会直接插入消息队列的队首，所以线程 1 在接收到消息“B”后，接收的是该紧急消息，之后才接收消息“C”。

6.2.5 消息队列的使用场合

消息队列适用于发送不定长消息的场合，包括线程间的消息交换，以及中断服务程序向线程发送消息（中断服务程序不能接收消息）。下面分发送消息和同步消息两部分来介绍消息队列的使用。

1. 发送消息

消息队列和邮箱的显著区别在于，消息的长度并不限定在 4 个字节以内。另外，消息队列还提供了一个用于发送紧急消息的函数接口。但是当创建的消息队列的最大消息长度是 4 字节时，消息队列对象将退化为邮箱。这种不限制长度的消息特征也体现在代码编写中，类似于邮箱的代码如下：

```
struct msg
{
    rt_uint8_t * data_ptr;          /* 数据块首地址 */
    rt_uint32_t data_size;          /* 数据块大小 */
};
```

以上是和邮箱示例相同的消息结构定义，假设依然需要发送这样一个消息给接收线程。在邮箱的示例中，这个结构只能够发送指向该结构的指针（在函数指针被发送过去后，接收线程能够正确地访问指向这个地址的内容，通常这块数据需要留给接收线程来释放）。而使用消息队列的方式则大不相同：

```
void send_op(void * data, rt_size_t length)
{
struct msg msg_ptr;
msg_ptr.data_ptr = data;            /*指向相应的数据块地址*/
msg_ptr.data_size = length;         /*数据块的长度*/
/*发送这个消息指针给 mg 消息队列*/
rtmqsend(mq, (void*)&msg_ptr, sizeof(struct msg));
}
```

注意

上面的代码中是把一个局部变量的数据内容发送到了消息队列中。在接收线程中，同样也采用局部变量进行消息接收，结构体的定义如下：

```
void message_handler()
{
  struct msg msg_ptr;           /*用于放置消息的局部变量*/
  /*从消息队列中接收消息到 msg_ptr 中*/
  if (rt_mq_recv(mq, (void*) &msg_ptr, sizeof(struct msg))
  {
  /*成功接收到消息，进行相应的数据处理*/
  }
}
```

因为消息队列采用直接数据复制机制，所以在上面的例子中可以直接保存消息结构体，这样避免了动态内存分配带来的复杂性。

2. 同步消息

在一般的系统设计中会经常遇到要发送同步消息的问题，这时就可以根据当时状态的不同选择相应的实现：两个线程间可以采用［消息队列+信号量或邮箱］的形式实现。发送线程通过消息发送的形式发送相应的消息给消息队列，发送完毕后希望获得接收线程的确认响应，同步消息示意图如图 6-5 所示。

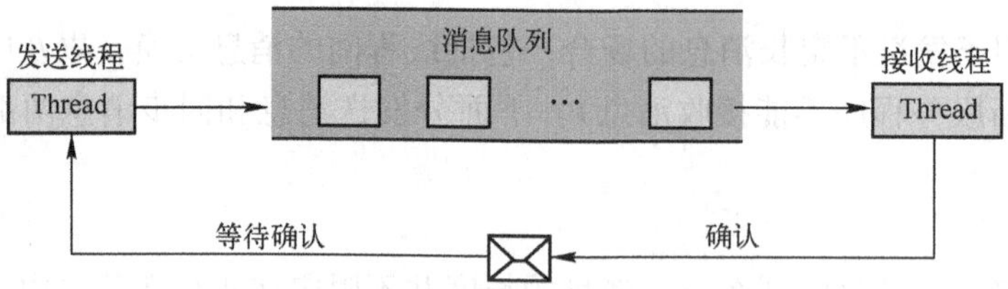

图 6-5　同步消息示意图

根据消息确认的不同，可以把消息结构体定义成：

```
struct msg
{
    /* 消息结构的其他成员 */
    struct rt_mailbox ack;
    };
    /* 或者 */
    struct msg
    {
    /* 消息结构的其他成员 */
    struct rt_semaphore ack;
    };
```

第一种类型的消息使用了邮箱作为确认标志，而第二种类型的消息采用了信号量作为确认标志。邮箱作为确认标志，代表着接收线程能够通知一些状态值给发送线程；而信号量作为确认标志，只能够单一地通知发送线程消息已经确认接收。

6.3 RT-Thread 信号

信号，也称为软中断信号，是在软件层次上对中断机制的一种模拟。从原理上讲，一个线程接收到一个信号与处理器接收到一个中断请求在本质上是类似的。

6.3.1 信号的工作机制

在 RT-Thread 中，信号被用作异步通信机制。虽然 POSIX 标准定义了 sigset_t 类型来表示信号集，但在 RT-Thread 中，这一类型被定义为 unsigned long 型，并重新命名为 rt_sigset_t。在应用程序中，主要使用的信号是 SIGUSR1(10) 和 SIGUSR2(12)。

信号的本质是一种软中断，用于通知线程发生了异步事件，常用于线程之间的异常通知和应急处理。线程无须执行任何操作来等待信号的到达，实际上，线程也无法预知信号何时会到达。线程之间可以通过调用 rt_thread_kill() 函数来互相发送软中断信号。

收到信号的线程对不同的信号可以采取不同的处理方法，这些方法主要可以分为 3 类：

1）类似于中断的处理程序。对于需要处理的信号，线程可以指定一个处理函数来专门处理该信号。

2）忽略某个信号，即对该信号不做任何处理，就像它从未发生过一样。

3）对于该信号的处理，保留系统的默认行为。

如图 6-6 所示，假设#1 线程需要对信号进行处理。首先，#1 线程会安装一个信号并解除其阻塞状态，同时在安装时设定对该信号的异常处理方式。之后，其他线程就可以给#1 线程发送信号，从而触发#1 线程对该信号的处理。

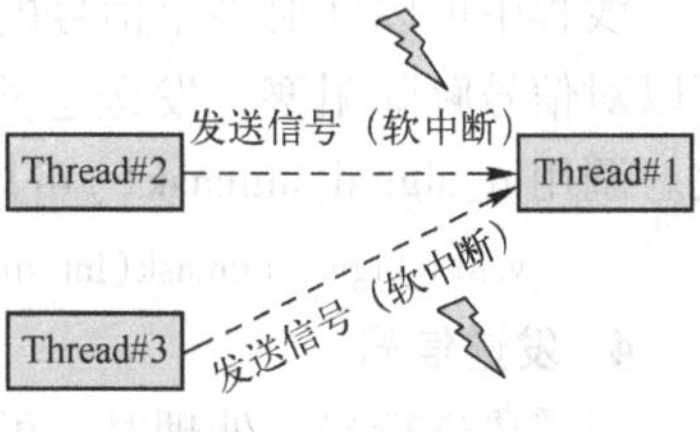

图 6-6　信号工作机制

当信号被传递给#1 线程时，如果它正处于挂起状态，那么会把状态改为就绪状态去处理对应的信号。如果它正处于运行状态，那么会在它当前的线程栈基础上建立新栈帧空间去处理对应的信号，需要注意的是，使用的线程栈大小也会相应增加。

6.3.2　信号的管理方式

在 RT-Thread 中，对于信号的操作涵盖了多种功能，主要包括安装信号、阻塞信号、阻塞解除信号、发送信号及等待信号。这些操作共同构成了 RT-Thread 中信号机制的核心。信号的相关接口如图 6-7 所示，为开发者提供了便捷的操作方式。

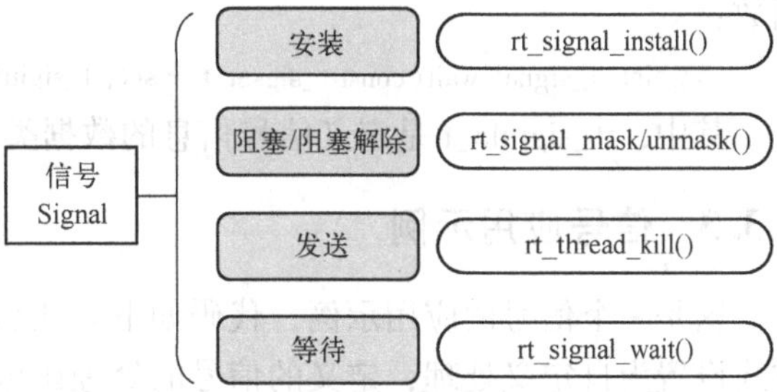

图 6-7　信号相关接口

1）安装信号：线程可以通过安装信号来指定对特定信号的处理方式。在安装信号时，线程可以设定一个处理函数，以便在收到信号时执行特定的操作。

2）阻塞信号：有时，线程希望暂时忽略某些信号，以免在处理关键任务时被打断。通过阻塞信号，线程可以暂时屏蔽掉不需要处理的信号。

3）阻塞解除信号：当线程完成关键任务后，可能需要重新接收之前被阻塞的信号。此时，可以通过阻塞解除操作来恢复对这些信号的处理。

4）发送信号：线程或中断服务程序可以向其他线程发送信号，以通知其发生了异步事件或需要进行某种操作。信号发送是线程间异步通信的重要手段。

5）等待信号：在某些情况下，线程可能需要等待特定信号的到来才能继续执行。通过信号等待操作，线程可以挂起并等待，直到收到指定的信号。

这些信号操作共同为 RT-Thread 中的线程提供了强大的异步通信和处理能力，使得线程能够更加灵活和高效地响应各种异步事件及请求。

1. 安装信号

如果线程要处理某一信号，那么就要在线程中安装该信号。安装信号主要用来确定信号值及线程针对该信号值的动作之间的映射关系，即线程将要处理哪个信号，该信号被传递给线程时将执行何种操作。详细定义见以下代码：

```
rt_sighandler_t rt_signal_install(int signo,rt_sighandler_t handler);
```

其中，rt_sighandler_t 是定义信号处理函数的函数指针类型。

2. 阻塞信号

阻塞信号，也可以理解为屏蔽信号。如果该信号被阻塞，则该信号不会递达给安装此信号的线程，也不会引发软中断处理。调 rt_signal_mask( )可以使信号阻塞：

```
void rt_signal_mask( int signo) ;
```

3. 阻塞解除信号

线程中可以注册多个信号的处理函数（rt_signal_install( )），使用 rt_signal_unmask( )函数可以对信号解除阻塞，发送这些信号不会触发软中断，而是在线程被调度运行时执行处理函数。调用 rt_signal_unmask( )可以解除信号阻塞：

```
voidrt_signal_unmask( int signo) ;
```

4. 发送信号

当需要进行异常处理时，可以给设定了处理异常的线程发送信号，调用 rt_thread_kill( )可以向任何线程发送信号：

```
int rt_thread_kill( rt_thread_t tid,int sig) ;
```

5. 等待信号

如果没有等到 set 信号到来，则将线程挂起，直到等到这个信号或者等待时间超过指定的超时时间 timeout。如果等到了 set 信号，则将指向该信号体的指针存入 si，如下是等待信号的函数：

```
int rt_signal_wait( constrt_sigset_t  * set,rt_siginfo_t  * si,rt_int32_t timeout) ;
```

其中，rt_siginfo_t 是定义信号信息的数据类型。

6.3.3 信号应用示例

这是一个信号的应用示例，代码如下。此示例创建了一个线程，在安装信号时，信号处理方式设置为自定义处理，定义的信号的处理函数为 thread1_signal_handler( )。待此线程运行起来并安装好信号之后，给此线程发送信号。此线程将接收到信号，并打印信息。

```
#include <rtthread. h>

#define     THREAD_PRIORITY       25
#define     THREAD_STACK_SIZE   512
#define     THREAD_TIMESLICE      5
static   rt_thread_t tid1 = RT_NULL;
/ *   线程 1 的信号处理函数   * /
void   thread1_signal_handler( int sig)
{
    rt_kprintf( " thread1 received signal %d\n" , sig) ;
}
/ *   线程 1 的入口函数   * /
static void thread1_entry( void  * parameter)
{
    int      cnt = 0;
    / *   安装信号   * /
    rt_signal_install( SIGUSR1,thread1_signal_handler) ;
    rt_signal_unmask( SIGUSR1) ;
    / *   运行 10 次   * /
    while (cnt < 10)
    {
```

```
        /* 线程 1 采用低优先级运行,一直打印计数值 */
        rt_kprintf("thread1 count : %d\n", cnt);
        cnt++;
        rt_thread_mdelay(100);
    }
}
/*  信号示例的初始化   */
int signal_sample(void)
{
    /*  创建线程 1 */
    tid1 = rt_thread_create("thread1",
                            thread1_entry, RT_NULL,
                            THREAD_STACK_SIZE ,
                            THREAD_PRIORITY, THREAD_TIMESLICE);
    if (tid1 != RT_NULL)
        rt_thread_startup(tid1);
    rt_thread_mdelay(300);
    /*  发送信号 SIGUSR1 给线程 1 */
    rt_thread_kill(tid1, SIGUSR1);
    return 0;
}
/*  导出到 msh 命令列表中   */
MSH_CMD_EXPORT(signal_sample, signal sample);
```

仿真运行结果如下：

```
RT -Thread Operating System
3.1.0 build Aug 24 2018
2006 - 2018 Copyright by rt-thread team
msh>signal_sample
thread1 count : 0
thread1 count : 1
thread1 count : 2
msh>thread1 received signal 10
thread1 count : 3
thread1 count : 4
thread1 count : 5
thread1 count : 6
thread1 count : 7
thread1 count : 8
thread1 count : 9
```

该示例中，首先线程安装信号并解除阻塞，然后发送信号给线程。线程接收到信号并打印出接收到的信号：SIGUSR1(10)。

6.4 RT-Thread 线程间通信例程

为了熟练掌握本章讲述的线程间通信，在数字资源中提供了图 6-8 所示的已移植好 RT-Thread 的线程间通信程序代码。这些程序代码可以运行在野火霸天虎开发板上，也可以修改代码后在其他开发板上运行。

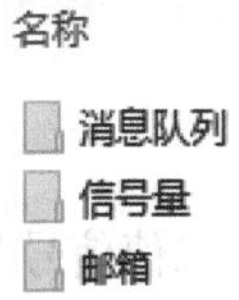

图 6-8　线程间通信的程序代码

邮箱程序在野火多功能调试助手上的测试结果如图 6-9 所示。

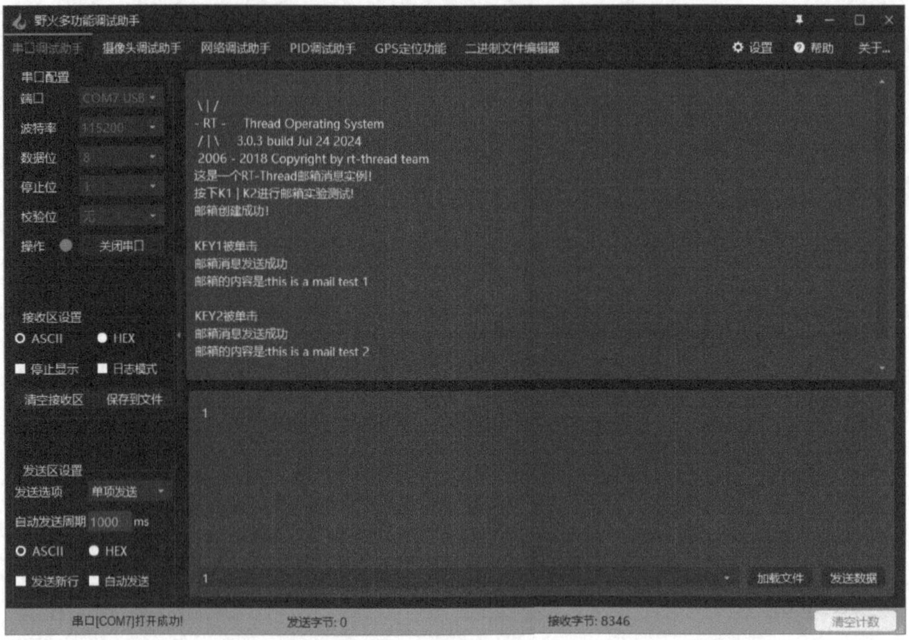

图 6-9　邮箱程序在野火多功能调试助手上的测试结果

消息队列程序在野火多功能调试助手上的测试结果如图 6-10 所示。

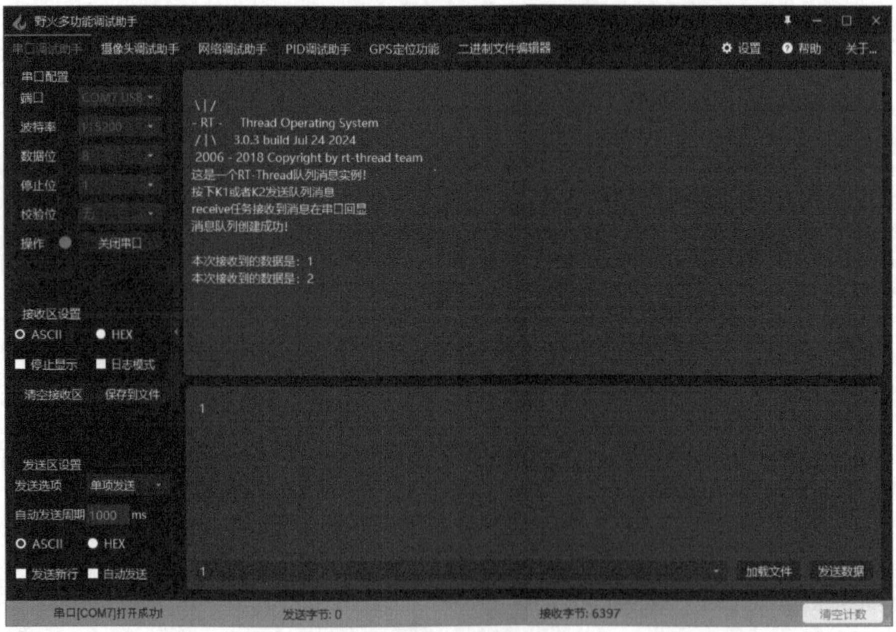

图 6-10　消息队列程序在野火多功能调试助手上的测试结果

二值信号量线程间通信程序在野火多功能调试助手上的测试结果如图 6-11 所示。

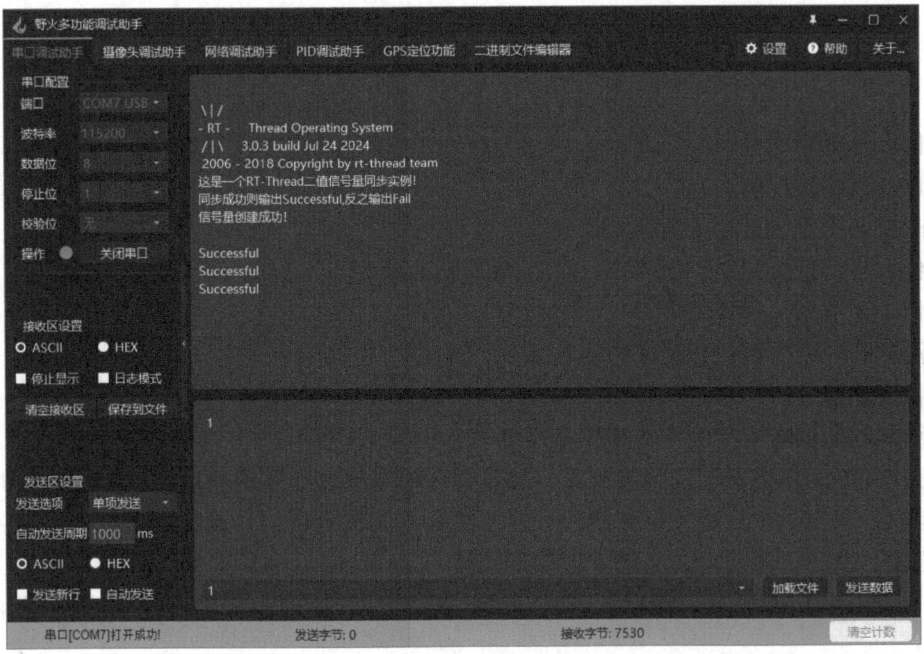

图 6-11　二值信号量线程间通信程序在野火多功能调试助手上的测试结果

计数信号量线程间通信程序在野火多功能调试助手上的测试结果如图 6-12 所示。

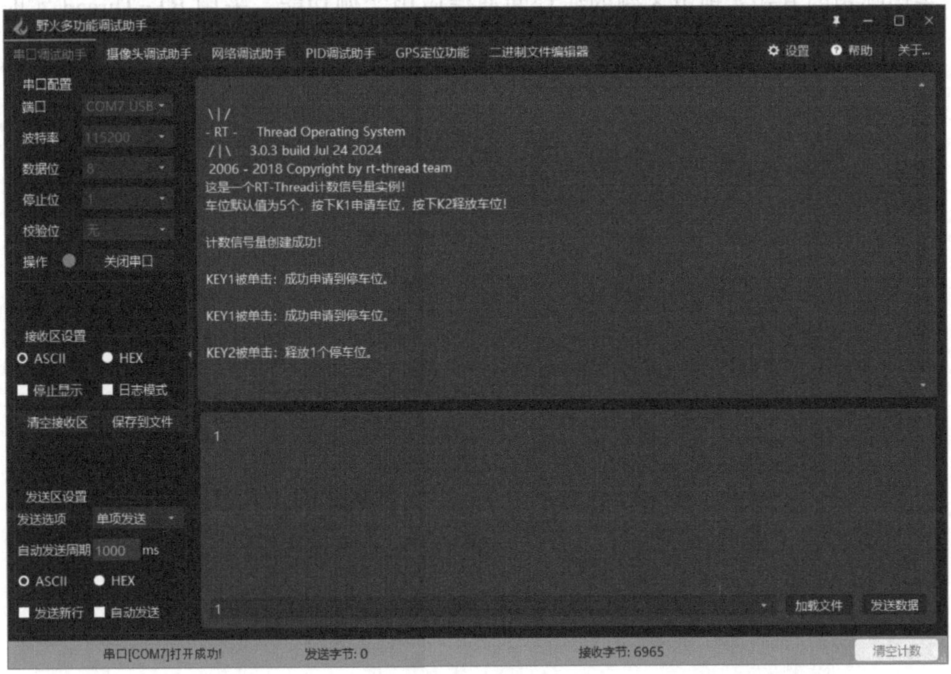

图 6-12　计数信号量线程间通信程序在野火多功能调试助手上的测试结果

习　题

1. 什么是邮箱服务？
2. 什么是邮箱控制块？
3. 邮箱的操作包括哪些内容？
4. 什么是消息队列？
5. 什么是消息队列控制块？
6. 消息队列的操作包括哪些内容？
7. 什么是信号？
8. 线程间通信应用实例——多变量通信。

实际应用中，多变量通信更为常见，如温湿度读取线程要获取温度和湿度信息，并将温度和湿度信息发送至显示线程、上传线程、控制线程等，消息队列是解决多变量通信的一种简单可靠的方法。基于上述分析，本例实现如下功能：

1）创建线程 t_data_get1 和 tdata_get2 用于获取温湿度信息，温湿度信息可以用随机数模拟。

2）创建线程 t_data_print 用于接收并打印温湿度信息。

3）创建消息队列 q_get_print，线程 t_data_get1 和线程 tdata_get2 发送消息至消息队列，线程 tdata_print 从消息队列中获取消息。

9. 采用邮箱的方式实现第 8 题的线程间通信应用实例功能。采用 RT-Thread 实时操作系统，并通过 C 语言编程实现。

第 7 章 RT-Thread 内存管理

本章详细介绍 RT-Thread 实时操作系统中的内存管理机制及其应用。首先，概述内存管理的功能特点。然后深入探讨内存堆管理，包括小内存管理算法、slab 管理算法和 memheap 管理算法，并介绍内存堆的配置、初始化及管理方式，还通过应用示例帮助读者了解如何有效使用内存堆。最后讨论内存池，解释其工作机制和管理方式，并通过具体示例展示内存池的实际应用。本章通过对内存管理的各种方法和实例的全面讲解，为系统开发者优化内存资源配置和提高系统性能提供完备技术参考。

7.1 内存管理概述

在计算机系统中，存储空间主要分为两种类型：内部存储空间和外部存储空间。内部存储空间，也就是通常所说的 RAM（随机存储器），其访问速度较快，能够按照变量的地址进行随机访问，可以类比为计算机的内存。而外部存储空间保存的内容相对稳定，即使断电后数据也不会丢失，这就是通常所说的 ROM（只读存储器），可以类比为计算机的硬盘。

在计算机系统中，变量和中间数据一般存放在 RAM 中，并在实际使用时将它们调入 CPU 进行运算。有些数据所需的内存大小需要在程序运行过程中根据实际情况来确定，这就要求系统具备动态管理内存空间的能力。具体来说，就是用户需要内存空间时向系统申请，系统则选择一段合适的内存空间分配给用户。用户使用完毕后，再将其释放回系统，以便系统回收再利用。

然而，实时系统对时间的要求非常严格，因此其内存管理的要求也比通用操作系统更为苛刻。这主要体现在以下几个方面：

1）分配内存的时间必须是确定的。一般的内存管理算法是根据需要存储的数据长度在内存中寻找一个相适应的空闲内存块来存储数据。但寻找这样一个空闲内存块所耗费的时间是不确定的，这对于实时系统来说是不可接受的。实时系统必须保证内存块的分配过程在可预测的确定时间内完成，否则实时任务对外部事件的响应也将变得不确定。

2）随着内存的不断分配和释放，整个内存区域会产生越来越多的碎片。这是因为在使用过程中申请了一些内存，其中一些被释放了，导致内存空间中存在一些小的、地址不连续的内存块，它们不能作为一整块大内存分配出去。即使系统中还有足够的空闲内存，但由于这些内存块地址不连续，无法组成一块连续的完整内存块，也会使得程序无法申请到大的内存。对于通用系统而言，这种不恰当的内存分配算法可以通过重新启动系统来解决，但对于需要长期不间断工作的嵌入式系统来说，这是无法接受的。

3）嵌入式系统的资源环境也是不尽相同的。有些系统的资源比较紧张，只有数十 KB 的内存可供分配；而有些系统则存在数 MB 的内存。如何为这些不同的系统选择适合它们的高效率的内存分配算法就变得复杂化了。

在内存管理上，RT-Thread 操作系统根据上层应用及系统资源的不同，有针对性地提供了不同的内存分配管理算法，总体上可分为两类：内存堆管理与内存池管理。内存堆管理又根据具体内存设备划分为 3 种情况：

第 1 种是针对小内存块的分配管理（小内存管理算法）。

第 2 种是针对大内存块的分配管理（slab 管理算法）。

第 3 种是针对多内存堆的分配情况（memheap 管理算法）。

7.2 内存堆管理

内存堆管理用于管理一段连续的内存空间。在 RT-Thread 操作系统中，内存堆空间通常对从“ZI 段结尾处”到内存的尾部这段空间进行分配，如图 7-1 所示。

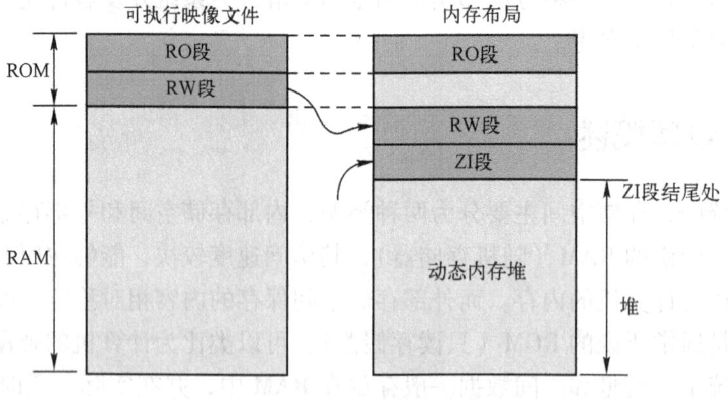

图 7-1 RT-Thread 内存分布

内存堆是系统中用于分配和释放内存的区域，可以根据用户的需求，在当前资源允许的情况下分配任意大小的内存块。当用户不再需要这些内存块时，可以将其释放回堆中，以便其他应用程序使用。为了满足不同场景的需求，RT-Thread 提供了多种内存管理算法，具体如下。

1）小内存管理算法：主要针对系统资源较少的场景；通常用于内存空间小于 2MB 的系统。

2）slab 管理算法：适用于系统资源较为丰富的情况；提供了一种类似于多内存池管理的快速分配算法。

3）memheap 管理算法：针对多内存堆的管理需求；适用于系统存在多个内存堆的情况，通过将多个内存堆“粘贴”在一起，形成一个大的内存堆，使得内存管理更加便捷。

这些内存堆管理算法在系统运行时只能选择其一，或者完全不使用内存堆管理器。不过，这些管理算法提供的 API 接口对应用程序来说是完全相同的，因此切换算法不会影响应用层的代码。

需要注意的是，内存堆管理器为了满足多线程情况下的安全分配，会考虑多线程间的互斥问题。因此，不建议在中断服务程序中分配或释放动态内存块，因为这可能会导致当前上下文被挂起等待，从而引发不可预测的问题。

通过使用合理的内存堆管理算法，RT-Thread 能够有效地管理和利用系统的内存资源，从而提升系统性能和稳定性。

7.2.1 小内存管理算法

小内存管理算法是一种简洁而高效的内存分配策略。在初始阶段，它表现为一大块连续的内存空间。当系统需要分配内存块时，会从这块大内存中切割出大小相匹配的部分，并将剩余的空闲内存块归还给堆管理系统，以便后续再次利用。

为了有效管理这些内存块，每个内存块（无论已分配还是空闲）都包含一个管理用的数据头。这个数据头起到了关键作用，它通过双向链表的方式，将使用中的内存块和空闲的内存块有序地链接起来，形成了小内存管理的工作机制，如图 7-2 所示。

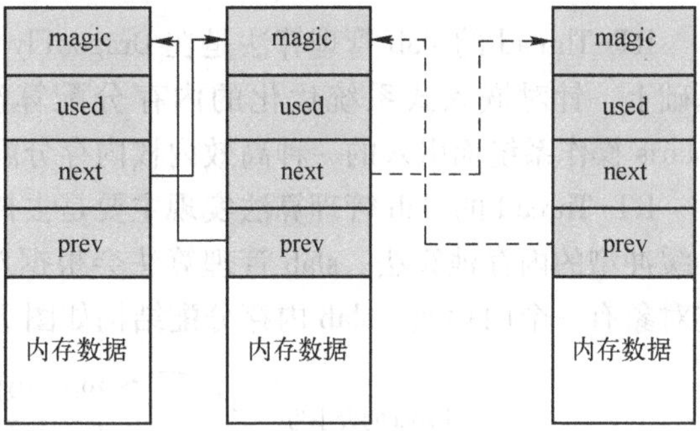

图 7-2 小内存管理工作机制

内存块的数据头主要包含以下两个重要信息。

1）magic：这是一个特定的变数（或称为幻数），初始值设为 0x1ea0（即英文单词“heap”的十六进制表示）。它作为标志，用于确认这个内存块是专门用于内存管理的数据块。同时，这个变数也起到了内存保护的作用，一旦该区域被非法改写，就意味着这块内存块可能遭受了不当操作，因为正常情况下只有内存管理器才会访问和修改这块内存。

2）used：这是一个标志位，用于明确指示当前内存块是否已被分配。

内存管理的核心任务在于内存的分配与释放，而小内存管理算法正是通过这一流程来体现其功能的。以图 7-3 和图 7-4 为例，初始时，空闲链表指针 lfree 指向一个 32 字节的内存块。当用户线程请求分配一个 64 字节的内存块时，lfree 当前指向的内存块大小不足以满足需求。于是，内存管理器会继续搜索下一个内存块。当找到一个 128 字节的内存块时，它满足分配条件。由于这个内存块相对较大，分配器会将其拆分为两部分：一部分用于满足当前的分配请求，另一部分（除去 12 字节数据头，剩余的 52 字节）则继续留在空闲链表中，以备后续分配使用。这就是小内存管理算法在内存分配与释放过程中的具体表现。

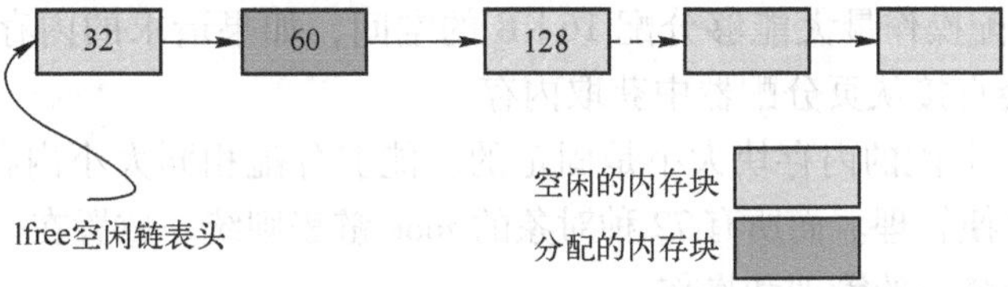

图 7-3 小内存管理算法链表结构示意图（1）

在每次分配内存块前，都会留出 12 字节的数据头用于存储 magic、used 信息及链表节点信息。返回给应用的地址实际上是这块内存块 12 字节以后的地址，前面的 12 字节数据头禁止用户程序直接访问或修改（注：12 字节数据头的长度可能因系统对齐的差异而有所不同）。

释放时则是相反的过程，但分配器会查看前后相邻的内存块是否空闲，如果空闲则合并成一个大的空闲内存块。

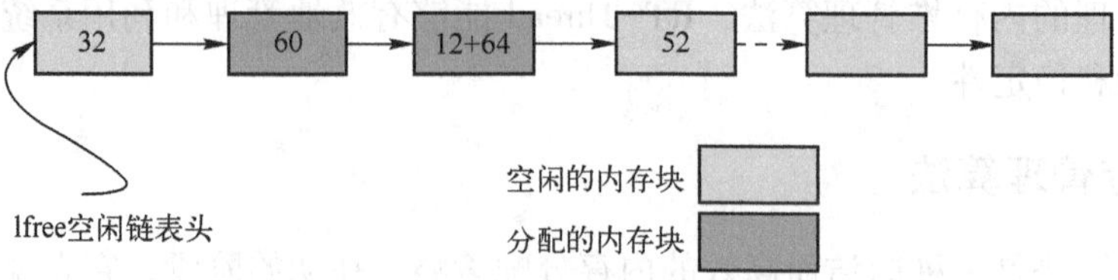

图 7-4　小内存管理算法链表结构示意图（2）

7.2.2　slab 管理算法

RT-Thread 的 slab 管理算法是在 DragonFly BSD 创始人 Matthew Dillon 实现的 slab 管理算法基础上，针对嵌入式系统优化的内存分配算法。最原始的 slab 管理算法是 Jeff Bonwick 为 Solaris 操作系统而引入的一种高效内核内存分配算法。

RT-Thread 的 slab 管理算法实现主要是去掉了其中的对象构造及析构过程，只保留了纯粹的缓冲型的内存池算法。slab 管理算法会根据对象的大小分成多个区（zone），也可以看成每类对象有一个内存池，slab 内存分配结构如图 7-5 所示。

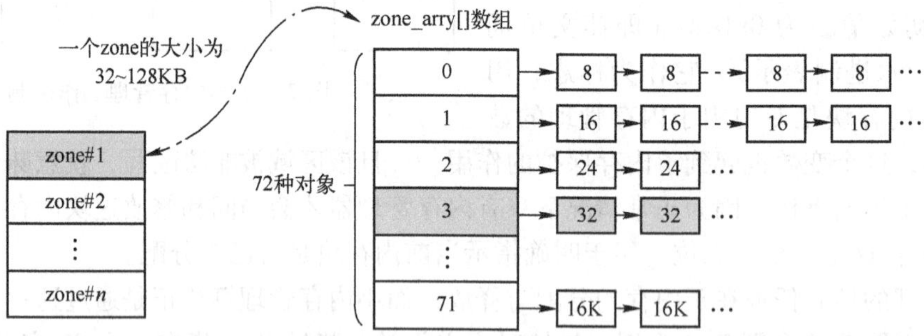

图 7-5　slab 内存分配结构

slab 管理算法在处理内存时，遵循着特定的规则和操作流程。以下是关于 slab 管理算法主要操作的详细解释：

首先需要了解的是，一个 zone 的大小是在 32～128 KB 之间动态调整的，具体大小取决于堆的初始化大小。系统中最多可以包含 72 种不同类型的对象，每种对象都对应一个特定的 zone。每次的内存分配操作最大能够分配 16 KB 的空间，如果请求的内存大小超过这个限制，那么 slab 管理算法会直接从页分配器中获取内存。

在每个 zone 中，分配的内存块大小是固定的。能够分配相同大小内存块的 zone 会被链接在同一个链表中，以便管理。而所有 72 种对象的 zone 链表则统一放置在一个名为 zone_array[ ] 的数组中，以便进行统一的管理和操作。

接下来介绍 slab 管理算法的主要两种操作。

（1）内存分配操作

当需要分配一个特定大小（如 32 字节）的内存块时，slab 管理算法会首先根据这个大小值，在 zone_array 链表表头数组中找到对应的 zone 链表。

如果这个链表是空的，表示当前没有可用的 zone 来分配这个大小的内存块，那么 slab 管理算法会向页分配器请求一个新的 zone，并从这个新 zone 中返回第一个空闲的内存块给请求者。

如果链表非空，那么这个 zone 链表中的第一个 zone 节点必然包含空闲的内存块（否则它就不会被放在这个链表中）。此时，slab 管理算法会从该 zone 中取出一个空闲的内存块并返回给请求者。

如果在分配完成后，某个 zone 中的所有空闲内存块都被使用完毕，那么 slab 管理算法会将这个 zone 节点从对应的链表中删除，表示该 zone 当前已经没有可用的内存块了。

（2）内存释放操作

当需要释放一个之前分配的内存块时，slab 管理算法会首先找到这个内存块所在的 zone 节点。然后，它会将这个内存块链接回该 zone 的空闲内存块链表中，以便后续再次分配使用。

如果在释放内存块后，某个 zone 的空闲链表指示出该 zone 的所有内存块都已经被释放（即 zone 是完全空闲的），那么当系统中全空闲的 zone 达到一定数目后，slab 管理算法会将这个全空闲的 zone 释放回页面分配器中去，以便进行更高效的内存管理。

7.2.3 memheap 管理算法

memheap 管理算法特别适用于系统中存在多个地址可能不连续的内存堆的情况。通过使用 memheap 内存管理，可以极大地简化系统在处理多个内存堆时的复杂性。用户只需在系统初始化阶段，将所需的多个 memheap 进行初始化，并启用 memheap 功能，即可轻松地将这些地址可能不连续的内存区域整合为统一的堆内存管理系统。

需要注意的是，一旦启用了 memheap 功能，原有的 heap 功能将被接管。这两者之间只能通过打开或关闭 RT_USING_MEMHEAP_AS_HEAP 选项来进行选择，不能同时使用。

memheap 的工作机制如图 7-6 所示。它首先将多块内存加入 memheap_item 链表中进行整合。当系统需要分配内存块时，会首先尝试从默认的内存堆中进行分配。如果默认内存堆无法满足分配需求，那么 memheap 会进一步查找 memheap_item 链表，尝试从其他内存堆上分配所需的内存块。对于应用程序来说，无须关心当前分配的内存块具体位于哪个内存堆上，就像是在操作一个统一的内存堆一样简单方便。

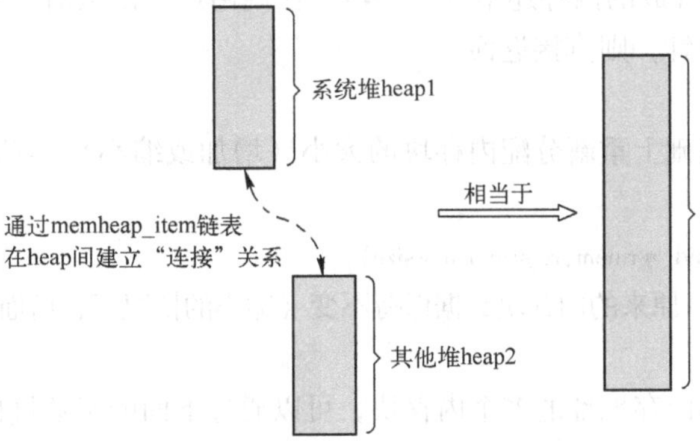

图 7-6 memheap 的工作机制

7.2.4 内存堆配置和初始化

在使用内存堆之前，必须在系统初始化阶段进行堆的初始化。这一步骤可以通过调用以下函数接口来完成：

```
void rt_system_heap_init(void *begin_addr, void *end_addr);
```

这个函数的作用是将参数 begin_addr 和 end_addr 所指定的内存区域作为内存堆来使用。如果系统中存在多个不连续的 memheap，则可以多次调用这个函数，将它们分别初始化，并加入 memheap_item 链表中进行管理。这样，系统就能够有效地利用这些不连续的内存区域进行内存的分配和管理。

7.2.5 内存堆的管理方式

如图 7-7 所示，对内存堆的操作主要包括 3 个步骤：初始化（图 7-7 中未显示）、申请内存和释放内存。在系统运行过程中，所有通过动态分配方式获得的内存块，在使用完成后都应当被及时释放。这样做可以确保这些内存资源能够被回收并重新用于其他程序的内存申请，从而提高内存资源的利用率和系统的整体性能。

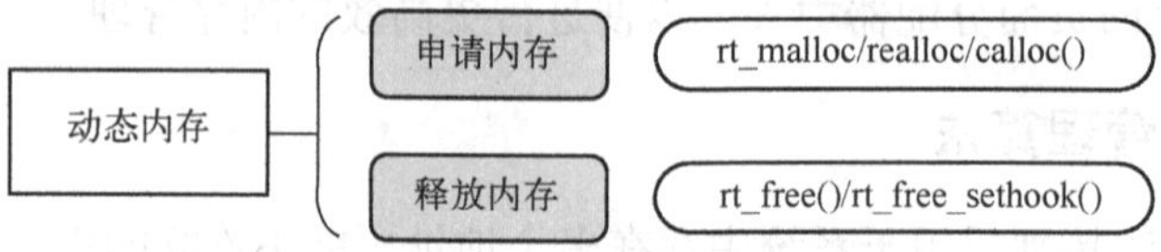

图 7-7　内存堆的操作

1. 分配和释放内存块

从内存堆上分配用户指定大小的内存块，函数接口如下：

```
void *rt_malloc(rt_size_t nbytes);
```

rt_malloc()函数会从系统堆空间中找到合适大小的内存块，然后把内存块可用地址返回给用户。

应用程序使用完从内存分配器中申请的内存后，必须及时释放，否则会造成内存泄露。释放内存块的函数接口如下：

```
void rt_free(void *ptr);
```

rt_free()函数会把待释放的内存还给堆管理器。在调用这个函数时，用户需传递待释放的内存块指针。如果是空指针，则直接返回。

2. 重新分配内存块

在已分配内存块的基础上重新分配内存块的大小（增加或缩小），可以通过下面的函数接口完成：

```
void *rt_realloc(void *rmem,rt_size_t newsize);
```

在重新分配内存块时，原来的内存块数据保持不变（缩小的情况下，后面的数据被自动截断）。

3. 分配多内存块

从内存堆中分配连续内存地址的多个内存块，可以通过下面的函数接口完成：

```
void *rt_calloc(rt_size_t count,rt_size_t size);
```

4. 设置内存钩子函数

在分配内存块的过程中，用户可设置一个钩子函数，调用的函数接口如下

```
void rt_malloc_sethook(void(*hook)(void *ptr,rt_size_t size));
```

设置的钩子函数会在内存分配完成后进行回调。回调时，会把分配到的内存块地址和大小作为入口参数传递进去。

其中，hook()函数接口如下：

```
void hook(void *ptr, rt_size_t size);
```

在释放内存时，用户可设置一个钩子函数，调用的函数接口如下：

```
void rt_free_sethook(void(*hook)(void *ptr));
```

设置的钩子函数会在调用内存释放完成前进行回调。回调时，释放的内存块地址会作为入口参数传递进去（此时的内存块并没有被释放）。

其中，hook()函数接口如下：

```
void hook(void *ptr);
```

7.2.6 内存堆管理应用示例

这是一个内存堆的应用示例，这个程序会创建一个动态的线程，该线程会动态申请内存并释放，每次都会申请更大的内存，当申请不到的时候就结束，代码如下：

```
#include <rtthread.h>

#define     THREAD_PRIORITY       25
#define     THREAD_STACK_SIZE     512
#define     THREAD_TIMESLICE      5

/*  线程入口  */
void thread1_entry(void *parameter)
{
        int i;
        char *ptr = RT_NULL; /* 内存块的指针  */
        for (i = 0; ; i++)
        {
                /* 每次分配 (1 << i) 大小字节数的内存空间 */
                ptr = rt_malloc(1 << i);
                /*  如果分配成功  */
          if (ptr != RT_NULL)
          {
                rt_kprintf("get memory :%d byte\n", (1 << i));
                /*  释放内存块  */
                rt_free(ptr);
                rt_kprintf("free memory :%d byte\n", (1 << i));
                ptr = RT_NULL;
          }
          else
          {
                rt_kprintf("try to get %d byte memory failed!\n", (1 << i));
                return;
          }
        }
}
int dynmem_sample(void)
{
      rt_thread_t tid = RT_NULL;
      /*  创建线程 1 */
      tid = rt_thread_create("thread1",
                              thread1_entry, RT_NULL,
                              THREAD_STACK_SIZE,
```

```
                        THREAD_PRIORITY,
                        THREAD_TIMESLICE);
    if (tid != RT_NULL)
        rt_thread_startup(tid);
    return 0;
}
/*  导出到 msh 命令列表中  */
MSH_CMD_EXPORT(dynmem_sample, dynmem sample);
```

仿真运行结果如下：

```
RT -Thread Operating System
3.1.0 build Aug 24 2018
2006 - 2018 Copyright by rt-thread team
msh >dynmem_sample
msh >get memory :1 byte
free memory :1 byte
get memory :2 byte
free memory :2 byte
...
get memory :16384 byte
free memory :16384 byte
get memory :32768 byte
free memory :32768 byte
try to get 65536 byte memory failed!
```

该示例中申请较小内存块时均分配成功并打印了确认信息；当试图申请 65536 B（即 64 KB）的内存时，由于 RAM 总大小只有 64 KB，而可用 RAM 小于 64 KB，所以分配失败。

7.3 内存池

内存堆管理器虽然能够灵活地分配任意大小的内存块，为系统提供极大的便利，但同时也存在一些明显的缺点。首先，其分配效率相对较低，每次分配时都需要进行空闲内存块的查找。其次，频繁的内存分配与释放操作容易导致内存碎片的产生。

为了提高内存分配的效率并有效避免内存碎片化，RT-Thread 提供了另一种内存管理方法——内存池（Memory Pool）。内存池主要用于分配大量大小相同的小内存块，它能够显著加快内存分配与释放的速度，并有效降低内存碎片化的风险。

此外，RT-Thread 的内存池还支持线程挂起功能。当内存池中的空闲内存块用尽时，申请内存块的线程将被挂起，直到内存池中出现新的可用内存块，再将挂起的线程唤醒。这一特性使得内存池非常适合于需要通过内存资源进行同步的场景。

以播放音乐为例，播放器线程会对音乐文件进行解码，并将解码后的数据发送到声卡驱动，以驱动硬件播放音乐。播放器线程与声卡驱动之间的关系如图 7-8 所示。

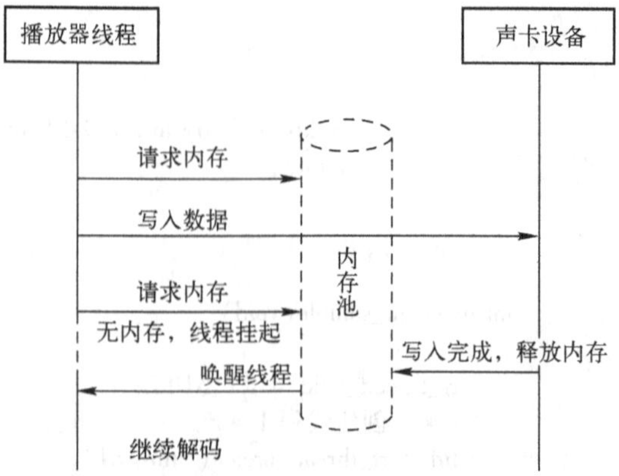

图 7-8　播放器线程与声卡驱动之间的关系

当播放器线程需要解码数据时，它会向内

存池请求内存块。如果内存块已经用完，那么线程将被挂起；否则，它将获得内存块以放置解码的数据。随后，播放器线程将包含解码数据的内存块写入声卡抽象设备中，并立即返回以继续解码更多的数据。

当声卡设备写入完成后，将调用播放器线程设置的回调函数来释放写入的内存块。如果在此之前，播放器线程因为内存池中的内存块用尽而被挂起，那么此时它将被唤醒，并继续进行解码操作。通过这种方式，内存池能够有效地支持播放器线程与声卡驱动之间的同步操作，确保音乐的流畅播放。

7.3.1 内存池工作机制

内存池是操作系统进行内存管理的重要机制，尤其是在 RT-Thread 中，其工作机制涵盖了内存池控制块的管理及内存块的分配机制。作为一种高效的内存管理和分配手段，内存池在多线程环境下发挥着至关重要的作用，它能够有效确保内存的高效利用。

1. 内存池控制块

内存池控制块是操作系统用于管理内存池的核心数据结构。它存储着内存池的各项信息，包括：

1）内存池起始地址。

2）内存块大小。

3）空闲内存块链表。

4）挂起的线程列表。

在 RT-Thread 中，内存池控制块由结构体 struct rt_mempool 表示。另一种表示方式是 rt_mp_t，在 C 语言中它是一个指向内存池控制块的指针。以下是代码展示了这一数据结构的定义：

```
struct rt_mempool
{
    struct rt_object parent;
    void *start_address;        /* 内存池数据区域开始地址 */
    rt_size_t size;             /* 内存池数据区域大小 */
    rt_size_t block_size;       /* 内存块大小 */
    rt_uint8_t *block_list;     /* 内存块列表 */
    /* 内存池数据区域中能够容纳的最大内存块数 */
    rt_size_t block_total_count;
    /* 内存池中空闲的内存块数 */
    rt_size_t block_free_count;
    /* 因为内存块不可用而挂起的线程列表 */
    rt_list_t suspend_thread;
    /* 因为内存块不可用而挂起的线程数 */
    rt_size_t suspend_thread_count;
};
typedef struct rt_mempool *rt_mp_t;
```

2. 内存块分配机制

在创建内存池时，系统会首先向操作系统申请一大块内存，并将其分成大小相同的多个小内存块，这些小内存块通过链表（也称为空闲链表）连接起来。分配内存时，系统都会从空闲链表中取出链头上的第一个内存块，提供给申请者。如果当前没有可用的内存块，并且线程允许等待分配，那么该线程将被挂起并加入 suspend_thread 链表中，等待后续的内存块被释放。

一旦有新的内存块被释放回内存池，挂起的线程将被唤醒，以重新尝试分配内存块。

需要特别注意的是，内存池在初始化完成后，其内存块的大小是不可调整的。这样的设计是为了简化内存管理，提高分配和释放的效率，并尽量减少内存碎片的产生。如图 7-9 所示，物理内存中允许存在多个大小不同的内存池，每个内存池又由多个空闲内存块组成，内核利用它们来进行内存管理。当一个内存池对象被创建时，它会被分配给一个内存池控制块，该控制块包括内存池的名称、内存缓冲区、内存块大小、块数及等待线程队列等关键信息。

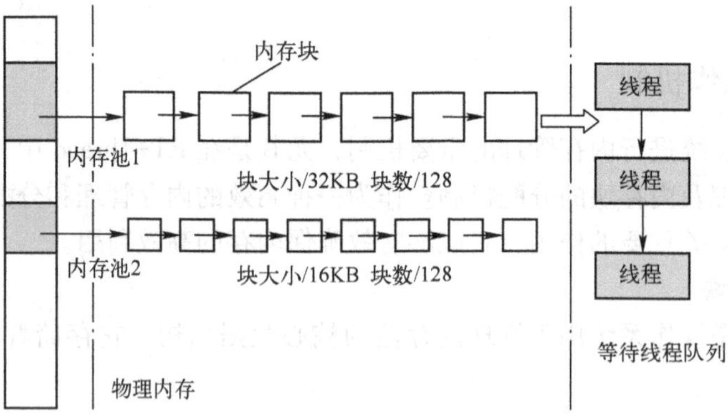

图 7-9　内存池工作机制

通过这种机制，操作系统能够高效地处理内存分配任务，尤其是在多线程应用中，RT-Thread 通过结构体 struct rt_mempool 和指针类型 rt_mp_t 实现了内存池管理的核心功能，确保各个线程能够迅速且安全地获取所需的内存资源。

7.3.2 内存池的管理方式

内存池是一种在嵌入式系统中用于高效管理内存空间的机制。它涵盖了创建、初始化、分配、释放和删除等一系列操作，而内存池控制块则是其核心所在。在 RT-Thread 操作系统中，内存池控制块通过结构体 struct rt_mempool 来表示。

内存池相关接口如图 7-10 所示。

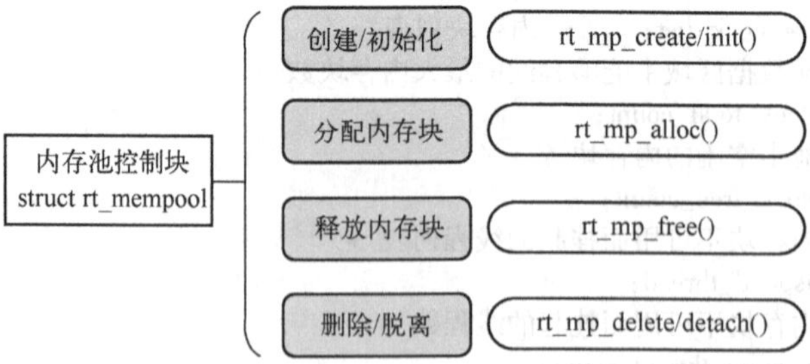

图 7-10　内存池相关接口

1. 创建和删除内存池

(1) 创建内存池

创建内存池会在堆上分配一个内存池对象，之后线程便可以从内存池中申请和释放内存块。创建内存池的函数接口如下：

```
rt_mp_t rt_mp_create(const char *name, rt_size_t block_count, rt_size_t block_size);
```

该函数将根据指定的内存块大小和数量，在系统资源允许的情况下创建一个内存池。创建内存池时，需要指定一个名称，系统会从内存堆中分配相应的内存缓冲区，并将其组织成一个空闲块链表。

（2）删除内存池

删除内存池会释放已分配的内存，并唤醒所有等待在该内存池对象上的线程。函数接口如下：

```
rt_err_t rt_mp_delete(rt_mp_t mp);
```

在删除内存池时，内核首先唤醒所有挂起在该内存池对象上的线程（并返回-RT_ERROR），然后释放分配的内存缓冲区，最后删除内存池对象。

2. 初始化和脱离内存池

（1）初始化内存池

初始化内存池与创建内存池的不同之处在于，初始化内存池用于静态内存管理模式，使用用户指定的静态缓冲区。函数接口如下：

```
rt_err_t rt_mp_init(rt_mp_t mp,const char *name,void *start,rt_size_t size,rt_size_t block_size);
```

该函数会将内存池对象和内存空间初始化为可分配的空闲块链表，需要指定内存池名称、内存池使用的内存空间、内存块大小和总数目。

（2）脱离内存池

脱离内存池指将内存池从内核对象管理器中移除。函数接口如下：

```
rt_err_t rt_mp_detach(rt_mp_t mp);
```

使用该函数时，内核会首先唤醒所有挂起在该内存池对象上的线程，然后将内存池对象脱离内核管理。

3. 分配和释放内存块

（1）分配内存块

从内存池中分配一个内存块，使用如下函数接口：

```
void *rt_mp_alloc(rt_mp_t mp, rt_int32_t time);
```

time 参数指定了超时时间。如果内存池中有可用内存块，则直接分配；如果没有且 time 为 0，则立即返回空指针；若 time 大于 0，则挂起当前线程，直到有可用内存块或超时时间到达。

（2）释放内存块

内存块使用完后必须被释放，函数接口如下：

```
void rt_mp_free(void *block);
```

使用该函数时，系统会增加内存池的可用内存块数目，并将释放的内存块加入空闲链表。若有挂起的线程等待内存块，则唤醒挂起线程链表上的首个线程。

通过内存池管理，RT-Thread 能够高效地处理内存分配和释放操作，提高系统内存资源的利用率，减少动态内存分配带来的开销和碎片。内存池控制块在内存池的管理中起着关键作用，创建、初始化、分配、释放和删除内存池的操作都需要通过特定的函数接口来实现，从而保证系统的稳定性和可靠性。

7.3.3 内存池应用示例

这是一个静态内存池的应用示例，这个示例会创建一个静态的内存池对象、两个动态线程。一个线程会试图从内存池中获得内存块，另一个线程释放内存块，代码如下：

```
#include <rtthread.h>
static rt_uint8_t *ptr[50];

static rt_uint8_t  mempool[4096];
static struct rt_mempool mp;

#define    THREAD_PRIORITY        25
#define  THREAD_STACK_SIZE        512
#define    THREAD_TIMESLICE        5

/*  指向线程控制块的指针  */
static  rt_thread_t tid1 = RT_NULL;
static  rt_thread_t tid2 = RT_NULL;

/*  线程 1 入口  */
static void  thread1_mp_alloc(void *parameter)
{
    int i;
    for (i = 0 ; i < 50 ; i++)
    {
        if (ptr[i] == RT_NULL)
        {
            /* 试图申请内存块 50 次，当申请不到内存块时，
            线程 1 挂起，转至线程 2 运行  */
            ptr[i] = rt_mp_alloc(&mp, RT_WAITING_FOREVER);
             if (ptr[i] != RT_NULL)
             rt_kprintf("allocate No. %d\n", i);
        }
    }
}
/*  线程 2 入口，线程 2 的优先级比线程 1 低，应该线程 1 先获得执行  */
static void  thread2_mp_release(void *parameter)
{
    int i;
    rt_kprintf("thread2 try to release block\n");
     for (i = 0; i < 50 ; i++) {
    /*  释放所有分配成功的内存块  */
      if (ptr[i] != RT_NULL)
      {
          rt_kprintf("release block %d\n", i);
          rt_mp_free(ptr[i]);
          ptr[i] = RT_NULL;
      }
    }
}
int mempool_sample(void)
{
    int i;
    for (i = 0; i < 50; i ++) ptr[i] = RT_NULL;
    /*  初始化内存池对象  */
    rt_mp_init(&mp, "mp1", &mempool[0], sizeof(mempool), 80);

    /*  创建线程 1：申请内存池  */
    tid1 = rt_thread_create("thread1", thread1_mp_alloc, RT_NULL,
```

```
                                    THREAD_STACK_SIZE,
                                    THREAD_PRIORITY, THREAD_TIMESLICE);
    if (tid1 != RT_NULL)
        rt_thread_startup(tid1);

    /* 创建线程 2：释放内存池 */
    tid2 = rt_thread_create("thread2", thread2_mp_release, RT_NULL,
                                    THREAD_STACK_SIZE,
                                    THREAD_PRIORITY + 1, THREAD_TIMESLICE);
    if (tid2 != RT_NULL)
            rt_thread_startup(tid2);
    return 0;
}
/*  导出到 msh 命令列表中  */
MSH_CMD_EXPORT(mempool_sample, mempool sample);
```

仿真运行结果如下：

```
RT -Thread Operating System
3.1.0 build Aug 24 2018
2006 -2018 Copyright by rt-thread team
msh >mempool_sample
msh >allocate       No.0
allocate     No  .1
allocate     No  .2
allocate     No  .3
allocate     No  .4
…
allocate     No  .46
allocate     No  .47
thread2      try   to   release block
release      block0
allocate     No   .48
release      block1
allocate     No   .49
release      block2
release      block3
release      block4
release      block5
…
release      block47
release      block48
release      block49
```

本示例在初始化内存池对象时，初始化了 4096/(80+4)= 48 个内存块。

线程 1 申请了 48 个内存块之后，此时内存块已经被用完，需要其他地方释放才能再次申请。但此时，线程 1 以一直等待的方式又申请了一个，由于无法分配，所以线程 1 挂起。

线程 2 开始执行释放内存的操作。当线程 2 释放一个内存块时，就有一个内存块空闲出来，唤醒线程 1 申请内存。申请成功后再申请，线程 1 又挂起，再循环一次。

线程 2 继续释放剩余的内存块，释放完毕。

7.4 RT-Thread 内存管理例程

为了熟练掌握本章讲述的内存管理，在数字资源中提供了图 7-11 所示的已移植好 RT-

Thread 的内存管理程序代码。这些程序代码可以运行在野火霸天虎开发板上，也可以修改代码后在其他开发板上运行。

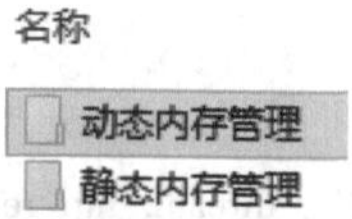

图 7-11　内存管理的程序代码

动态内存管理程序在野火多功能调试助手上的测试结果如图 7-12 所示。

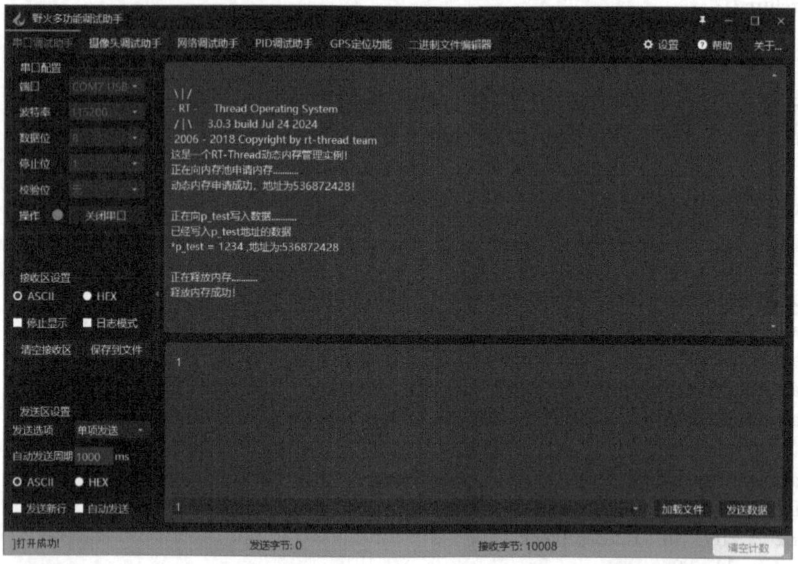

图 7-12　动态内存管理程序在野火多功能调试助手上的测试结果

静态内存管理程序在野火多功能调试助手上的测试结果如图 7-13 所示。

图 7-13　静态内存管理程序在野火多功能调试助手上的测试结果

习　　题

1. 内存堆管理的作用是什么？
2. 内存堆的操作包含哪些内容？
3. 什么是内存池？
4. 什么是内存池控制块？
5. 内存池的操作包含哪些内容？

第 8 章　RT-Thread 中断管理

本章详细讲述 RT-Thread 实时操作系统中的中断管理机制和应用。首先介绍中断的基本概念。接着探讨 Cortex-M CPU 架构的基础，包括寄存器简介、操作模式和特权级别、嵌套向量中断控制器（NVIC）和 PendSV 系统调用。随后深入解析 RT-Thread 的中断工作机制，包括中断向量表、中断处理过程、中断嵌套、中断栈及中断的底半处理，以帮助读者了解系统如何高效管理中断。接下来介绍 RT-Thread 的中断管理接口，涵盖中断服务程序的挂接、中断源管理、全局中断开关和中断通知，并提供具体的接口使用方法。然后讨论中断与轮询的区别和结合方式。最后通过全局中断开关的使用示例，展示中断管理在实际项目中的应用。通过结合理论和实践案例，本章旨在帮助开发者全面掌握中断管理技术，提高系统的响应能力和性能。

8.1 中断的概念

中断是计算机系统中一种非常常见且至关重要的机制。当系统正在处理某个正常事件时，如果发生了需要立即处理的紧急事件，中断机制会暂停当前事件的处理，转而优先处理这个紧急事件。紧急事件处理完毕后，系统会恢复到被中断的地方，继续执行原来的任务。

生活中的中断示例很多，比如：

1）看书时的电话中断。你正在专心看书，突然电话响了。你记下当前的页码，然后去接电话。接完电话后，你回到刚才记下的页码，继续看书。这就是一个典型的中断过程。

2）任务优先级的调度。如果来电的是老师，要求你马上交作业，你会判断交作业的优先级高于看书。于是，挂断电话后你先去完成作业，做完作业后再接着看书。这个过程体现了中断机制中的任务调度。

在嵌入式系统中，这样的场景也非常常见。当 CPU 正在处理某个任务时，如果外部发生了紧急情况，要求 CPU 暂停当前任务去处理这个异步事件。处理完毕后，CPU 会返回到原来被中断的地址，继续执行原来的任务。这个过程就是中断。

实现中断处理功能的系统被称为中断系统，而提出中断请求的来源则被称为中断源。中断实际上是一种特殊的异常，任何导致处理器停止正常操作并转向执行特殊代码的事件都可以被视为异常。如果异常得不到及时处理，则可能会导致系统错误，甚至系统崩溃。因此，正确处理异常，提高软件的鲁棒性（即稳定性），是系统设计中的关键环节。

中断机制在计算机系统，尤其是嵌入式系统中，发挥着至关重要的作用。它能够灵活、高效地处理各种紧急事件，保障系统在复杂环境下的稳定运行。通过正确设计和处理中断，可以提高软件的稳定性和可靠性，从而有效避免系统错误和崩溃。

中断的示意图如图 8-1 所示，它直观地展示了中断机制的工作原理和过程。

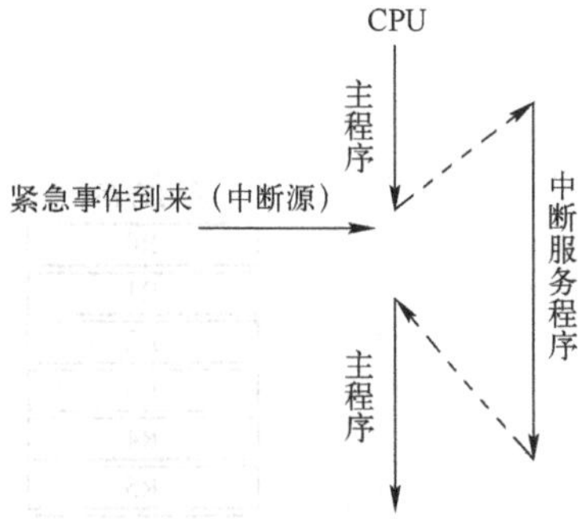

图 8-1　中断示意图

中断处理与 CPU 架构密切相关，所以，本章会先介绍 ARM Cortex-M 的 CPU 架构，然后结合 Cortex-M CPU 架构来介绍 RT-Thread 的中断管理机制。学习完本章，读者将会深入了解 RT-Thread 的中断处理过程、如何添加中断服务程序（ISR）及相关的注意事项。

8.2 Cortex-M CPU 架构基础

与经典 ARM 处理器（如 ARM7、ARM9）不同，ARM Cortex-M 处理器采用了截然不同的架构。Cortex-M 是一个家族系列，涵盖了 Cortex-M0、Cortex-M3、Cortex-M4、Cortex-M7 等多个不同型号。尽管这些型号之间存在一些差异，如 Cortex-M4 相比 Cortex-M3 增加了浮点计算功能，但它们的编程模型基本保持一致。因此，在本书中，关于中断管理和移植的部分不会对 Cortex-M0、Cortex-M3、Cortex-M4、Cortex-M7 做过于细致的区分。本节将主要介绍与 RT-Thread 中断管理相关的架构部分。

8.2.1 寄存器简介

Cortex-M 系列 CPU 的寄存器组包含了 R0~R15 共 16 个通用寄存器，以及若干特殊功能的寄存器，Cortex-M 寄存器示意图如图 8-2 所示。

在这些通用寄存器中，R13 被用作堆栈指针（Stack Pointer，SP）寄存器，它负责指向当前的堆栈位置；R14 则作为连接寄存器（Link Register，LR），在调用子程序时，用于存储返回地址，以便在子程序执行完毕后能够返回到正确的位置；而 R15 则充当程序计数器（Program Counter，PC），它记录了当前正在执行的指令的地址。特别地，堆栈指针寄存器可以是主堆栈指针（MSP），用于管理主堆栈，也可以是进程堆栈指针（PSP），用于管理进程堆栈。

特殊功能寄存器主要包括程序状态字寄存器组（PSR）、中断屏蔽寄存器组（包括 PRIMASK、FAULTMASK、BASEPRI）及控制寄存器（CONTROL）。可以通过 MSR/MRS 指令来访问这些特殊功能寄存器。

例如：

```
MRSR0,CONTROL;读取 CONTROL 到 R0 中
MSRCONTROL,R0;写入 R0 到 CONTROL 寄存器中
```

程序状态字寄存器里保存了算术与逻辑运算的各种标志，如负数标志、零结果标志、溢出标志等。中断屏蔽寄存器组则用于控制 Cortex-M 系列 CPU 的中断使能状态。控制寄存器则用来定义特权级别及当前正在使用的堆栈指针类型。

对于具有浮点单元的 Cortex-M4 或 Cortex-M7 来说，控制寄存器还用于指示浮点单元当前是否在使用。浮点单元包含了 32 个浮点通用寄存器 S0~S31，以及一个特殊的 FPSCR（Floating

Point Status and Control Register），用于保存浮点运算的状态和控制信息。

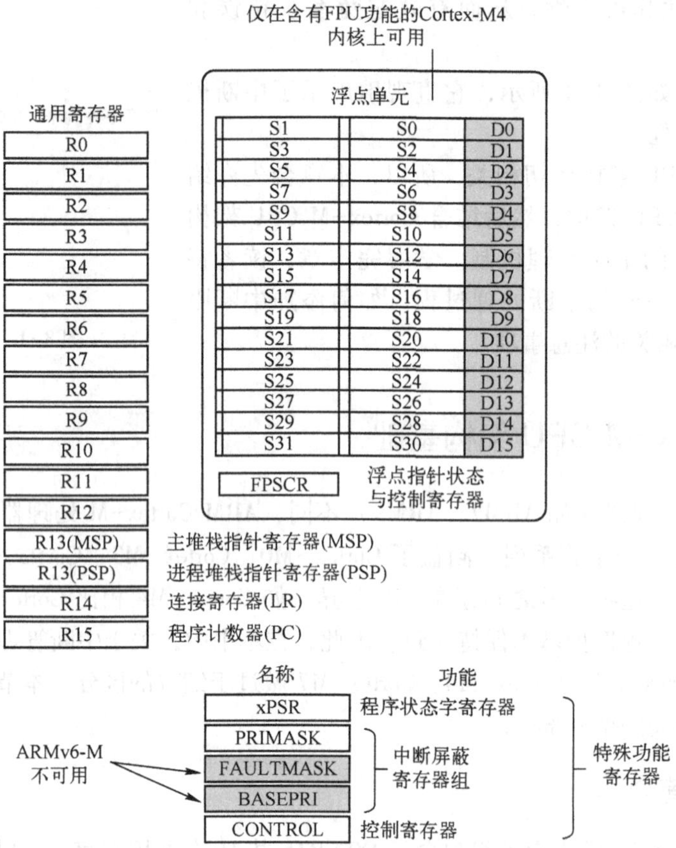

图 8-2　Cortex-M 寄存器示意图

8.2.2　操作模式和特权级别

Cortex-M 系列 CPU 引入了操作模式和特权级别的概念。在操作模式方面，它分为线程模式和处理模式。当 CPU 进入异常或中断处理时，会切换到处理模式；而在其他情况下，则处于线程模式。

在特权级别方面，Cortex-M 有两个运行级别：特权级和用户级。线程模式可以在特权级或用户级下工作，而处理模式则总是工作在特权级。这种特权级别的切换可以通过 CONTROL 特殊寄存器来控制。

此外，Cortex-M 的堆栈指针功能由两个物理寄存器实现：MSP 和 PSP。MSP 是主堆栈指针寄存器，在处理模式下，CPU 总是使用它存储的地址作为堆栈指针；而 PSP 是进程堆栈指针寄存器，在线程模式下，可以选择使用 MSP 或 PSP 存储的地址作为堆栈指针。这种选择同样是通过 CONTROL 特殊寄存器来控制的。

当 Cortex-M 复位后，它默认进入线程模式、特权级，并使用 MSP 存储的地址作为堆栈指针进行操作。

Cortex-M 工作模式状态如图 8-3 所示。

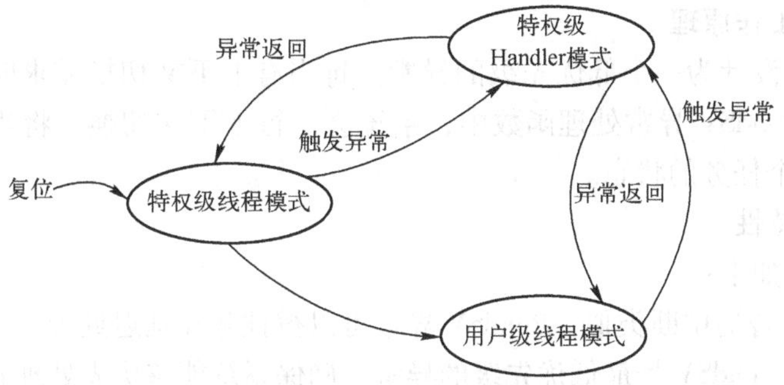

图 8-3 Cortex-M 工作模式状态

8.2.3 嵌套向量中断控制器

Cortex-M 系列 CPU 采用的中断控制器名为 NVIC（嵌套向量中断控制器），它支持中断嵌套功能。这意味着当一个中断被触发且系统开始响应时，处理器硬件会自动将当前运行位置的上下文寄存器压入中断栈中。这部分寄存器包括了 PSR（程序状态寄存器）、PC（程序计数器）、LR（连接寄存器）、R12 及 R3～R0 等寄存器。这样的设计确保了中断处理完毕后，系统能够准确地恢复到中断发生前的状态。

Cortex-M 内核与 NVIC 之间的关系如图 8-4 所示，它们紧密合作，共同实现了高效的中断处理机制。

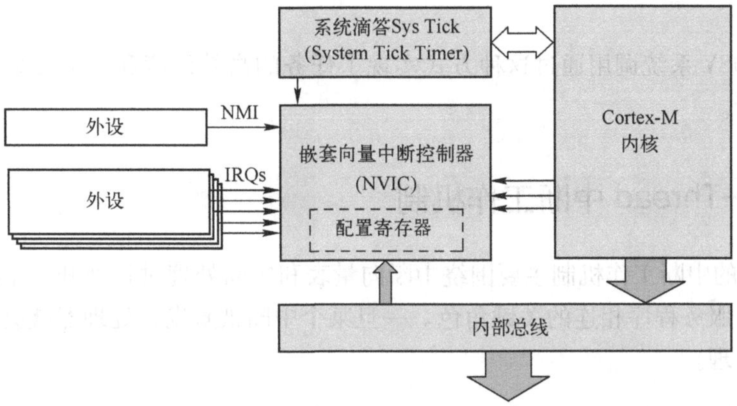

图 8-4 Cortex-M 内核和 NVIC 之间的关系

当系统正在处理一个中断时，如果有一个更高优先级的中断被触发，那么处理器会打断当前正在执行的中断服务程序。同时，处理器会自动将这个中断服务程序的上下文，包括 PSR（程序状态寄存器）、PC（程序计数器）、LR（连接寄存器）、R12 及 R3～R0 等寄存器的内容，保存到中断栈中。这样做可以确保在更高优先级的中断处理完毕后，系统能够准确地恢复到被打断的中断服务程序的状态，并继续执行。

8.2.4 PendSV 系统调用

PendSV（Pendable Service Call），也称为可悬起的系统调用，是一种特殊的异常，可以像普通中断一样被挂起。它主要用于操作系统中的上下文切换。

1. PendSV 的工作原理

PendSV 异常被设计为一个低优先级的异常。每当有上下文切换需求时，都可以手动触发 PendSV 异常。在 PendSV 异常处理函数中，系统会进行上下文切换，将当前任务的状态保存下来，并载入下一个任务的状态。

2. PendSV 的特性

PendSV 的特性如下：

1）可悬起。与普通中断类似，PendSV 异常可以被挂起和延迟处理。

2）低优先级。PendSV 是最低优先级的异常，确保系统能够优先处理其他紧急事务后再进行上下文切换。

3）上下文切换。在 PendSV 异常处理函数中，系统进行上下文切换，保存当前任务状态并加载下一个任务的上下文。

3. 应用场景

PendSV 在实际操作系统中的主要作用在于协助实现任务调度和上下文切换。操作系统内核在需要切换任务时，会手动触发 PendSV 异常，从而在异常处理函数中完成任务切换。

4. 示例

假设一个任务在运行时需要切换到另一个任务，系统会进行如下操作：

1）触发 PendSV 异常。手动设置一个触发标志来激活 PendSV 异常。

2）处理 PendSV 异常。在异常处理函数中，保存当前任务的上下文。

3）上下文切换。加载下一个任务的上下文，确保新的任务能从正确的位置恢复和继续执行。

最终，PendSV 系统调用通过这种方式实现了任务的高效调度和上下文切换，保证了操作系统的平稳运行。

8.3 RT-Thread 中断工作机制

RT-Thread 的中断工作机制主要围绕中断向量表和中断处理过程展开。中断向量表扮演着将中断源与对应服务程序相连的关键角色。一旦某个中断被触发，处理器就会跳转到相应的服务程序中进行处理。

8.3.1 中断处理过程

RT-Thread 的中断处理程序可以明确地分为 3 个部分：中断前导程序、用户中断服务程序（ISR）及中断后续程序，如图 8-5 所示。

1. 中断前导程序

当中断发生时，中断前导程序会首先执行。它负责保存当前 CPU 的状态（CPU 上下文），并通知内核系统进入中断状态。

中断前导程序的主要工作如下：

1）保存 CPU 中断现场，这部分与 CPU 架构相关，不同 CPU 架构的实现方式有差异。

对于 Cortex-M 来说，该工作由硬件自动完成。当一个中断触发且系统进行响应时，处理器硬件会将当前运行部分的上下文寄存器自动压入中断栈中，这部分的寄存器包括 PSR、PC、LR、R12、R3～R0 寄存器。

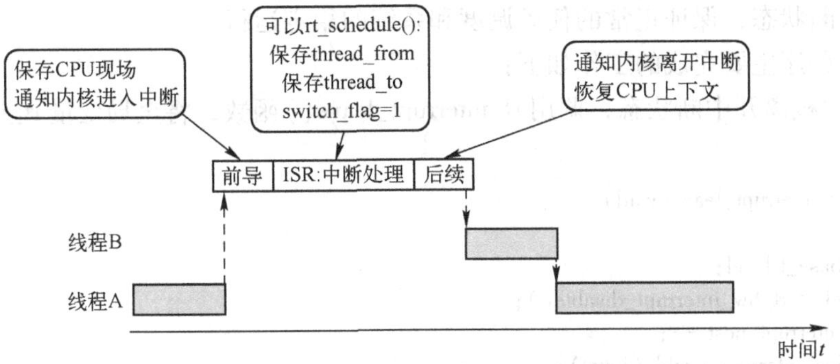

图 8-5 中断处理程序的 3 部分

2）通知内核进入中断状态，调用 rt_interrupt_enter( ) 函数，作用是把全局变量 rt_interrupt_nest 加 1，用它来记录中断嵌套的层数，代码如下：

```
void rt_interrupt_enter( void)
{
    rt_base_t level;
    level = rt_hw_interrupt_disable( ) ;
    rt_interrupt_nest ++;
    rt_hw_interrupt_enable( level) ;
}
```

2. 用户中断服务程序

在中断前导程序执行完毕之后，处理器会调用用户自定义的中断服务程序（ISR）。用户中断服务程序是根据应用需求编写的，在此过程中可以进行各类处理，包括必要的线程切换。

用户中断服务程序（ISR）分为两种情况：第一种情况是不进行线程切换。这种情况下，用户中断服务程序和中断后续程序运行完毕后退出中断模式，返回被中断的线程。另一种情况是在中断处理过程中需要进行线程切换。这种情况会调用 rt_hw_context_switch_interrupt( ) 函数进行上下文切换。该函数与 CPU 架构相关，不同 CPU 架构的实现方式有差异。

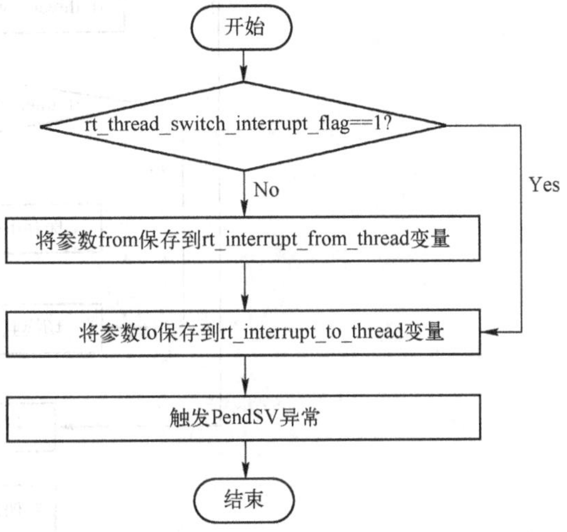

图 8-6 rt_hw_context_switch_interrupt( ) 函数的实现流程

在 Cortex-M 架构中，rt_hw_context_switch_interrupt( ) 函数的实现流程如图 8-6 所示，它将设置需要切换的线程 rt_interrupt_to_thread 变量，然后触发 PendSV 异常（PendSV 异常是专门用来辅助上下文切换的，且被初始化为最低优先级的异常）。PendSV 异常被触发后，不会立即进行 PendSV 异常中断处理程序，因为此时还在中断处理中，只有当中断后续程序运行完毕，真正退出中断处理后，才进入 PendSV 异常中断处理程序。

3. 中断后续程序

用户中断服务程序执行完毕后，中断后续程序会恢复之前保存的 CPU 上下文，并通知内核系统离开中断状态，保证正常的任务调度和系统的稳定运行。

中断后续程序主要完成的工作如下：

1）通知内核离开中断状态，调用 rt_interrupt_leave( ) 函数，将全局变量 rt_interrupt_nest 减 1，代码如下：

```
void rt_interrupt_leave(void)
{
  rt_base_t level;
  level = rt_hw_interrupt_disable();
  rt_interrupt_nest --;
  rt_hw_interrupt_enable(level);
}
```

2）恢复中断前的 CPU 上下文。如果在中断处理过程中未进行线程切换，那么恢复 from 线程的 CPU 上下文；如果在中断中进行了线程切换，那么恢复 to 线程的 CPU 上下文。这部分实现与 CPU 架构相关，不同 CPU 架构的实现方式有差异，在 Cortex-M 架构中的实现流程如图 8-7 所示。

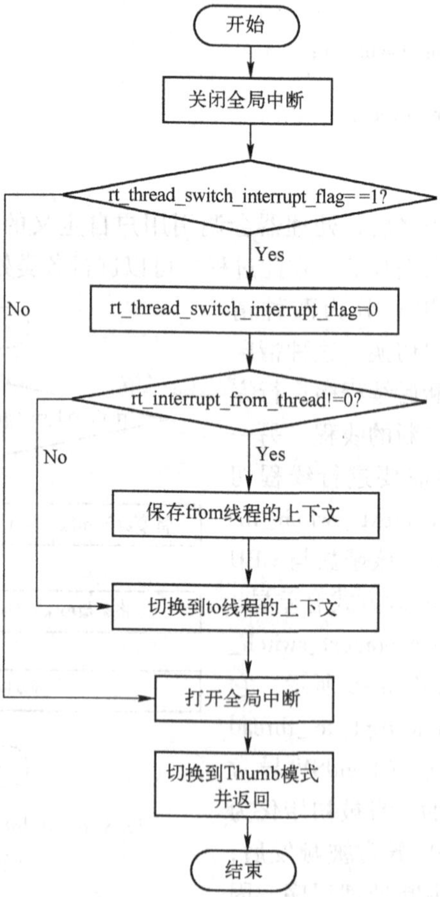

图 8-7 rt_hw_context_switch_interrupt( ) 函数在 Cortex-M 架构中的实现流程

8.3.2 中断向量表

中断向量表是所有中断处理程序的入口。它将每个中断源与相应的中断服务程序关联起来。在 Cortex-M 系列处理器中，中断处理过程如图 8-8 所示，中断处理过程会把一个用户中断服务程序与中断向量表中的中断向量联系在一起。当相应的中断发生时，对应的用户中断服务程序即会被调用执行。

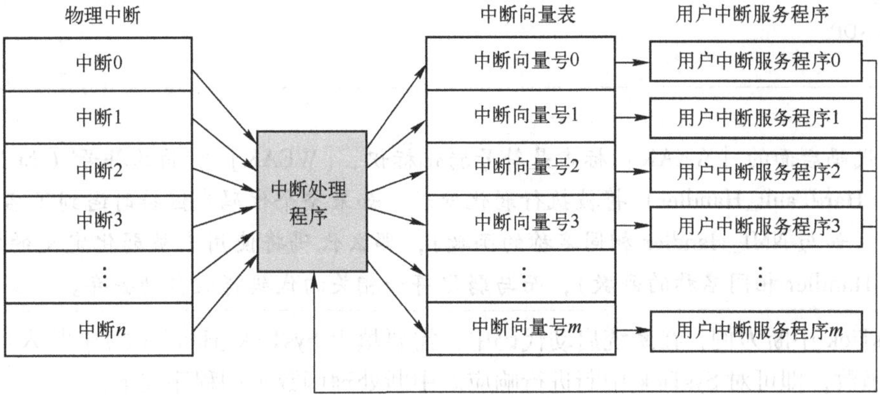

图 8-8 中断处理过程

RT-Thread 支持中断嵌套机制，这意味着高优先级的中断可以中断当前正在处理的低优先级中断。这一特性确保了系统的实时性，使重要的任务可以即时得到处理，而不会因为低优先级任务的执行而受到阻碍。

RT-Thread 的中断工作机制通过中断向量表和详细的中断处理流程，高效且有序地管理系统中断。通过中断前导程序、用户中断服务程序和中断后续程序的配合，系统能够正确保存和恢复 CPU 状态，实现平稳的上下文切换。此外，中断嵌套机制保证了系统的实时性能，使得 RT-Thread 可以在复杂的场景下保持高效、稳定地运行。

在 Cortex-M 内核上，所有中断都采用中断向量表的方式进行处理，即当一个中断触发时，处理器将直接判定是哪个中断源，然后直接跳转到相应的固定位置进行处理。中断服务程序必须排列在一起，放在统一的地址上（这个地址必须要设置到 NVIC 的中断向量偏移寄存器中）。中断向量表一般由一个数组定义或在起始代码中给出，默认采用起始代码给出：

```
__Vectors DCD _initial_sp ; Top of Stack
DCD Reset_Handler ; Reset 处理函数
DCD NMI_Handler ; NMI 处理函数
DCD HardFault_Handler ; Hard Fault 处理函数
DCD MemManage_Handler ; MPU Fault 处理函数
DCD BusFault_Handler ; Bus Fault 处理函数
DCD UsageFault_Handler ; Usage Fault 处理函数
DCD 0 ; 保留
DCD 0 ; 保留
DCD 0 ; 保留
DCD 0 ; 保留
DCD SVC_Handler ; SVCall 处理函数
DCD DebugMon_Handler ; Debug Monitor 处理函数
DCD 0 ; 保留
DCD PendSV_Handler ; PendSV 处理函数
DCD SysTick_Handler ; SysTick 处理函数
...
NMI_Handler PROC
EXPORT NMI_Handler [WEAK]
```

```
B .
ENDP
HardFault_Handler PROC
EXPORT HardFault_Handler [WEAK]
B .
ENDP
...
```

注意

代码后面的［WEAK］标志是符号弱化标识，［WEAK］前面的符号（如 NMI_Handler、HardFault_Handler）将被执行弱化处理。如果整个代码在链接时遇到了名称相同的符号（如与 NMI_Handler 相同名称的函数），那么代码将使用未被弱化定义的符号（与 NMI_Handler 相同名称的函数），而与弱化符号相关的代码将被自动丢弃。

以 SysTick 中断为例，在系统启动代码中，需要填上 SysTick_Handler( ) 中断入口函数，然后实现该函数，即可对 SysTick 中断进行响应。中断处理函数示例程序如下：

```
void SysTick_Handler(void)
{
    /* 进入中断 */
    rt_interrupt_enter();
    rt_tick_increase();
    /* 退出中断 */
    rt_interrupt_leave();
}
```

8.3.3 中断嵌套

在允许中断嵌套的场景下，如果在执行某个中断服务程序的过程中出现了一个更高优先级的中断，那么当前正在执行的中断服务程序会被暂时打断，以便让更高优先级的中断服务程序得以执行。当这个高优先级的中断处理完成后，之前被打断的中断服务程序才能继续执行。需要注意的是，如果在这个过程中需要进行线程调度，那么线程的上下文切换会等到所有中断处理程序都运行结束后才进行。整个过程如图 8-9 所示。

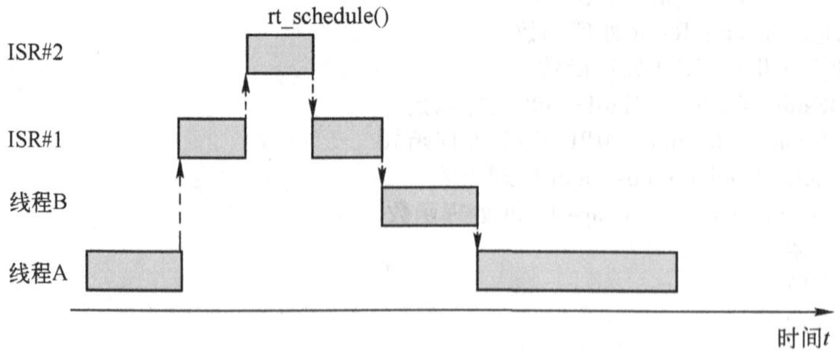

图 8-9 中断中线程切换的整个过程

8.3.4 中断栈

在中断处理过程中，系统响应中断之前，软件代码或处理器需要先将当前线程的上下文保存下来，通常这是通过将上下文数据压入当前线程的线程栈中来实现的。随后，系统会调用中断服务程序（ISR）进行中断的响应和处理。在这个过程中，ISR 可能会使用到自己的局部变量，这些变量需要相应的栈空间来保存。因此，中断处理本身也需要一个专门的栈空间，用于保存上下文和运行中断处理代码。

1. 中断栈的两种实现方式

关于中断栈的实现方式，主要有两种。

（1）共享线程栈

在某些系统中，中断处理程序可以选择使用被打断线程的栈空间来执行。当中断发生时，当前线程的上下文会被保存到其栈中，并且中断服务程序也在同一栈空间中执行。当中断处理完毕后，系统会从中断栈返回，继续执行之前被打断的线程。

（2）独立中断栈

为了避免中断占用线程栈空间，系统可以提供一个独立的中断栈。当中断发生时，中断前导程序会将用户的栈指针切换到预先设置好的中断栈空间。而在中断退出时，再恢复原来的用户栈指针。使用独立的中断栈能够更好地管理和掌握栈的使用情况，不需要为中断栈预留过多的空间，同时还能避免因中断嵌套而难以估计的栈大小问题。RT-Thread 操作系统就选用了这种独立中断栈的实现方式。实践表明，随着系统中线程数量的增加，这种独立中断栈的实现方式将更加显著地减少内存占用。

2. Cortex-M 处理器中的堆栈管理

在 Cortex-M 处理器中，堆栈管理是通过以下两个堆栈指针来实现的。

（1）主堆栈指针（MSP）

这是默认的堆栈指针，在启动第一个线程之前以及在中断和异常服务程序中使用。

（2）线程堆栈指针（PSP）

这个指针在普通线程中使用。当中断和异常服务程序退出时，如果需要切换回线程栈，则可以通过修改链接寄存器（LR）的第 2 位值为 1，从而将堆栈指针从 MSP 切换到 PSP。

RT-Thread 通过独立中断栈机制，有效地管理了中断处理的栈空间，提升了内存利用率。在 Cortex-M 处理器的支持下，通过 MSP 和 PSP 的协同工作，RT-Thread 实现了高效、灵活的中断处理机制，使得系统能够在处理高并发和多任务场景下依然保持稳定、可靠地运行。

8.3.5 中断的底半处理

RT-Thread 并不对中断服务程序（ISR）的处理时间做出任何假设或限制。然而，与其他实时操作系统或非实时操作系统相似，用户需要确保所有的 ISR 都能在尽可能短的时间内完成执行。这是因为 ISR 在系统中拥有最高的优先级，会抢占所有线程优先执行。这样可以有效避免在中断嵌套或屏蔽相应中断源的过程中，耽误其他中断的处理，或影响自身中断源的下一次中断信号的接收。

当一个中断发生时，ISR 需要获取相应的硬件状态或数据。如果 ISR 只需进行简单的处理，例如在 CPU 时钟中断的情况下，只需对系统时钟变量进行加 1 操作，那么 ISR 的执行时间通常会很短。

然而，对于一些复杂的中断，ISR 在获取硬件状态或数据后，还需要进行较长时间的处理。为了优化中断处理时间，通常将中断处理分为两部分。

（1）上半部分（Top Half）

在上半部分中，ISR 获取硬件状态和数据后，会立即打开被屏蔽的中断，并通过 RT-

Thread 提供的信号量、事件、邮箱或消息队列等方式向相关线程发送通知，然后结束 ISR 的执行。

（2）底半部分（Bottom Half）

相关线程在接收到通知后，会继续对状态或数据进行进一步的处理。这一过程称为底半处理。

通过将中断处理分为上半部分和底半部分，RT-Thread 能够有效地管理 ISR 的执行时间，确保系统的实时性和响应性。上半部分负责快速处理关键数据并恢复中断，而底半部分则在线程中完成较为耗时的处理，从而优化了系统性能和资源利用。

为了详细描述底半处理在 RT-Thread 中的实现，我们可以以一个虚拟的网络设备接收网络数据包为示例。在这个例子中，程序会创建一个 nwt 线程。这个线程在启动运行后，会阻塞在 nw_bh_sem 信号量上。一旦这个信号量被释放，线程就会执行接下来的 nw_packet_parser 过程，开始处理底半部分的事件。

```
/* 程序清单：中断底半处理示例 */
/* 用于唤醒线程的信号量 */
rt_sem_t nw_bh_sem;
/* 数据读取、分析的线程 */
void demo_nw_thread(void *param)
{
  /* 首先对设备进行必要的初始化工作 */
  device_init_setting();
  /*.. 其他的一些操作 .. */
  /* 创建一个 semaphore 来响应底半部分的事件 */
  nw_bh_sem = rt_sem_create("bh_sem", 0, RT_IPC_FLAG_FIFO);
  while(1)
  {
  /* 最后，让 demo_nw_thread 等待在 nw_bh_sem 上 */
  rt_sem_take(nw_bh_sem, RT_WAITING_FOREVER);
  /* 接收到 semaphore 信号后，开始真正的底半部分处理过程 */
  nw_packet_parser (packet_buffer);
  nw_packet_process(packet_buffer);
  }
}
int main(void)
{
  rt_thread_t thread;
  /* 创建处理线程 */
  thread = rt_thread_create("nwt",demo_nw_thread, RT_NULL, 1024, 20, 5);
  if (thread != RT_NULL)
  rt_thread_startup(thread);
}
```

接下来介绍在 demo_nw_isr() 中是如何处理上半部分并开启底半部分的，示例如下：

```
void demo_nw_isr(int vector, void *param)
{
  /* 当 network 设备接收到数据后，陷入中断异常，开始执行此 ISR */
  /* 开始上半部分的处理，如读取硬件设备的状态以判断发生了何种中断 */
  nw_device_status_read();
  /*.. 其他一些数据操作等 .. */
  /* 释放 nw_bh_sem，发送信号给 demo_nw_thread，准备开始底半部分的处理 */
  rt_sem_release(nw_bh_sem);
```

```
/* 然后退出中断的 Top Half 部分，结束 device 的 ISR */
}
```

从上面例子的两个代码片段可以看出，中断服务程序通过对一个信号量对象的等待和释放，来完成中断底半部分的起始和终结。将中断处理划分为上半和底半两个部分后，中断处理过程变为异步过程。对于这部分系统开销，需要用户在使用 RT-Thread 时，必须认真考虑中断服务的处理时间是否大于给底半部分发送通知并处理的时间。

8.4 RT-Thread 中断管理接口

为了将操作系统与系统底层的异常和中断硬件进行有效隔离，RT-Thread 对中断和异常进行了封装，提供了一组抽象接口，中断相关接口如图 8-10 所示。这样的设计使得操作系统能够更加灵活地处理中断和异常，同时降低了与底层硬件的直接耦合度。

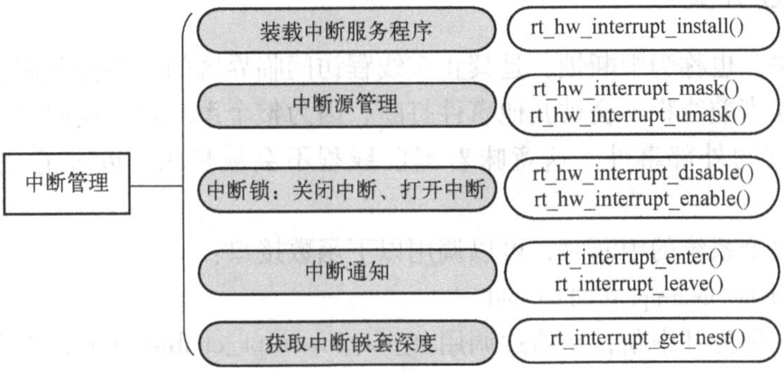

图 8-10　中断相关接口

8.4.1　中断服务程序挂接

系统允许用户将中断服务程序（Handler）与指定的中断号关联起来，这可以通过调用以下接口来实现：

```
rt_isr_handler_t rt_hw_interrupt_install(int vector,rt_isr_handler_t handler,void *param,char *name);
```

一旦调用了 rt_hw_interrupt_install() 函数，当相应的中断源产生中断时，系统将自动调用已装载的中断服务程序。

需要注意的是，这个 API 并不是在所有移植分支中都存在。例如，在 Cortex-M0/M3/M4 的移植分支中通常就没有这个 API。

中断服务程序运行在一种特殊的执行环境下（一般为芯片的特权模式），这种环境并非线程环境。因此，在中断服务程序中不能使用挂起当前线程的操作，因为当前并没有线程存在。如果尝试执行这样的操作，可能会收到类似“Function[abc_func] shall not be used in ISR”的打印提示信息，意味着该函数不应在中断服务程序中被调用。

8.4.2　中断源管理

在 ISR（中断服务程序）准备处理某个中断信号之前，通常需要先屏蔽该中断源，以确保在接下来的处理过程中，硬件状态或数据不会受到干扰。为此，可以调用以下函数接口：

```
void rt_hw_interrupt_mask(int vector);
```

调用 rt_hw_interrupt_mask( )函数后，相应的中断将会被屏蔽。这意味着，即使该中断触发，中断状态寄存器也会发生相应的变化，但中断信号并不会送到处理器进行处理。

需要注意的是，这个 API 并不是在所有移植分支中都存在的。例如，在 Cortex-M0/M3/M4 的移植分支中通常就没有这个 API。

为了尽可能地避免丢失硬件中断信号，在 ISR 处理完状态或数据后，需要及时打开之前被屏蔽的中断源。这可以通过调用以下函数接口来实现：

```
void rt_hw_interrupt_umask(int vector);
```

调用 rt_hw_interrupt_umask( )函数后，如果中断及对应的外设被正确配置，那么当中断触发时，中断信号将被送到处理器进行处理。

同样，需要注意的是，这个 API 也并不是在所有移植分支中都存在的。例如，在 Cortex-M0/M3/M4 的移植分支中通常就没有这个 API。

8.4.3 全局中断开关

全局中断开关，也称为中断锁，是禁止多线程访问临界区的一种简单而直接的方式。它通过关闭中断来确保当前线程不会被其他事件打断，因为整个系统在此期间将不再响应那些可能触发线程重新调度的外部事件。这意味着当前线程不会被抢占，除非它主动放弃处理器控制权。

当需要关闭整个系统的中断时，可以调用以下函数接口：

```
rt_base_t rt_hw_interrupt_disable(void);
```

恢复中断，也称为开中断，是通过调用 rt_hw_interrupt_enable( )函数来实现的。这个函数用于“使能”中断，并恢复了调用 rt_hw_interrupt_disable( )函数前的中断状态。如果调用 rt_hw_interrupt_disable( )函数前是关中断状态，那么调用 rt_hw_interrupt_enable( )函数后依然会保持关中断状态。恢复中断和关闭中断往往是成对使用的，调用的函数接口如下：

```
void rt_hw_interrupt_enable(rt_base_t level);
```

1）使用全局中断开关来操作临界区的方法虽然可以应用于任何场合，并且其他几类同步方式都是依赖于全局中断开关而实现的，可以说全局中断开关是一种强大且高效的同步方法。但是使用全局中断开关最主要的问题在于，在中断关闭期间，系统将不再响应任何中断，也就不能响应外部的事件。因此，全局中断开关对系统的实时性影响非常大。如果使用不当，则可能会导致系统完全失去实时性（即系统可能完全偏离要求的时间需求）；而如果使用得当，则会成为一种快速、高效的同步方式。

例如，为了保证一行代码（如赋值）的互斥运行，最快速的方法是使用中断锁，而不是信号量或互斥量：

```
/* 关闭中断 */
level = rt_hw_interrupt_disable();
a = a + value;
/* 恢复中断 */
rt_hw_interrupt_enable(level);
```

在使用全局中断开关时，需要确保关闭中断的时间非常短，如上面代码中的“a = a + value;”也可换成另外一种方式，如使用信号量：

```
/* 获得信号量锁 */
rt_sem_take(sem_lock, RT_WAITING_FOREVER);
a = a + value;
```

```
/* 释放信号量锁 */
rt_sem_release(sem_lock);
```

这段代码在 rt_sem_take()、rt_sem_release()的实现中，已经存在使用全局中断开关保护信号量内部变量的行为，所以对于简单的如“a = a + value;”的操作，使用全局中断开关将更为简洁、快速。

2）函数 rt_base_t rt_hw_interrupt_disable(void)和函数 void rt_hw_interrupt_enable(rt_base_tlevel)一般需要配对使用，从而保证正确的中断状态。

在 RT-Thread 中，开关全局中断的 API 支持多级嵌套使用，简单嵌套中断的代码如下：

```
#include <rthw.h>
void global_interrupt_demo(void)
{
rt_base_t level0;
rt_base_t level1;
/* 第一次关闭全局中断，关闭之前的全局中断状态可能是打开的，也可能是关闭的 */
level0 = rt_hw_interrupt_disable();
/* 第二次关闭全局中断，关闭之前的全局中断是关闭的，关闭之后全局中断还是关闭的 */
level1 = rt_hw_interrupt_disable();
do_something();
/* 恢复全局中断到第二次关闭之前的状态，所以本次使能之后全局中断还是关闭的 */
rt_hw_interrupt_enable(level1);
/* 恢复全局中断到第一次关闭之前的状态，这时候的全局中断状态可能是打开的，也可能是关闭
的 */
rt_hw_interrupt_enable(level0);
}
```

这个特性可以给代码的开发带来很大的便利。例如在某个函数里关闭了中断，然后调用某些子函数，再打开中断。这些子函数里面也可能存在开关中断的代码。全局中断的 API 支持嵌套使用，用户无须为这些代码做特殊处理。

8.4.4 中断通知

当整个系统被中断打断并进入中断处理函数时，需要通知内核当前已经进入中断状态。针对这种情况，可以使用以下两个函数接口：

```
void rt_interrupt_enter(void);
void rt_interrupt_leave(void);
```

这两个函数分别用在中断的前导程序和后续程序中，它们会对 rt_interrupt_nest（中断嵌套深度）的值进行修改。每当进入中断时，可以调用 rt_interrupt_enter()函数来通知内核当前已经进入了中断状态，并增加中断嵌套深度（即执行 rt_interrupt_nest++）。每当退出中断时，可以调用 rt_interrupt_leave()函数来通知内核当前已经离开了中断状态，并减少中断嵌套深度（即执行 rt_interrupt_nest--）。需要注意的是，这两个函数不应该在应用程序中被调用。

使用 rt_interrupt_enter()和 rt_interrupt_leave()的作用是，在中断服务程序中，如果调用了内核相关的函数（如释放信号量等操作），则可以通过判断当前的中断状态让内核及时调整相应的行为。例如，如果在中断中释放了一个信号量并唤醒了某个线程，但通过判断发现当前系统处于中断上下文环境中，那么在进行线程切换时应该采取中断中的线程切换策略，而不是立即进行切换。

然而，如果中断服务程序不会调用内核相关的函数（如释放信号量等操作），那么也可以不调用 rt_interrupt_enter()和 rt_interrupt_leave()函数。

在上层应用中，如果内核需要知道当前已经进入中断状态或当前嵌套的中断深度，则可以调用 rt_interrupt_get_nest( ) 函数，它会返回 rt_interrupt_nest 的值。函数接口如下：

```
rt_uint8_t rt_interrupt_get_nest(void);
```

8.5 中断与轮询

当驱动外设工作时，对于编程模式的选择，是采用中断模式触发还是采用轮询模式触发，往往是驱动开发人员首先需要考虑的问题。并且，在实时操作系统与分时操作系统中，这个问题的差异还非常大。

轮询模式本身采用顺序执行的方式：它查询到相应的事件，然后进行相应的处理。因此，从实现上来说，轮询模式相对简单清晰。以往串口中写入数据为例，采用轮询模式时，仅当串口控制器写完一个数据时，程序代码才会写入下一个数据（否则，这个数据会被丢弃掉）。

相应的代码如下：

```
/* 使用轮询模式向串口写入数据 */
while (size)
{
  /* 判断 UART 外设中的数据是否发送完毕 */
  while (!(uart->uart_device->SR & USART_FLAG_TXE));
  /* 当所有数据发送完毕后，才发送下一个数据 */
  uart->uart_device->DR = (*ptr & 0x1FF);
  ++ptr; --size;
}
```

在实时系统中，轮询模式可能会出现重大问题。因为在实时操作系统中，当一个程序持续地执行时（如在进行轮询时），它所在的线程会一直运行，导致比它优先级低的线程都无法得到执行的机会。而在分时系统中，情况恰恰相反，几乎没有优先级的区分，系统可以在一个时间片内运行这个程序，然后在另一个时间片上运行另外的程序。

因此，通常情况下，实时系统中更多采用的是中断模式来驱动外设。当数据到达时，由中断唤醒相关的处理线程，再继续进行后续的操作。例如，对于一些携带 FIFO（先进先出队列，包含一定数据量的缓冲区）的串口外设，其写入过程就可以是这样的，具体如图 8-11 所示。

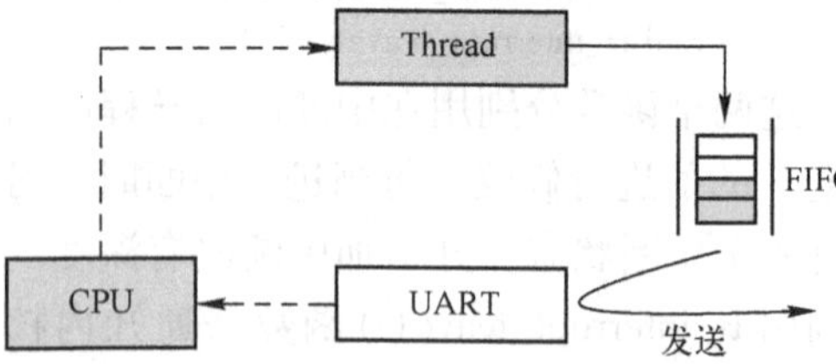

图 8-11 中断模式驱动外设

线程首先向串口的 FIFO 中写入数据，当 FIFO 满时，线程会主动挂起。串口控制器则持续地从 FIFO 中取出数据，并按照配置的波特率（如 115200 bit/s）发送出去。当 FIFO 中的所有数据都发送完成后，会向处理器触发一个中断。当中断服务程序得到执行时，它可以唤醒这个线程。这里举例的是 FIFO 类型的设备，但在现实中，也有 DMA 类型的设备，其工作原理是类似的。

对于低速设备来说，这种模式非常适用，因为在串口外设把 FIFO 中的数据发送出去之前，处理器可以运行其他的线程，这样就提高了系统的整体运行效率。即使对于分时系统来说，这样的设计也是非常必要的。

然而，对于一些高速设备，如传输速度达到 10 Mbit/s 的设备，情况就有所不同了。假设一次发送的数据量是 32 B，可以计算出发送这样一段数据量需要的时间是 $(32\times8)\times1/10\ \text{Mbit/s}\approx$

25 μs。当数据需要持续传输时，系统将在 25 μs 后触发一个中断以唤醒上层线程继续下次传输。假设系统的线程切换时间是 8 μs（通常，实时操作系统的线程上下文切换时间只有几 μs），那么在整个系统运行期间，对于数据带宽的利用率将只有 25/(25+8)≈75.8%。相比之下，如果采用轮询模式，数据带宽的利用率则可能达到 100%。这也是大家普遍认为实时系统中数据吞吐量不足的原因，因为系统开销消耗在了线程切换上。有些实时系统甚至会采用底半处理、分级的中断处理方式，这相当于又拉长了中断到发送线程的时间开销，导致效率进一步下降。

通过上述的计算过程，可以看出其中的一些关键因素：发送数据量越小、发送速度越快，对于数据吞吐量的影响也将越大。归根结底，这取决于系统中产生中断的频率如何。当一个实时系统想要提升数据吞吐量时，可以考虑以下几种方式：

1）增加每次数据发送的长度，尽量让外设每次发送更多的数据。

2）在必要的情况下，将中断模式更改为轮询模式。同时，为了解决轮询方式一直抢占处理器而导致其他低优先级线程得不到运行的问题，可以适当降低轮询线程的优先级。

8.6 全局中断开关使用示例

这是一个中断的应用示例。在多线程访问同一个变量时，使用开关全局中断对该变量进行保护，代码如下：

```
#include <rthw.h>

#include <rtthread.h>
#define    THREAD_PRIORITY      20
#define    THREAD_STACK_SIZE5       12
#define    THREAD_TIMESLICE      5

/*  同时访问的全局变量  */
static  rt_uint32_t cnt;
void thread_entry(void *parameter)
{
    rt_uint32_t no;
    rt_uint32_t level;
    no = (rt_uint32_t) parameter;
    while (1)
    {
        /*  关闭全局中断  */
        level = rt_hw_interrupt_disable();
        cnt += no;
        /*  恢复全局中断  */
        rt_hw_interrupt_enable(level);
        rt_kprintf("protect thread[%d]'s counter is %d\n", no, cnt); rt_thread_mdelay(no * 10);
    }
}
/*  用户应用程序入口  */
int interrupt_sample(void)
{
        rt_thread_t  thread;
        /*  创建 t1 线程  */
```

```
        thread = rt_thread_create("thread1", thread_entry, (void *)10,
                                THREAD_STACK_SIZE,
                                THREAD_PRIORITY, THREAD_TIMESLICE);
    if (thread != RT_NULL)
        rt_thread_startup(thread);
    /*  创建 t2 线程   */
    thread = rt_thread_create("thread2", thread_entry, (void *)20,
                                THREAD_STACK_SIZE,
                                THREAD_PRIORITY, THREAD_TIMESLICE);

    if (thread != RT_NULL)
        rt_thread_startup(thread);
    return 0;
}
/*  导出到 msh 命令列表中   */
MSH_CMD_EXPORT(interrupt_sample, interrupt sample);
```

仿真运行结果如下：

```
RT -Thread Operating System
3.1.0 build Aug 27 2018
2006 - 2018 Copyright by rt-thread team
msh >interrupt_sample
msh >protect thread[10]'s counter is 10
protect thread[20]'s counter is 30
protect thread[10]'s counter is 40
protect thread[20]'s counter is 60
protect thread[10]'s counter is 70
protect thread[10]'s counter is 80
protect thread[20]'s counter is 100
protect thread[10]'s counter is 110
protect thread[10]'s counter is 120
protect thread[20]'s counter is 140
...
```

注意

由于关闭全局中断会导致整个系统不能响应中断，所以在将关闭全局中断作为互斥访问临界区的手段时，需要保证关闭全局中断的时间非常短，如运行数条机器指令的时间。

8.7 RT-Thread 中断管理例程

为了熟练掌握本章讲述的中断管理，在数字资源中提供了图 8-12 所示的已移植好 RT-Thread 的中断管理程序代码。这些程序代码可以运行在野火霸天虎开发板上，也可以修改代码后在其他开发板上运行。

图 8-12 中断管理的程序代码

中断管理程序在野火多功能调试助手上的测试结果如图 8-13 所示。

图 8-13　中断管理程序在野火多功能调试助手上的测试结果

习　题

1. RT-Thread 中断管理中将中断处理程序分为哪 3 部分?
2. 简述中断栈。

第 9 章　RT-Thread 内核移植

本章详细介绍 RT-Thread 实时操作系统的内核移植方法。首先讨论 CPU 架构移植，包括全局中断开关、线程栈初始化、上下文切换和时钟节拍的实现。接着介绍 BSP 移植的主要工作和要点。通过这些内容，开发者可掌握在不同硬件平台上进行内核移植的技术，实现系统的跨平台应用。

9.1 CPU 架构移植

在嵌入式领域有多种不同的 CPU 架构，如 Cortex-M、ARM920T、MIPS32、RISC-V 等。为了使 RT-Thread 能够在不同 CPU 架构的芯片上运行，RT-Thread 提供了一个 libcpu 抽象层来适配不同的 CPU 架构。

libcpu 层向上对内核提供统一的接口，包括全局中断的开关、线程栈的初始化、上下文切换等。

RT-Thread 的 libcpu 抽象层向下提供了一套统一的 CPU 架构移植接口，这部分接口包含全局中断开关函数、线程上下文切换函数、时钟节拍的配置和中断函数、Cache 等内容。

libcpu 移植相关 API 如表 9-1 所示。

表 9-1　libcpu 移植相关 API

函数和变量	描　述
rt_base_t rt_hw_interrupt_disable(void);	关闭全局中断
void rt_hw_interrupt_enable(rt_base_t level);	打开全局中断
rt_uint8_t * rt_hw_stack_init(void * tentry, void parameter, rt_uint8_t * stack_addr, void * texit);	线程栈的初始化，内核在线程创建和线程初始化中会调用这个函数
void rt_hw_context_switch_to(rt_uint32 to);	没有来源线程的上下文切换，在调度器启动第一个线程的时候调用，以及在 signal 里面调用
void rt_hw_context_switch(rt_uint32 from, rt_uint32 to);	从 from 线程切换到 to 线程，用于线程和线程之间的切换
void rt_hw_context_switch_interrupt(rt_uint32 from, rt uint32 to);	从 from 线程切换到 to 线程，在中断中进行切换时使用
rt_uint32_t rt_thread_switch_interrupt_flag;	表示需要在中断中进行切换的标志
rt_uint32_t rt_interrupt_from_thread, rt_interrupt_to_thread;	在线程进行上下文切换时，用来保存 from 线程和 to 线程

9.1.1 实现全局中断开关

无论内核代码还是用户的代码，都可能存在一些变量需要在多个线程或者中断里面使用，如果没有相应的保护机制，就可能导致临界区问题。RT-Thread 为了解决这个问题，提供了一系列的线程间同步和通信机制。但是这些机制都需要用到 libcpu 里提供的全局中断开关函数。它们分别如下：

```
/*  关闭全局中断  */
rt_base_t  rt_hw_interrupt_disable(void);
/*  打开全局中断  */
void  rt_hw_interrupt_enable(rt_base_t level);
```

下面介绍在 Cortex-M 架构上如何实现这两个函数。Cortex-M 架构提供了 CPS 指令，可用于快速开关中断，从而高效实现这两个函数。

```
CPSID I ;PRIMASK=1  ;关中断
CPSIE I ;PRIMASK=0  ;开中断
```

1. 关闭全局中断

在 rt_hw_interrupt_disable( ) 函数中需要依序完成的操作是：

1）保存当前的全局中断状态，并把状态作为函数的返回值。

2）关闭全局中断。

基于 MDK，在 Cortex-M 内核上实现关闭全局中断，代码如下：

```
;
; rt_base_t  rt_hw_interrupt_disable(void);
;
rt_hw_interrupt_disablePROC              ;PROC 伪指令定义函数
EXPORT   rt_hw_interrupt_disable         ;EXPORT 输出定义的函数，类似于 C 语言的 extern
MRS          r0, PRIMASK                 ;读取 PRIMASK 寄存器的值到 r0 寄存器
CPSID    I                               ;关闭全局中断
BX       LR                              ;函数返回
ENDP                                     ;ENDP 函数结束
```

上面的代码首先使用 MRS 指令将 PRIMASK 寄存器的值保存到 r0 寄存器里，然后使用“CPSID I”指令关闭全局中断，最后使用 BX 指令返回。r0 存储的数据就是函数的返回值。中断可以发生在“MRS r0, PRIMASK”指令和“CPSID I”之间，这并不会导致全局中断状态的错乱。

关于寄存器在函数调用时和在中断处理程序里是如何管理的，不同的 CPU 架构有不同的约定。

2. 打开全局中断

在 rt_hw_interrupt_enable(rt_base_tlevel) 中，将变量 level 作为需要恢复的状态，覆盖芯片的全局中断状态。

基于 MDK，在 Cortex-M 内核上实现打开全局中断，代码如下：

```
;
; void  rt_hw_interrupt_enable(rt_base_t level);
rt_hw_interrupt_enablePROC        ;PROC 伪指令定义函数
EXPORT  rt_hw_interrupt_enable    ;EXPORT 输出定义的函数，类似于 C 语言的 extern
MSR         PRIMASK, r0           ;将 r0 寄存器的值写入 PRIMASK 寄存器
```

```
BX          LR                  ;函数返回
ENDP                            ;ENDP 函数结束
```

上面的代码首先使用 MSR 指令将 r0 的值写入 PRIMASK 寄存器，从而恢复之前的中断状态。

9.1.2 实现线程栈初始化

在动态创建线程和初始化线程时，会使用到内部的线程初始化函数_rt_thread_init()。_rt_thread_init()函数会调用栈初始化函数 rt_hw_stack_init()，在栈初始化函数里会手动构造一个上下文内容，这个上下文内容将被作为每个线程第一次执行的初始值。栈里的上下文信息如图 9-1 所示。

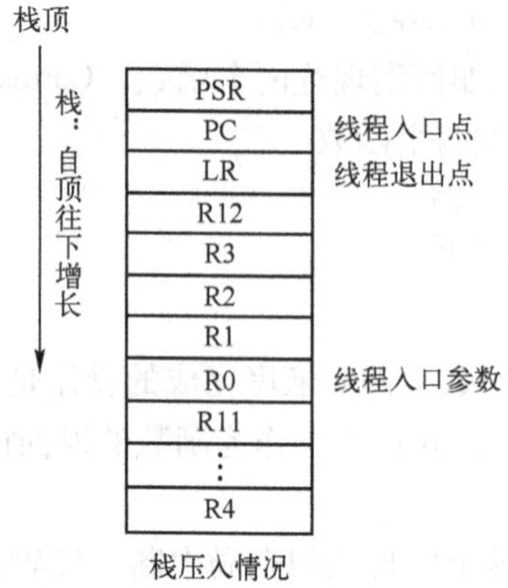

图 9-1　栈里的上下文信息

栈初始化的代码如下：

```
rt_uint8_t *rt_hw_stack_init(void      *tentry,
                            void *parameter,
                            rt_uint8_t *stack_addr,
                            void *texit)
{
    struct stack_frame *stack_frame;
    rt_uint8_t          *stk;
    unsigned long        i;
    /*   对传入的栈指针做对齐处理   */
    stk   =stack_addr + sizeof(rt_uint32_t);
    stk   =(rt_uint8_t *)RT_ALIGN_DOWN((rt_uint32_t)stk, 8);
    stk   -=sizeof(struct   stack_frame);

    /*   得到上下文的栈帧的指针   */
    stack_frame = (struct   stack_frame *)stk;

    /*   把所有寄存器的默认值设置为 0xdeadbeef */
    for (i = 0; i < sizeof(struct   stack_frame) / sizeof(rt_uint32_t);i ++)
    {
        ((rt_uint32_t *)stack_frame)[i] = 0xdeadbeef;
    }
    /*   根据 ARM APCS 调用标准，将第一个参数保存在 r0 寄存器   */
    stack_frame->exception_stack_frame.r0= (unsigned long)parameter;
    /*   将剩下的参数寄存器都设置为 0 */
```

```
    stack_frame->exception_stack_frame.r1 = 0;      /* r1 寄存器 */
    stack_frame->exception_stack_frame.r2 = 0;      /* r2 寄存器 */
    stack_frame->exception_stack_frame.r3 = 0;      /* r3 寄存器 */
    /* 将 IP(Intra-Procedure-call scratch register.)设置为 0 */
    stack_frame->exception_stack_frame.r12 = 0;     /* r12 寄存器 */
    /* 将线程退出函数的地址保存在 lr 寄存器 */
    stack_frame->exception_stack_frame.lr = (unsigned long)texit;
    /* 将线程入口函数的地址保存在 pc 寄存器 */
    stack_frame->exception_stack_frame.pc = (unsigned long)tentry;
    /* 设置 psr 的值为 0x01000000L，表示默认切换为 Thumb 模式 */
    stack_frame->exception_stack_frame.psr = 0x01000000L;
    /* 返回当前线程的栈地址 */
    return stk;
}
```

9.1.3　实现上下文切换

在不同的 CPU 架构里，对于线程之间的上下文切换和中断到线程的上下文切换，上下文的寄存器部分可能是有差异的，也可能是一样的。在 Cortex-M 里面，上下文切换都统一使用 PendSV 异常来完成，切换部分并没有差异。但是为了能适应不同的 CPU 架构，RT-Thread 的 libcpu 抽象层需要实现 3 个与线程切换相关的函数。

1）rt_hw_context_switch_to()：没有来源线程，切换到目标线程，在调度器启动第一个线程时被调用。

2）rt_hw_context_switch()：在线程环境下，从当前线程切换到目标线程。

3）rt_hw_context_switch_interrupt()：在中断环境下，从当前线程切换到目标线程。

在线程环境下进行切换和在中断环境下进行切换是存在差异的。在线程环境下，如果调用 rt_hw_context_switch()函数，那么可以马上进行上下文切换；而在中断环境下，需要等待中断处理函数执行完成之后才能进行切换。

由于这种差异，在 ARM9 等平台，rt_hw_context_switch()和 rt_hw_context_switch_interrupt()的实现并不一样。在中断处理程序里如果触发了线程的调度，则调度函数中会调用 rt_hw_context_switch_interrupt()来触发上下文切换。中断处理程序处理完中断事务之后，在中断退出之前，检查 rt_thread_switch_interrupt_flag 变量。如果该变量的值为 1，就根据 rt_interrupt_from_thread 变量和 rt_interrupt_to_thread 变量，完成线程的上下文切换。

在 Cortex-M 处理器架构里，基于自动部分压栈和 PendSV 的特性，上下文切换可以更加简洁地实现。线程之间的上下文切换如图 9-2 所示。

硬件在进入 PendSV 中断之前自动保存了 from 线程的 PSR、PC、LR、R12、R3～R0 寄存器，然后 PendSV 里保存 from 线程的 R11～R4 寄存器，以及恢复 to 线程的 R4～R11 寄存器，最后硬件在退出 PendSV 中断之后，自动恢复 to 线程的 R0～R3、R12、LR、PC、PSR 寄存器。

中断到线程的上下文切换如图 9-3 所示。

硬件在进入中断之前自动保存了 from 线程的 PSR、PC、LR、R12、R3～R0 寄存器，然后触发了 PendSV 异常。在 PendSV 异常处理函数里保存 from 线程的 R11～R4 寄存器，以及恢复 to 线程的 R4～R11 寄存器，最后硬件在退出 PendSV 中断之后，自动恢复 to 线程的 R0～R3、R12、PSR、PC、LR 寄存器。

显然，在 Cortex-M 内核里，rt_hw_context_switch()和 rt_hw_context_switch_interrupt()的功能一样，都是在 PendSV 里完成剩余上下文的保存和回复。所以仅需要实现一份代码来简化移植的工作。

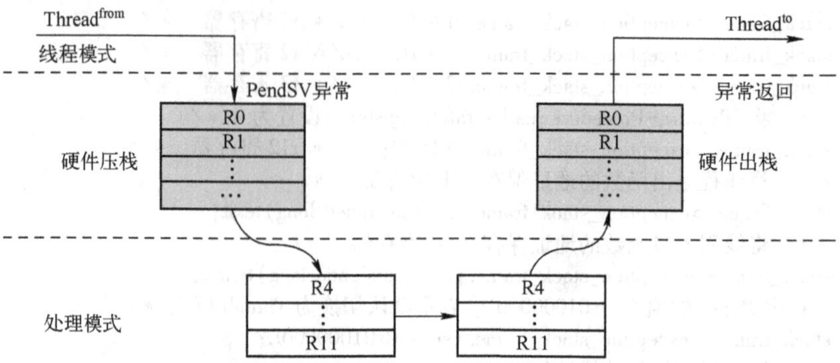

图 9-2 线程之间的上下文切换

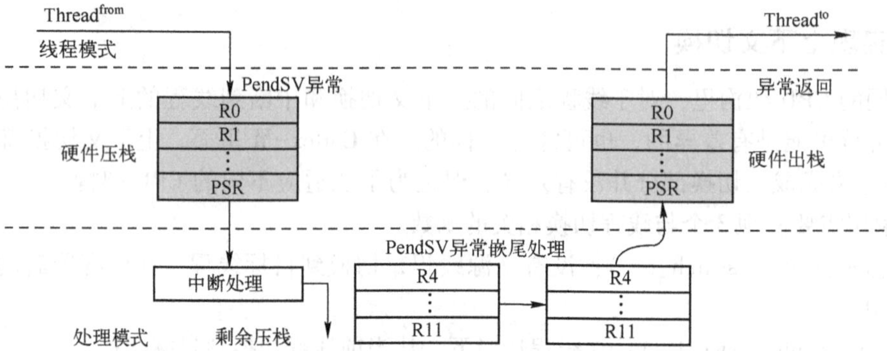

图 9-3 中断到线程的上下文切换

1. 实现 rt_hw_context_switch_to( )

rt_hw_context_switch_to( )只有目标线程，没有来源线程。这个函数实现切换到指定线程的功能，rt_hw_context_switch_to( )流程图如图 9-4 所示。

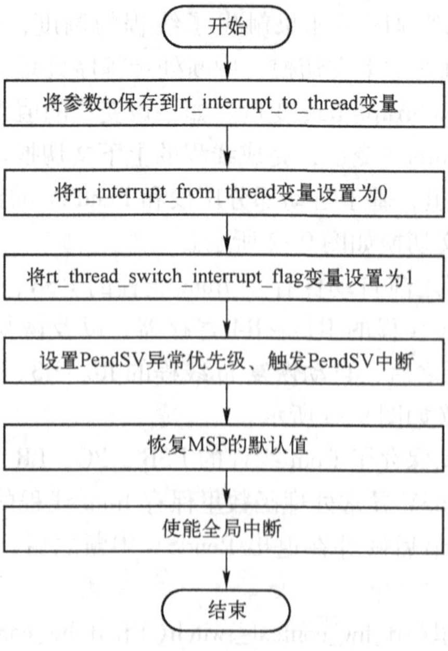

图 9-4 rt_hw_context_switch_to( )流程图

Cortex-M3 内核上的 rt_hw_context_switch_to( )实现（基于 MDK）代码如下：

```
;
; void   rt_hw_context_switch_to(rt_uint32 to);
; r0 --> to
;此函数用于执行首次线程切换
rt_hw_context_switch_to   PROC
EXPORT   rt_hw_context_switch_to
; r0 的值是一个指针，该指针指向 to 线程的线程控制块的 SP 成员
;将 r0 寄存器的值保存到 rt_interrupt_to_thread 变量里
LDR   r1, =rt_interrupt_to_thread
STR   r0   , [r1]

;设置 from 线程为空，表示不需要保存 from 的上下文
LDR   r1   , =rt_interrupt_from_thread
MOV   r0   ,#0x0
STR   r0   ,[r1]

;设置标志为 1，表示需要切换，这个变量将在 PendSV 异常处理函数里切换时被清 0
LDR   r1   , =rt_thread_switch_interrupt_flag
MOV   r0   , #1
STR   r0   , [r1]

;设置 PendSV 异常优先级为最低优先级
LDR   r0   , =NVIC_SYSPRI2
LDR   r1   , =NVIC_PENDSV_PRI
LDR.W    r2   ,[r0,#0x00]     ;read
ORR   r1, r1,r2; modify
STR   r1   ,[r0]; write-back

;触发 PendSV 异常（将执行 PendSV 异常处理程序）
LDR   r0      , =NVIC_INT_CTRL
LDR   r1      , =NVIC_PENDSVSET
STR   r1      ,[r0]

;放弃芯片，恢复到第一次上下文切换之前的栈内容，将 MSP 设置为启动时的值
LDR   r0   , =SCB_VTOR
LDR   r0   ,[r0]
LDR   r0   ,[r0]
MSR   msp, r0

;使能全局中断和全局异常，使能之后将进入 PendSV 异常处理函数
CPSIE     F
CPSIE     I
;不会执行到这里
ENDP
```

2. 实现 rt_hw_context_switch( )/rt_hw_context_switch_interrupt( )

函数 rt_hw_context_switch( )和函数 rt_hw_context_switch_interrupt( )均接收两个参数，分别是 from 线程和 to 线程。它们实现从 from 线程切换到 to 线程的功能。rt_hw_context_switch( )/rt_hw_context_switch_interrupt( )流程图如图 9-5 所示。

Cortex-M3 内核上的 rt_hw_context_switch( )和 rt_hw_context_switch_interrupt( )实现（基于 MDK）代码如下：

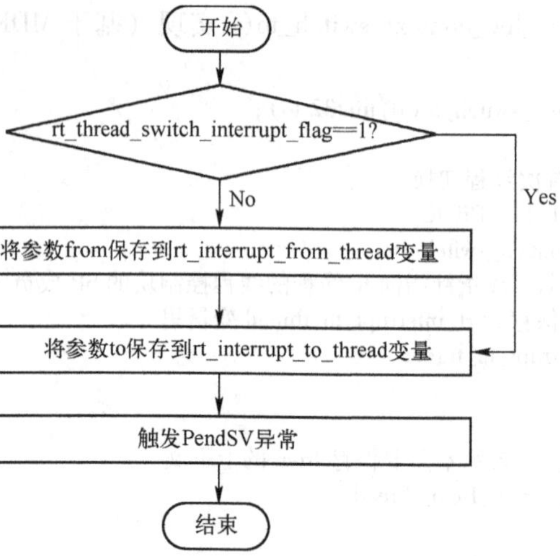

图 9-5 rt_hw_context_switch()/rt_hw_context_switch_interrupt()流程图

```
;void   rt_hw_context_switch(rt_uint32 from, rt_uint32 to);
;r0 --> from
;r1 --> to
rt_hw_context_switch_interrupt
EXPORT   rt_hw_context_switch_interrupt
rt_hw_context_switch PROC
EXPORT   rt_hw_context_switch

;检查 rt_thread_switch_interrupt_flag 变量是否为 1
;如果变量为 1, 就跳过更新 from 线程的内容
LDR    r2, =rt_thread_switch_interrupt_flag
LDR   r3,[r2]
CMP   r3,#1
BEQ   _reswitch
;设置 rt_thread_switch_interrupt_flag 变量为 1
MOV  r3,   #1
STR   r3,   [r2]

;从参数 r0 里更新 rt_interrupt_from_thread 变量
LDR   r2   , =rt_interrupt_from_thread
STR   r0,   [r2]

_reswitch
;从参数 r1 里更新 rt_interrupt_to_thread 变量
LDR   r2,   =rt_interrupt_to_thread
STR   r1,   [r2]

;触发 PendSV 异常, 将进入 PendSV 异常处理函数, 完成上下文切换
LDR   r0,   =NVIC_INT_CTRL
LDR   r1,   =NVIC_PENDSVSET
STR   r1,   [r0]
BX    LR
```

3. 实现 PendSV 中断

在 Cortex-M3 里，PendSV 中断处理函数是 PendSV_Handler()。在 PendSV_Handler()中完成线程切换的实际工作，PendSV 中断处理如图 9-6 所示。

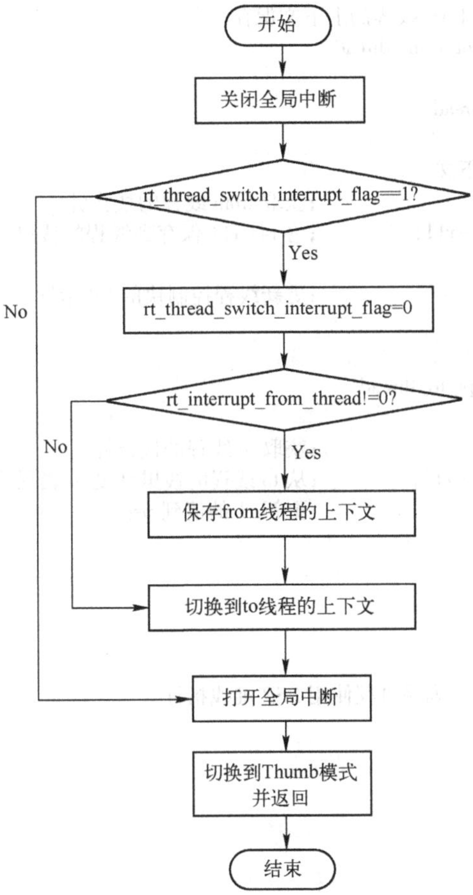

图 9-6　PendSV 中断处理

PendSV_Handler 实现代码如下：

```
;r0 --> switch from thread stack
;r1 --> switch to thread stack
;psr, pc, lr, r12, r3, r2, r1, r0 are pushed into [from] stack
PendSV_Handler PROC
EXPORT    PendSV_Handler

;关闭全局中断
MRS          r2, PRIMASK
CPSID        I

;检查 rt_thread_switch_interrupt_flag 变量是否为 0
;如果为零就跳转到 pendsv_exit
LDR    r0, =rt_thread_switch_interrupt_flag
LDR    r1,   [r0]
CBZ    r1,   pendsv_exit        ; pendsv already handled

;清零 rt_thread_switch_interrupt_flag 变量
MOV    r1,   #0x00
STR    r1,   [r0]

;检查 rt_thread_switch_interrupt_flag 变量
```

```
;如果为 0, 就不进行 from 线程的上下文保存
LDR  r0, =rt_interrupt_from_thread
LDR  r1,[r0]
CBZ  r1,switch_to_thread

;保存 from 线程的上下文
MRS  r1,  psp                          ;获取 from 线程的栈指针
STMFD  r1  !, {r4 - r11}               ;将 r4~r11 保存到线程的栈里
LDR  r0,  [r0]
STR  r1,  [r0]                         ;更新线程控制块的 SP 指针

switch_to_thread
LDR  r1, =rt_interrupt_to_thread
LDR  r1,  [r1  ]
LDR  r1,  [r1  ]                       ;获取 to 线程的栈指针
LDMFD  r1  !, {r4 - r11}               ;从 to 线程的栈里恢复 to 线程的寄存器值
MSR psp, r1                            ;更新 r1 的值到 psp

pendsv_exit
;恢复全局中断状态
MSR  PRIMASK, r2

;修改 lr 寄存器的 bit2, 确保进程使用 PSP 堆栈指针
ORR  lr, lr, #0x04
;退出中断函数
BX  lr
ENDP
```

9.1.4 实现时钟节拍

有了开关全局中断和上下文切换功能的基础，RTOS 就可以进行线程的创建、运行、调度等功能了。有了时钟节拍支持，RT-Thread 可以实现对相同优先级的线程采用时间片轮转的方式来调度，也可以实现定时器功能，还可以实现 rt_thread_delay()延时函数等。

libcpu 的移植需要完成的工作是，确保 rt_tick_increase()函数会在时钟节拍的中断里被周期性地调用，调用周期取决于 rtconfig.h 的宏 RT_TICK_PER_SECOND 的值。

在 Cortex-M 中，实现 SysTick 的中断处理函数即可实现时钟节拍功能。

```
void  SysTick_Handler(void)
{
  /* 进入中断 */
  rt_interrupt_enter();
  rt_tick_increase();
  /* 退出中断 */
  rt_interrupt_leave();
}
```

9.2 BSP 移植

在实际项目中，不同的板卡上可能使用相同的 CPU 架构，搭载不同的外设资源，完成不同的产品，所以需要针对板卡做适配工作。RT-Thread 提供了 BSP 抽象层来适配常见的板卡。如果希望在一个板卡上使用 RT-Thread 内核，那么除了需要有相应的芯片架构的移植外，还需

要有针对板卡的移植，也就是实现一个基本的 BSP。基本的 BSP 的主要任务是建立让操作系统运行的基本环境，需要完成的主要工作如下：

1）初始化 CPU 内部寄存器，设定 RAM 工作时序。

2）实现时钟驱动及中断控制器驱动，完善中断管理。

3）实现串口和 GPIO 驱动。

4）初始化动态内存堆，实现动态堆内存管理。

习　题

简述 RT-Thread 的 libcpu 抽象层。

第 10 章 FinSH 控制台

本章详细讲述 RT-Thread 中的 FinSH 控制台及其功能与应用。首先概述 FinSH，包括它的传统命令行模式和 C 语言解释器模式，阐明其在系统交互中的重要作用。接着介绍 FinSH 内置命令，涵盖显示系统中各类资源状态的命令，如显示线程、信号量、事件、互斥量、邮箱、消息队列、内存池、定时器、设备和动态内存的状态，帮助开发者实时监控和管理系统资源。随后讨论 FinSH 的功能配置，提供详细的配置方法，使用户能够根据具体需求定制控制台功能。最后通过具体应用示例展示 FinSH 的实际用法，包括不带参数和带参数的 msh 命令示例，帮助读者快速上手并灵活应用 FinSH 进行系统控制和调试。本章结合理论和实践，全面解析 FinSH 的多种功能及其在系统管理和调试中的关键作用，使开发者能够高效操控和优化实时操作系统。

10.1 FinSH 概述

在计算机发展的早期，图形系统出现之前，没有鼠标，甚至没有键盘。那时候人们如何与计算机交互呢？早期的计算机使用打孔的纸条向计算机输入命令，编写程序。后来，随着计算机的不断发展，显示器、键盘成为计算机的标准配置，但此时的操作系统还不支持图形界面，计算机先驱们开发了一种软件，它接收用户输入的命令，解释之后，传递给操作系统，并将操作系统执行的结果返回给用户。这个程序像一层外壳包裹在操作系统的外面，所以它被称为 Shell。

嵌入式设备通常需要将开发板与 PC 连接起来进行通信，常见的连接方式包括串口、USB、以太网、Wi-Fi 等。一个灵活的 Shell 应该支持使用多种连接方式工作。有了 Shell，就像在开发者和计算机之间架起了一座沟通的桥梁，开发者能很方便地获取系统的运行情况，并通过命令控制系统的运行。特别是在调试阶段，有了 Shell，开发者除了能更快地定位到问题之外，也能利用 Shell 调用测试函数，改变测试函数的参数，减少代码的烧录次数，缩短项目的开发时间。

FinSH 是 RT-Thread 的命令行组件（Shell），它正是基于上面这些考虑而诞生的。FinSH 提供了一套供用户在命令行调用的操作接口，主要用于调试或查看系统信息。它可以使用串口、以太网、USB 等与 PC 进行通信，FinSH 硬件连接图如图 10-1 所示。

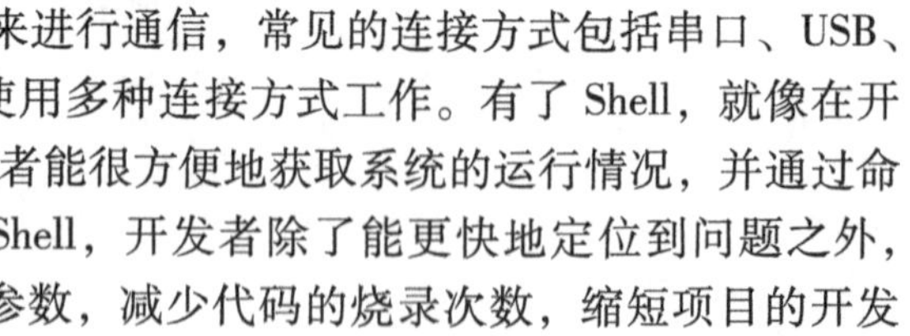

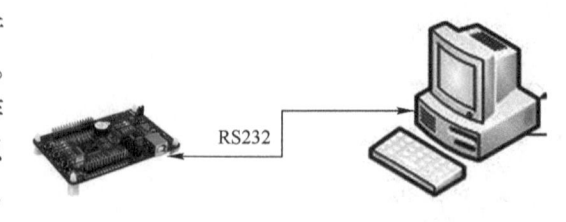

图 10-1　FinSH 硬件连接图

用户在控制终端输入命令，控制终端通过串口、USB、网络等方式将命令传给设备里的 FinSH，FinSH 会读取设备输入命令，解析并自动扫描内部函数表，寻找对应的函数名，执行函数后输出结果，结果通过原路返回并显示在控制终端上。

当使用串口连接设备与控制终端时，FinSH 命令的执行流程如图 10-2 所示。

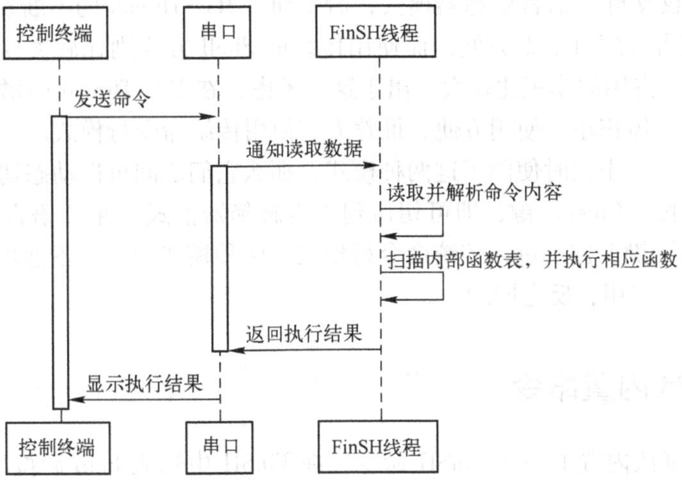

图 10-2 FinSH 命令的执行流程

FinSH 支持权限验证功能。系统在启动后会进行权限验证，只有权限验证通过，才会开启 FinSH 功能，提升系统输入的安全性。

FinSH 支持自动补全、查看历史命令等功能，通过键盘上的按键可以很方便地使用这些功能。FinSH 支持的按键如下：

1）〈Tab〉键。当没有输入任何字符时，按下〈Tab〉键，将会打印当前系统支持的所有命令。若在已经输入部分字符的情况下按〈Tab〉键，那么将会查找匹配的命令，同时也会按照当前目录下的文件名进行补全，并可以继续输入，支持多次补全。

2）〈↑〉〈↓〉键。上下翻阅最近输入的历史命令。

3）〈Backspace〉键。用于删除内容。

4）〈←〉〈→〉键。向左或向右移动光标。

FinSH 支持两种输入模式，分别是传统命令行模式和 C 语言解释器模式。

10.1.1 传统命令行模式

传统命令行模式又称为 msh 模式，在该模式下，FinSH 与传统 Shell（dos/bash）的执行方式一致。例如，可以通过 cd/命令将目录切换至根目录。

msh 通过解析，将输入字符分解成以空格区分开的命令和参数。其命令执行格式如下：

```
command[arg1][arg2][...]
```

其中，command 既可以是 RT-Thread 内置的命令，也可以是可执行的文件。

10.1.2 C 语言解释器模式

C 语言解释器模式又称为 C-Style 模式。在 C 语言解释器模式下，FinSH 能够解析并执行大部分 C 语言的表达式，而且使用类似 C 语言的函数调用方式访问系统中的函数及全局变量。

此外，它也能够通过命令行方式创建变量。在该模式下，输入的命令必须类似 C 语言中的函数调用方式，即必须携带( )符号。例如，要输出系统当前的所有线程及其状态，在 FinSH 中输入 list_thread( )即可打印出需要的信息。FinSH 命令的输出为此函数的返回值。对于一些不存在返回值的函数（void 返回值），这个打印输出没有意义。

最初，FinSH 仅支持 C 语言解释器模式，后来随着 RT-Thread 的不断发展，C 语言解释器模式在运行脚本或者程序时不太方便，而使用传统的 Shell 方式则比较方便。另外，C 语言解释器模式下，FinSH 占用的体积比较大。出于这些考虑，在 RT-Thread 中增加了传统命令行模式。传统命令行模式体积小，使用方便，推荐大家使用传统命令行模式。

如果在 RT-Thread 中同时使能了这两种模式，那么它们之间可以动态切换，在传统命令行模式下输入 exit 后按〈Enter〉键，即可切换到语言解释器模式。在 C 语言解释器模式下输入 msh( )后按〈Enter〉键，即可进入传统命令行模式。两种模式的命令不通用，msh 命令无法在 C 语言解释器模式下使用，反之同理。

10.2 FinSH 内置命令

RT-Thread 中默认内置了一些 FinSH 命令，在 FinSH 中输入 help 后按〈Enter〉键或者直接按下〈Tab〉键，就可以打印当前系统支持的所有命令。C 语言解释器和传统命令行模式下的内置命令基本一致，这里就以传统命令行模式为例。

传统命令行模式下，按下〈Tab〉键后，可以列出当前支持的所有命令。默认命令的数量不是固定的，RT-Thread 的各个组件会向 FinSH 输出一些命令。例如，当打开 DFS 组件时，就会把 ls、cp、cd 等命令加到 FinSH 中，方便开发者调试。

以下为按下〈Tab〉键后打印出来的当前支持的所有显示 RT-Thread 内核状态信息的命令：

```
RT-Thread shell commands:
version - show RT-Thread version information
list_thread - list thread
list_sem - list semaphore in system
list_event - list event in system
list_mutex - list mutex in system
list_mailbox - list mail box in system
list_msgqueue - list message queue in system
list_timer - list timer in system
list_device - list device in system
exit - return to RT-Thread shell mode.
help - RT-Thread shell help.
ps - List threads in the system.
time - Execute command with time.
free - Show the memory usage in the system.
```

这里列出了输入常用命令后返回的字段信息，方便开发者理解返回的信息内容。

10.2.1 显示线程状态

使用 ps 或者 list_thread 命令来列出系统中的所有线程信息，包括线程优先级、状态、栈的最大使用量等。

```
msh />list_thread
```

```
thread pri status sp stack size max used left tick error
-------- --- ------- ---------- ---------- ------ ---------- ---
tshell 20 ready 0x00000118 0x00001000 29% 0x00000009 000
tidle 31 ready 0x0000005c 0x00000200 28% 0x00000005 000
timer 4 suspend 0x00000078 0x00000400 11% 0x00000009 000
```

10.2.2 显示信号量状态

使用 list_sem 命令来显示系统中的所有信号量信息，包括信号量的名称、信号量的值和等待这个信号量的线程数目。

```
msh />list_sem
semaphore v suspend thread
-------- --- --------------
shrx     000 0
e0       000
```

10.2.3 显示事件状态

使用 list_event 命令来显示系统中所有的事件信息，包括事件名称、事件的值和等待这个事件的线程数目。

```
msh />list_event
event set suspend thread
----- ---------- --------------
```

10.2.4 显示互斥量状态

使用 list_mutex 命令来显示系统中所有的互斥量信息，包括互斥量名称、互斥量的所有者和所有者在互斥量上持有的嵌套次数等。

```
msh />list_mutex
mutex owner hold suspend thread
-------- -------- ---- --------------
fat0 (NULL)     0000 0
sal_lock (NULL)     0000 0
```

10.2.5 显示邮箱状态

使用 list_mailbox 命令显示系统中所有的邮箱信息，包括邮箱名称、邮箱中邮件的数目和邮箱能容纳邮件的最大数目等。

```
msh />list_mailbox
mailbox entry size suspend thread
-------- ---- ---- --------------
etxmb 0000 0008 1:etx
erxmb 0000 0008 1:erx
```

10.2.6 显示消息队列状态

使用 list_msgqueue 命令来显示系统中所有的消息队列信息，包括消息队列的名称、包含的消息数目和等待这个消息队列的线程数目。

```
msh />list_msgqueue
msgqueue entry suspend thread
-------- ---- --------------
```

10.2.7 显示内存池状态

使用 list_mempool 命令来显示系统中所有的内存池信息，包括内存池的名称、内存池的大小和最大使用的内存大小等。

```
msh />list_mempool
mempool block total free suspend thread
------- ---- ---- ---- ---------------
```

10.2.8 显示定时器状态

使用 list_timer 命令来显示系统中所有的定时器信息，包括定时器的名称、是否是周期性定时器和定时器超时的节拍数等。

```
msh />list_timer
timer periodic timeout flag
-------- ---------- ---------- -----------
tshell 0x00000000 0x00000000 deactivated
tidle 0x00000000 0x00000000 deactivated
timer 0x00000000 0x00000000 deactivated
```

10.2.9 显示设备状态

使用 list_device 命令来显示系统中所有的设备信息，包括设备名称、设备类型和设备被打开的次数。

```
msh />list_device
device type ref count
------ ---------------- ----------
e0 Network Interface 0
uart0 Character Device 2
```

10.2.10 显示动态内存状态

使用 free 命令来显示系统中所有的内存信息。

```
msh />free
total memory: 7669836
used memory : 15240
maximum allocated memory: 18520
```

10.3 FinSH 功能配置

FinSH 功能可以裁剪，宏配置选项在 rtconfig.h 文件中定义，具体配置选项如表 10-1 所示。

表 10-1 FinSH 宏的具体配置选项

宏 定 义	取值类型	描 述	默认值
#define RT_USING_FINSH	无	使能 FinSH	开启
#define FINSH_THREAD_NAME	字符串	FinSH 线程的名字	"tshell"
#define FINSH_USING_HISTORY	无	打开历史回溯功能	开启

（续）

宏 定 义	取值类型	描 述	默认值
#define FINSH_HISTORY_LINES	整数型	能回溯的历史命令行数	5
#define FINSH_USING_SYMTAB	无	可以在 FinSH 中使用符号表	开启
#define FINSH_USING_DESCRIPTION	无	给每个 FinSH 的符号添加一段描述	开启
#define FINSH_USING_MSH	无	使能传统命令行模式	开启
#define FINSH_USING_MSH_ONLY	无	只使用传统命令行模式	开启
#define FINSH_ARG_MAX	整数型	最大输入参数数量	10
#define FINSH_USING_AUTH	无	使能权限验证	关闭
#define FINSH_DEFAULT_PASSWORD	字符串	权限验证密码	关闭

rtconfig. h 中的参考配置示例如下，可以根据实际功能需求情况进行配置。

```
/* 开启 FinSH */
#define RT_USING_FINSH
/* 将线程名称定义为 tshell */
#define FINSH_THREAD_NAME "tshell"
/* 开启历史命令 */
#define FINSH_USING_HISTORY
/* 记录 5 行历史命令 */
#define FINSH_HISTORY_LINES 5
/* 开启使用〈Tab〉键 */
#define FINSH_USING_SYMTAB
/* 开启描述功能 */
#define FINSH_USING_DESCRIPTION
/* 定义 FinSH 线程优先级为 20 */
#define FINSH_THREAD_PRIORITY 20
/* 定义 FinSH 线程的栈大小为 4KB */
#define FINSH_THREAD_STACK_SIZE 4096
/* 定义命令字符长度为 80B */
#define FINSH_CMD_SIZE 80
/* 开启 msh 功能 */
#define FINSH_USING_MSH
/* 默认使用 msh 功能 */
#define FINSH_USING_MSH_DEFAULT
/* 最大输入参数数量为 10 个 */
#define FINSH_ARG_MAX 10
```

10.4 FinSH 应用示例

10.4.1 不带参数的 msh 命令示例

本小节将演示如何将一个自定义的命令导出到 msh 中，示例代码如下。代码中创建了 hello()函数，然后通过 MSH_CMD_EXPORT 命令将 hello()函数导出到 FinSH 命令列表中。

```
#include <rtthread.h>
void hello(void)
{
rt_kprintf("hello RT-Thread!\n");
```

```
}
MSH_CMD_EXPORT(hello, say hello to RT-Thread);
```

系统运行起来后，在 FinSH 控制台按〈Tab〉键可以看到导出的命令：

```
msh />
RT-Thread shell commands:
hello - say hello to RT-Thread
version - show RT-Thread version information
list_thread - list thread
...
```

执行 hello 命令，运行结果如下：

```
msh />hello
hello RT_Thread!
msh />
```

10.4.2 带参数的 msh 命令示例

本小节将演示如何将一个带参数的自定义的命令导出到 FinSH 中，示例代码如下。代码中创建了 atcmd( ) 函数，然后通过 MSH_CMD_EXPORT 命令将 atcmd( ) 函数导出到 msh 命令列表中。

```
#include <rtthread.h>
static void atcmd(int argc, char * * argv)
{
    if (argc < 2)
    {
        rt_kprintf("Please input'atcmd <server|client>'\n");
        return;
    }
    if (!rt_strcmp(argv[1], "server"))
    {
        rt_kprintf("AT server!\n");
    }
    else if (!rt_strcmp(argv[1], "client"))
    {
        rt_kprintf("AT client!\n");
    }
    else
    {
        rt_kprintf("Please input'atcmd <server|client>'\n");
    }
}
MSH_CMD_EXPORT(atcmd, atcmd sample: atcmd <server|client>);
```

系统运行起来后，在 FinSH 控制台按〈Tab〉键可以看到导出的命令：

```
msh />
RT-Thread shell commands:
hello - say hello to RT-Thread
atcmd - atcmd sample: atcmd <server|client>
version - show RT-Thread version information
list_thread - list thread
...
```

执行 atcmd 命令，运行结果如下：

```
msh />atcmd
Please input 'atcmd <server|client>'
msh />
```

执行 atcmd server 命令，运行结果如下：

```
msh />atcmd server
AT server!
msh />
```

执行 atcmd client 命令，运行结果如下：

```
msh />atcmd client
AT client!
msh />
```

习　题

1. 什么是 FinSH?
2. FinSH 支持的按键有哪些?

第 11 章　RT-Thread I/O 设备和软件包

本章详细介绍 RT-Thread 中的 I/O 设备和软件包。首先概述 I/O 设备，介绍 I/O 设备模型框架、设备模型和设备类型。接着讲解如何创建、注册及访问 I/O 设备，并通过具体示例展示设备访问的方法。随后详细讨论 PIN 设备，介绍引脚的基本概念、访问 PIN 设备和 PIN 设备使用示例。最后介绍 RT-Thread 软件包，帮助开发者扩展系统功能。本章提供全面的 I/O 设备管理和使用指导，为系统开发和硬件交互打下了坚实基础。

11.1 I/O 设备概述

嵌入式系统包括一些 I/O（Input/Output，输入/输出）设备。如仪器上的数据显示屏、工业设备上的串口通信、数据采集设备上用于保存数据的 Flash 或 SD 卡，以及网络设备的以太网接口等。

11.1.1 I/O 设备模型框架

如图 11-1 所示，RT-Thread 提供了一套简单的 I/O 设备模型框架，位于硬件和应用程序之间，共分成 3 层，从上到下分别是 I/O 设备管理层、设备驱动框架层和设备驱动层。应用程序通过 I/O 设备管理接口获得正确的设备驱动，然后通过该设备驱动与底层 I/O 硬件设备进行数据（或控制）交互。

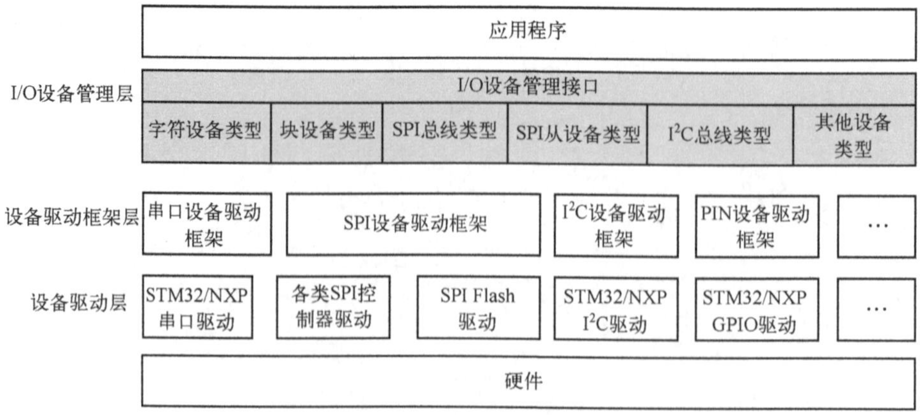

图 11-1　I/O 设备模型框架

1. 设备驱动层

设备驱动层是操作系统与硬件交互的直接接口，负责实现具体设备的底层操作，如寄存器读写、中断处理、DMA 控制等。它由厂商或开发者针对特定硬件编写，不同设备的驱动实现方式可能差异较大（如字符设备、块设备、网络设备）。该层直接管理硬件资源，确保设备按照预期工作，但通常不提供统一的抽象接口，而是依赖上层（I/O 设备管理层）进行标准化封装。

2. 设备驱动框架层

设备驱动框架层是对同类硬件设备驱动的再次抽象，提取了不同厂家同类硬件设备驱动中的相同部分，不同部分留出接口，由设备驱动层实现。设备驱动框架层的源码位于 rt-thread/components/drivers 目录中。

3. I/O 设备管理层

I/O 设备管理层对设备驱动程序进行第三次抽象，提供标准接口供应用程序调用以访问底层设备。设备驱动程序的升级、更替不会对上层应用产生影响，使得硬件操作相关程序独立于应用程序，双方只需关注各自的功能实现，降低了程序的耦合性、复杂性，提高了系统的可靠性。

I/O 设备管理层是一组驱使硬件设备工作的程序，实现访问硬件设备的功能。它负责创建和注册 I/O 设备，对于操作逻辑简单的设备，可以不经过设备驱动框架层，直接将设备注册到 I/O 设备管理器中。简单 I/O 设备使用序列图如图 11-2 所示，主要有以下两点：

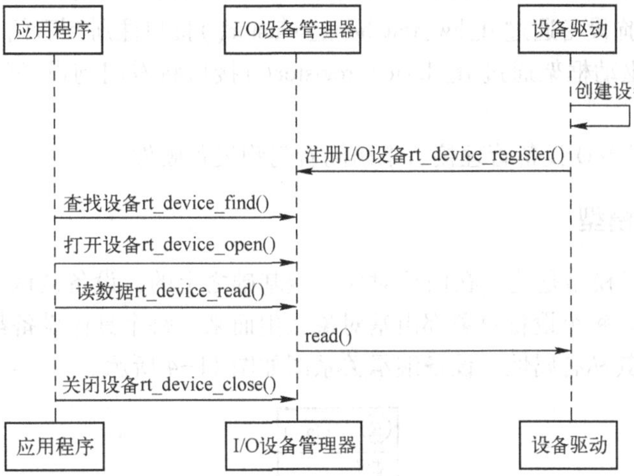

图 11-2　简单 I/O 设备使用序列图

1）设备驱动根据设备模型定义，创建出具备硬件访问能力的设备实例，将该设备通过 rt_device_register( )接口注册到 I/O 设备管理器中。

2）应用程序通过 rt_device_find( )接口查找到设备，然后使用 I/O 设备管理接口来访问硬件。

对于另一些设备，如看门狗等，则会将创建的设备实例先注册到对应的设备驱动框架中，再由设备驱动框架向 I/O 设备管理器进行注册。看门狗设备使用序列图如图 11-3 所示。主要有以下几点：

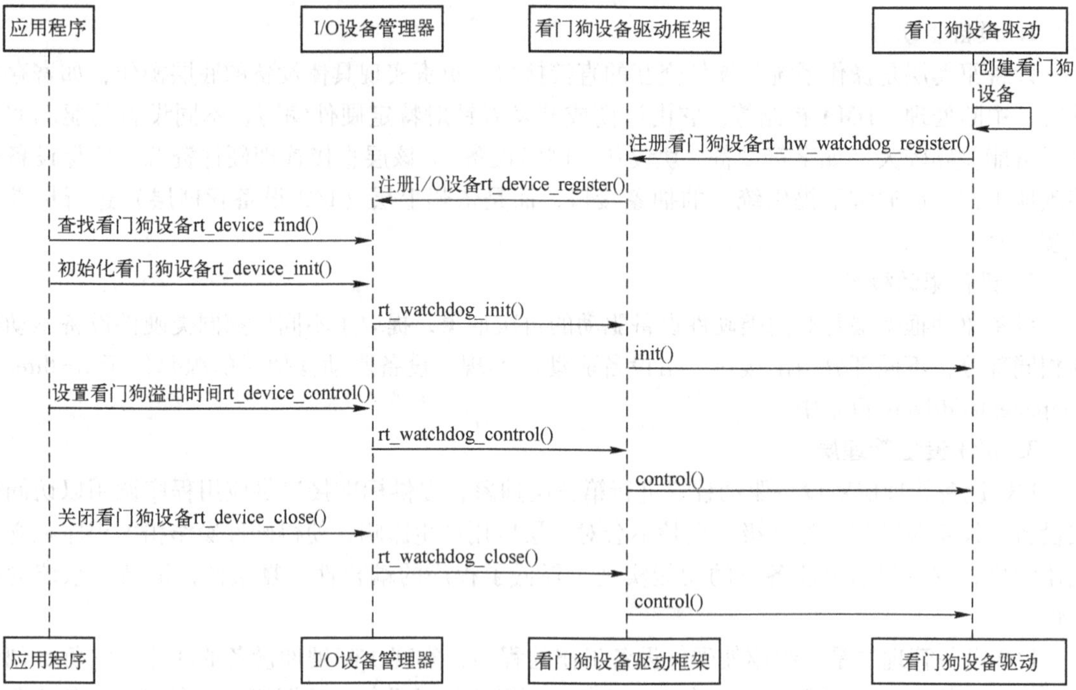

图 11-3　看门狗设备使用序列图

1）看门狗设备驱动程序根据看门狗设备模型定义，创建出具备硬件访问能力的看门狗设备实例，并将该看门狗设备通过 rt_hw_watchdog_register( ) 接口注册到看门狗设备驱动框架中。

2）看门狗设备驱动框架通过 rt_device_register( ) 接口将看门狗设备注册到 I/O 设备管理器中。

3）应用程序通过 I/O 设备管理接口来访问看门狗设备硬件。

11.1.2　I/O 设备模型

RT-Thread 的设备模型是建立在内核对象模型基础之上的，设备被认为是一类对象，被纳入对象管理器的范畴。每个设备对象都由基对象派生而来，每个具体设备都可以继承其父类对象的属性，并派生出其私有属性，设备继承关系图如图 11-4 所示。

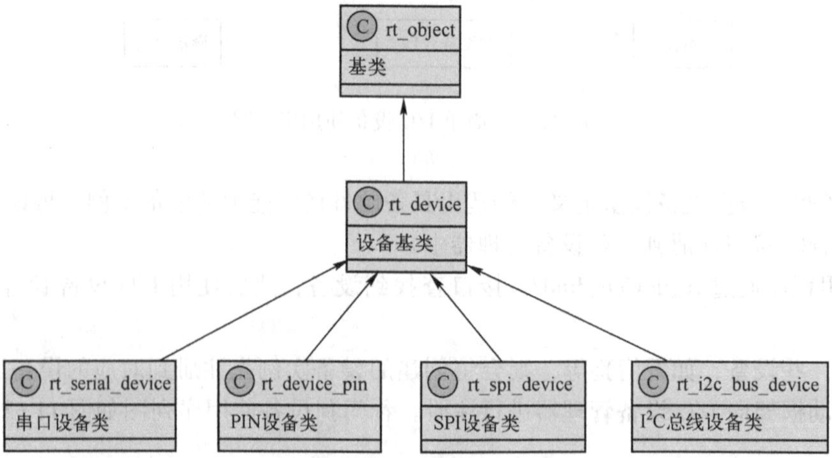

图 11-4　设备继承关系图

设备对象具体定义如下：

```
struct rt_device
{
    struct rt_object            parent;              /* 内核对象基类 */
    enum rt_device_class_type type;                  /* 设备类型 */
    rt_uint16_t                 flag;                /* 设备参数 */
    rt_uint16_t                 open_flag;           /* 设备打开标志 */
    rt_uint8_t                  ref_count;           /* 设备被引用次数 */
    rt_uint8_t                  device_id;           /* 设备 ID, 0~255 */

    /* 数据收发回调函数 */
    rt_err_t ( *rx_indicate)(rt_device_t dev, rt_size_t size);
    rt_err_t ( *tx_complete)(rt_device_t dev, void *buffer);

    const struct rt_device_ops *ops;                 /* 设备操作方法 */

    /* 设备的私有数据 */
    void *user_data;
};
typedef struct rt_device *rt_device_t;
```

11.1.3 I/O 设备类型

RT-Thread 支持多种 I/O 设备类型，主要设备类型如下：

```
RT_Device_Class_Char                /* 字符设备 */
RT_Device_Class_Block               /* 块设备 */
RT_Device_Class_NetIf               /* 网络接口设备 */
RT_Device_Class_MTD                 /* 内存设备 */
RT_Device_Class_RTC                 /* RTC 设备 */
RT_Device_Class_Sound               /* 声音设备 */
RT_Device_Class_Graphic             /* 图形设备 */
RT_Device_Class_I2CBUS              /* I²C 总线设备 */
RT_Device_Class_USBDevice           /* USB device 设备 */
RT_Device_Class_USBHost             /* USB host 设备 */
RT_Device_Class_SPIBUS              /* SPI 总线设备 */
RT_Device_Class_SPIDevice           /* SPI 设备 */
RT_Device_Class_SDIO                /* SDIO 设备 */
RT_Device_Class_Miscellaneous       /* 杂类设备 */
```

其中，字符设备、块设备是常用的设备类型，它们的分类依据是设备数据与系统之间的传输处理方式。字符模式设备允许非结构的数据传输，即通常数据传输采用串行的形式，每次一个字节。字符设备通常是一些简单设备，如串口、按键。

块设备每次传输一个数据块，例如每次传输 512 个字节数据。这个数据块是硬件强制性的，数据块可能使用某类数据接口或某些强制性的传输协议，否则就可能发生错误。因此，有时块设备驱动程序对读或写操作必须执行附加的工作。块设备如图 11-5 所示。

当系统服务于一个具有大量数据的写操作时，设备驱动程序必须首先将数据划分为多个包，每个包都采用设备指定的数据尺寸。而在实际过程中，最后一部分数据的尺寸有可能小于正常的设备块尺寸。在图 11-5 中，每个块使用单独的写请求写入设备中，头 3 个直接进行写操作。但最后一个数据块尺寸小于设备块尺寸，设备驱动程序必须使用不同于前 3 个块的方式处理最后的数据块。通常情况下，设备驱动程序需要首先执行相对应的设备块读操作，然后把写入数据覆盖到读出数据上，再把这个“合成”的数据块作为一整个块写回到设备中。例如图 11-5 中的块#4，驱动程序需要先把块#4 所对应的设备块读出来，然后将需要写入的数据覆盖至从设备块读出的数据上，使其合并成一个新的块，最后写回到块设备中。

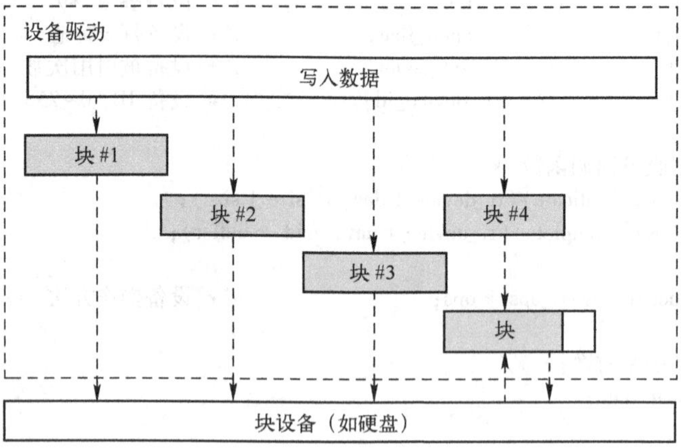

图 11-5　块设备

11.2　创建和注册 I/O 设备

驱动层负责创建设备实例，并注册到 I/O 设备管理器中。设备实例可以通过静态声明的方式创建，也可以用下面的函数接口进行动态创建：

```
rt_device_t rt_device_create(int type, int attach_size);
```

函数参数说明如下：

type：设备类型，可取前面小节列出的设备类型值。

attach_size：用户数据大小。

返回：无。

设备句柄：创建成功。

RT_NULL：创建失败，动态内存分配失败。

调用该函数时，系统会从动态堆内存中分配一个设备控制块，大小为 struct rt_device 和 attach_size 的和，设备的类型由参数 type 设定。设备被创建后，需要实现它访问硬件的操作方法。

```
struct rt_device_ops
{
/* 通用设备接口 */
rt_err_t  ( *init)   (rt_device_t dev);
rt_err_t  ( *open)   (rt_device_t dev, rt_uint16_t oflag);
rt_err_t  ( *close)  (rt_device_t dev);
rt_size_t ( *read)   (rt_device_t dev, rt_off_t pos, void *buffer, rt_size_t size);
rt_size_t ( *write)  (rt_device_t dev, rt_off_t pos, const void *buffer, rt_size_t size);
rt_err_t  ( *control)(rt_device_t dev, int cmd, void *args);
};
```

通用 I/O 设备的操作方法如表 11-1 所示。

表 11-1 通用 I/O 设备的操作方法

方法名称	方法描述
init	初始化设备。设备初始化完成后，设备控制块的 flag 会被设置成已激活状态（RT_DEVICE_FLAG_ACTIVATED）。如果设备控制块中的 flag 标志已经设置成激活状态，那么再运行初始化接口时会立刻返回，而不会重新进行初始化
open	打开设备。有些设备并不是系统一启动就已经打开并开始运行，或者设备需要进行数据收发，但如果上层应用还未准备好，那么设备也不应默认已经使能并开始接收数据。所以建议在写底层驱动程序时，在调用 open 接口时才使能设备
close	关闭设备。在打开设备时，设备控制块会维护一个打开计数，在打开设备时进行加 1 操作，在关闭设备时进行减 1 操作，当计数器变为 0 时，才会进行真正的关闭操作
read	从设备读取数据。参数 pos 是读取数据的偏移量，但是有些设备并不一定需要指定偏移量，如串口设备。设备驱动应忽略这个参数。而对于块设备来说，pos 及 size 都是以块设备的数据块大小为单位的。例如，块设备的数据块大小是 512，若调用接口传入参数 pos = 10，size = 2，那么驱动应该返回设备中的第 10 个块（从第 0 个块起始），共计两个块的数据。这个接口返回的类型是 rt_size_t，即读到的字节数或块数目。正常情况下应该会返回参数中 size 的数值，如果返回 0，那么应设置对应的 errno 值
write	向设备写入数据。参数 pos 是写入数据的偏移量。与读操作类似，对于块设备来说，pos 及 size 都是以块设备的数据块大小为单位的。这个接口返回的类型是 rt_size_t，即真实写入数据的字节数或块数目。正常情况下应该会返回参数中 size 的数值，如果返回 0，那么应设置对应的 errno 值
control	根据 cmd 命令控制设备。命令往往由底层各类设备驱动自定义实现，如参数 RT_DEVICE_CTRL_BLK_GETGEOME，即获取块设备的大小信息

11.3 访问 I/O 设备

应用程序通过 I/O 设备管理接口来访问硬件设备，经过 I/O 设备模型框架对设备驱动进行 3 次封装，应用程序可通过标准的 I/O 设备管理接口实现硬件设备的访问。I/O 设备管理接口与 I/O 设备操作方法的映射关系如图 11-6 所示，标准 I/O 设备管理接口有初始化设备（rt_device_init( )）、打开设备（rt_device_open( )）、关闭设备（rt_device_close( )）、读设备（rt_device_read( )）、写设备（rt_device_write( )）和控制设备（rt_device_control( )）。I/O 设备管理接口对应于具体的 I/O 设备管理方法。需要注意的是，I/O 设备管理方法与设备驱动有关，可能与图 11-6 所示的有所不同。

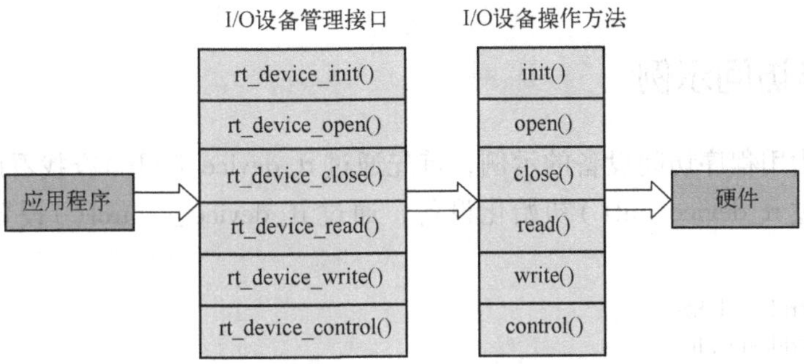

图 11-6 I/O 设备管理接口与 I/O 设备操作方法的映射关系

1. 查找设备

应用程序根据设备名称获取设备句柄，进而可以操作设备。查找设备的函数如下：

```
rt_device_t rt_device_find(const char * name);
```

2. 初始化设备

获得设备句柄后，应用程序可使用如下函数对设备进行初始化操作：

```
rt_err_t rt_device_init(rt_device_t dev);
```

3. 打开和关闭设备

通过设备句柄，应用程序可以打开和关闭设备。打开设备时，会检测设备是否已经初始化，没有初始化则会默认调用初始化接口初始化设备。可通过如下函数打开设备：

```
rt_err_t rt_device_open(rt_device_t dev, rt_uint16_t oflags);
```

4. 控制设备

通过命令控制字，应用程序也可以对设备进行控制，可通过如下函数完成：

```
rt_err_t rt_device_control(rt_device_t dev, rt_uint8_t cmd, void *arg);
```

5. 读写设备

应用程序从设备中读取数据可以通过如下函数完成：

```
rt_size_t rt_device_read(rt_device_t dev, rt_off_t pos,void *buffer, rt_size_t size);
```

调用这个函数，会从 dev 设备中读取数据，并存放在 buffer 缓冲区中，这个缓冲区的最大长度是 size，pos 根据不同的设备类别有不同的意义。

6. 数据收发回调

当硬件设备收到数据时，可以通过如下函数回调另一个函数来设置数据接收指示，通知上层应用线程有数据到达：

```
rt_err_t rt_device_set_rx_indicate(rt_device_t dev, rt_err_t (*rx_ind)(rt_device_t dev,rt_size_t size));
```

该函数的回调函数由调用者提供。当硬件设备接收到数据时，会回调这个函数并把收到的数据长度放在 size 参数中传递给上层应用。上层应用线程应在收到指示后，立刻从设备中读取数据。

在应用程序调用 rt_device_write()写入数据时，如果底层硬件能够支持自动发送，那么上层应用可以设置一个回调函数。这个回调函数会在底层硬件数据发送完成后（例如，DMA 传送完成或 FIFO 已经写入完毕产生完成中断时）调用。可以通过如下函数设置设备发送完成指示：

```
rt_err_t rt_device_set_tx_complete(rt_device_t dev, rt_err_t (*tx_done)(rt_device_t dev,void *buffer));
```

11.4 设备访问示例

下面的代码为用程序访问设备的示例，首先通过 rt_device_find()查找看门狗设备，获得设备句柄，然后通过 rt_device_init()初始化设备，通过 rt_device_control()设置看门狗设备溢出时间。

```
#include <rtthread.h>
#include <rtdevice.h>

#define IWDG_DEVICE_NAME    "wdt"

static rt_device_t wdg_dev;

static void idle_hook(void)
{
```

```
    /* 在空闲线程的回调函数里喂狗 */
    rt_device_control(wdg_dev, RT_DEVICE_CTRL_WDT_KEEPALIVE, NULL);
    rt_kprintf("feed the dog!\n ");
}

int main(void)
{
    rt_err_t res = RT_EOK;
    rt_uint32_t timeout = 10;      /* 溢出时间 */

    /* 根据设备名称查找看门狗设备,获取设备句柄 */
    wdg_dev = rt_device_find(IWDG_DEVICE_NAME);
    if (!wdg_dev)
    {
        rt_kprintf("find %s failed!\n", IWDG_DEVICE_NAME);
        return RT_ERROR;
    }
    /* 初始化设备 */
    res = rt_device_init(wdg_dev);
    if (res != RT_EOK)
    {
        rt_kprintf("initialize %s failed!\n", IWDG_DEVICE_NAME);
        return res;
    }
    /* 设置看门狗溢出时间 */
    res = rt_device_control(wdg_dev, RT_DEVICE_CTRL_WDT_SET_TIMEOUT, &timeout);
    if (res != RT_EOK)
    {
        rt_kprintf("set %s timeout failed!\n", IWDG_DEVICE_NAME);
        return res;
    }
    /* 设置空闲线程回调函数 */
    rt_thread_idle_sethook(idle_hook);

    return res;
}
```

11.5 PIN 设备

11.5.1 引脚简介

芯片上的引脚一般分为 4 类：电源、时钟、控制与 I/O。I/O 口在使用模式上又分为通用输入/输出口（GPIO）与功能复用 I/O 口（如 SPI、I^2C、UART 等）。

大多数 MCU 的引脚都具有不止一个功能。不同引脚的内部结构不一样，拥有的功能也不一样。可以通过不同的配置，切换引脚的实际功能。GPIO 的主要特性如下。

1. 可编程控制中断

中断触发模式可配置，一般有图 11-7 所示的 5 种中断触发模式。

2. 输入/输出模式可控制

1）输出模式：一般包括推挽、开漏、上拉、下拉。引脚为输出模式时，可以通过配置引脚输出的电平状态为高电平或低电平来控制连接的外围设备。

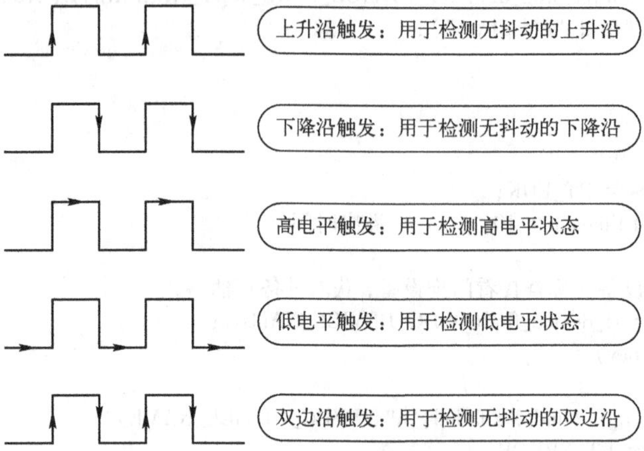

图 11-7　5 种中断触发模式

2）输入模式：一般包括浮空、上拉、下拉、模拟。引脚为输入模式时，可以读取引脚的电平状态，即高电平或低电平。

11.5.2　访问 PIN 设备

应用程序通过 RT-Thread 提供的 PIN 设备管理接口来访问 GPIO，相关接口如下。

1）rt_pin_get()：获取引脚编号。

2）rt_pin_mode()：设置引脚模式。

3）rt_pin_write()：设置引脚电平。

4）rt_pin_read()：读取引脚电平。

5）rt_pin_attach_irq()：绑定引脚中断回调函数。

6）rt_pin_irq_enable()：使能引脚中断。

7）rt_pin_detach_irq()：脱离引脚中断回调函数。

1. 获取引脚编号

RT-Thread 提供的引脚编号需要和芯片的引脚号区分开来，它们并不是同一个概念。引脚编号由 PIN 设备驱动程序定义，和具体的芯片相关。有 3 种方式可以获取引脚编号：API 接口获取、使用宏定义或者查看 PIN 驱动文件。

（1）API 接口获取

使用 rt_pin_get()获取引脚编号，获取 PF9 引脚编号的代码如下：

```
pin_number = rt_pin_get("PF.9");
```

（2）使用宏定义

如果使用 rt-thread/bsp/stm32 目录下的 BSP，则可以使用下面的宏获取引脚编号：

```
GET_PIN(port, pin)
```

获取引脚号为 PF9 的 LED0 对应的引脚编号的示例代码如下：

```
#define LED0_PIN            GET_PIN(F,  9)
```

（3）查看 PIN 驱动文件

如果使用其他 BSP，则需要查看 PIN 驱动代码 drv_gpio.c 文件来确认引脚编号。此文件里有一个数组，存放了每个 PIN 引脚对应的编号信息，代码如下：

```
static const rt_uint16_t pins[ ] =
{
    __STM32_PIN_DEFAULT,
    __STM32_PIN_DEFAULT,
    __STM32_PIN(2, A, 15),
    __STM32_PIN(3, B, 5),
    __STM32_PIN(4, B, 8),
    __STM32_PIN_DEFAULT,
    __STM32_PIN_DEFAULT,
    __STM32_PIN_DEFAULT,
    __STM32_PIN(8, A, 14),
    __STM32_PIN(9, B, 6),
    ...
}
```

以__STM32_PIN(2,A,15)为例，2 为 RT-Thread 使用的引脚编号，A 为端口号，15 为引脚编号，所以 PA15 对应的引脚编号为 2。

2. 设置引脚模式

引脚在使用前需要先设置好输入或者输出模式，通过如下函数完成：

```
void rt_pin_mode(rt_base_t pin, rt_base_t mode);
```

pin：引脚编号。

mode：引脚工作模式。

目前，RT-Thread 支持的引脚工作模式可取如下 5 种宏定义值之一，每种模式对应的芯片实际支持的模式需参考 PIN 设备驱动程序的具体实现：

```
#define PIN_MODE_OUTPUT 0x00              /* 输出 */
#define PIN_MODE_INPUT 0x01               /* 输入 */
#define PIN_MODE_INPUT_PULLUP 0x02        /* 上拉输入 */
#define PIN_MODE_INPUT_PULLDOWN 0x03      /* 下拉输入 */
#define PIN_MODE_OUTPUT_OD 0x04           /* 开漏输出 */
```

使用示例如下：

```
#define BEEP_PIN_NUM      35  /* PB0 */

/* 蜂鸣器引脚为输出模式 */
rt_pin_mode(BEEP_PIN_NUM, PIN_MODE_OUTPUT);
```

3. 设置引脚电平

设置引脚输出电平的函数如下：

```
void rt_pin_write(rt_base_t pin, rt_base_t value);
```

pin：引脚编号。

value：电平逻辑值，可取两种宏定义值之一，即 PIN_LOW（低电平）或 PIN_HIGH（高电平）。

使用示例如下：

```
#define BEEP_PIN_NUM      35  /* PB0 */

/* 蜂鸣器引脚为输出模式 */
rt_pin_mode(BEEP_PIN_NUM, PIN_MODE_OUTPUT);
/* 设置低电平 */
rt_pin_write(BEEP_PIN_NUM, PIN_LOW);
```

4. 读取引脚电平

读取引脚电平的函数如下：

```
int rt_pin_read(rt_base_t pin);
```

pin：引脚编号。

返回：无。

PIN_LOW：低电平。

PIN_HIGH：高电平。

使用示例如下：

```
#define BEEP_PIN_NUM      35  /* PB0 */
int status;

/* 蜂鸣器引脚为输出模式 */
rt_pin_mode(BEEP_PIN_NUM, PIN_MODE_OUTPUT);
/* 设置低电平 */
rt_pin_write(BEEP_PIN_NUM, PIN_LOW);

status = rt_pin_read(BEEP_PIN_NUM);
```

5. 绑定引脚中断回调函数

若要使用引脚的中断功能，则可以使用如下函数将某个引脚配置为某种中断触发模式，并绑定一个中断回调函数到对应引脚。当引脚中断发生时，就会执行回调函数：

```
rt_err_t rt_pin_attach_irq(rt_int32_t pin, rt_uint32_t mode, void (*hdr)(void *args), void *args);
```

pin：引脚编号。

mode：中断触发模式。

hdr：中断回调函数，用户需要自行定义这个函数。

args：中断回调函数的参数，不需要时设置为 RT_NULL。

返回：无。

RT_EOK：绑定成功。

错误码：绑定失败。

中断触发模式 mode 可取如下 5 种宏定义值之一：

```
#define PIN_IRQ_MODE_RISING 0x00              /* 上升沿触发 */
#define PIN_IRQ_MODE_FALLING 0x01             /* 下降沿触发 */
#define PIN_IRQ_MODE_RISING_FALLING 0x02      /* 边沿触发（上升沿和下降沿都触发）*/
#define PIN_IRQ_MODE_HIGH_LEVEL 0x03          /* 高电平触发 */
#define PIN_IRQ_MODE_LOW_LEVEL 0x04           /* 低电平触发 */
```

使用示例如下：

```
#define KEY0_PIN_NUM              55  /* PD8 */
/* 中断回调函数 */
void beep_on(void *args)
{
    rt_kprintf("turn on beep!\n");

    rt_pin_write(BEEP_PIN_NUM, PIN_HIGH);
}
static void pin_beep_sample(void)
{
    /* 按键0引脚为输入模式 */
```

```
    rt_pin_mode(KEY0_PIN_NUM, PIN_MODE_INPUT_PULLUP);
    /* 绑定中断, 下降沿模式, 回调函数名为 beep_on */
    rt_pin_attach_irq(KEY0_PIN_NUM, PIN_IRQ_MODE_FALLING, beep_on, RT_NULL);
}
```

6. 使能引脚中断

绑定好引脚中断回调函数后，使用下面的函数使能引脚中断：

```
rt_err_t rt_pin_irq_enable(rt_base_t pin, rt_uint32_t enabled);
```

pin：引脚编号。

enabled：状态，可取值 PIN_IRQ_ENABLE（开启）或 PIN_IRQ_DISABLE（关闭）。

返回：无。

RT_EOK：使能成功。

错误码：使能失败。

使用示例如下：

```
#define KEY0_PIN_NUM            55  /* PD8 */
/* 中断回调函数 */
void beep_on(void *args)
{
    rt_kprintf("turn on beep!\n");

    rt_pin_write(BEEP_PIN_NUM, PIN_HIGH);
}
static void pin_beep_sample(void)
{
    /* 按键 0 引脚为输入模式 */
    rt_pin_mode(KEY0_PIN_NUM, PIN_MODE_INPUT_PULLUP);
    /* 绑定中断, 下降沿模式, 回调函数名为 beep_on */
    rt_pin_attach_irq(KEY0_PIN_NUM, PIN_IRQ_MODE_FALLING, beep_on, RT_NULL);
    /* 使能中断 */
    rt_pin_irq_enable(KEY0_PIN_NUM, PIN_IRQ_ENABLE);
}
```

7. 脱离引脚中断回调函数

可以使用如下函数脱离引脚中断回调函数：

```
rt_err_t rt_pin_detach_irq(rt_int32_t pin);
```

pin：引脚编号。

返回：无。

RT_EOK：脱离成功。

错误码：脱离失败。

引脚脱离了中断回调函数以后，中断并没有关闭，还可以调用绑定中断回调函数再次绑定其他回调函数。

```
#define KEY0_PIN_NUM  55  /* PD8 */
/* 中断回调函数 */
void beep_on(void *args)
{
    rt_kprintf("turn on beep!\n");
    rt_pin_write(BEEP_PIN_NUM, PIN_HIGH);
}
static void pin_beep_sample(void)
```

```
{
    /* 按键 0 引脚为输入模式 */
    rt_pin_mode(KEY0_PIN_NUM, PIN_MODE_INPUT_PULLUP);
    /* 绑定中断，下降沿模式，回调函数名为 beep_on */
    rt_pin_attach_irq(KEY0_PIN_NUM, PIN_IRQ_MODE_FALLING, beep_on, RT_NULL);
    /* 使能中断 */
    rt_pin_irq_enable(KEY0_PIN_NUM, PIN_IRQ_ENABLE);
    /* 脱离中断回调函数 */
    rt_pin_detach_irq(KEY0_PIN_NUM);
}
```

11.5.3 PIN 设备使用示例

PIN 设备的具体使用方式可以参考如下示例代码，示例代码的主要步骤如下：

1）设置蜂鸣器对应引脚为输出模式，并给一个默认的低电平状态。

2）设置按键 0 和按键 1 对应的引脚为输入模式，然后绑定中断回调函数并使能中断。

3）按下按键 0，蜂鸣器开始响；按下按键 1，蜂鸣器停止响。

```
/*
 * 程序清单：这是一个 PIN 设备使用示例
 * 示例导出了 pin_beep_sample 命令到控制终端
 * 命令调用格式：pin_beep_sample
 * 程序功能：通过按键控制蜂鸣器对应引脚的电平状态控制蜂鸣器
 */

#include <rtthread.h>
#include <rtdevice.h>

/* 引脚编号，通过查看设备驱动文件 drv_gpio.c 确定 */
#ifndef BEEP_PIN_NUM
    #define BEEP_PIN_NUM            35  /* PB0 */
#endif
#ifndef KEY0_PIN_NUM
    #define KEY0_PIN_NUM            55  /* PD8 */
#endif
#ifndef KEY1_PIN_NUM
    #define KEY1_PIN_NUM            56  /* PD9 */
#endif

void beep_on(void *args)
{
    rt_kprintf("turn on beep!\n");

    rt_pin_write(BEEP_PIN_NUM, PIN_HIGH);
}

void beep_off(void *args)
{
    rt_kprintf("turn off beep!\n");

    rt_pin_write(BEEP_PIN_NUM, PIN_LOW);
}
```

```
static void pin_beep_sample(void)
{
    /* 蜂鸣器引脚为输出模式 */
    rt_pin_mode(BEEP_PIN_NUM, PIN_MODE_OUTPUT);
    /* 默认低电平 */
    rt_pin_write(BEEP_PIN_NUM, PIN_LOW);

    /* 按键 0 引脚为输入模式 */
    rt_pin_mode(KEY0_PIN_NUM, PIN_MODE_INPUT_PULLUP);
    /* 绑定中断,下降沿模式,回调函数名为 beep_on */
    rt_pin_attach_irq(KEY0_PIN_NUM, PIN_IRQ_MODE_FALLING, beep_on, RT_NULL);
    /* 使能中断 */
    rt_pin_irq_enable(KEY0_PIN_NUM, PIN_IRQ_ENABLE);

    /* 按键 1 引脚为输入模式 */
    rt_pin_mode(KEY1_PIN_NUM, PIN_MODE_INPUT_PULLUP);
    /* 绑定中断,下降沿模式,回调函数名为 beep_off */
    rt_pin_attach_irq(KEY1_PIN_NUM, PIN_IRQ_MODE_FALLING, beep_off, RT_NULL);
    /* 使能中断 */
    rt_pin_irq_enable(KEY1_PIN_NUM, PIN_IRQ_ENABLE);
}
/* 导出到 msh 命令列表中 */
MSH_CMD_EXPORT(pin_beep_sample, pin beep sample);
```

11.6 RT-Thread 软件包

软件包是运行于 RT-Thread 操作系统上的由官方或开发者开发维护的面向不同应用领域的通用软件，由软件包开放平台统一管理。绝大多数软件包都有详细的说明文档及使用示例，具有很强的可重用性，可使开发者在较短的时间内完成应用开发，是 RT-Thread 生态的重要组成部分。截至目前，平台提供的软件包已超过 400 个，软件包下载量超过 800 万。平台对软件包进行了分类管理，软件包分类情况如表 11-2 所示，共分为九大类，包括物联网软件包、外设软件包、与系统相关的软件包、与编程语言相关的软件包、与多媒体相关的软件包等。随着 RT-Thread 生态的完善，软件包的数量逐渐增多，读者可随时参阅官网，了解及应用相关软件包（https://packages.rt-thread.org/）。

表 11-2 软件包分类情况

序号	类别	说明	举例	数量
1	物联网	网络、云接入等物联网相关软件包	Paho-MQTT、webclient、tcpserver 等	70
2	外设	底层外设硬件相关软件包	aht10、bh1750、oled 等	137
3	系统	其他文件系统等系统级软件包	sqlite、USBStack、CMSIS 等	58
4	编程语言	各种编程语言、脚本或解释器	cJSON、Lua、MicroPython 等	15
5	工具	辅助使用的工具软件包	EasyFlash、gps_rmc、Urlencode 等	43
6	多媒体	音视频软件包	openmv、persimmon UI、LVGL 等	27
7	安全	加密/解密算法及安全传输软件包	libhydrogen、mbedtls、tinycrypt 等	6
8	嵌入式 AI	嵌入式人工智能软件包	elapack、libann、nnom 等	9
9	杂类	未归类的软件包，主要为 demo	crclib、filsystem_samples、lwgps 等	48

RT-Thread Studio 集成了软件包开放平台，开发者利用 RT-Thread Settings 可方便地下载、更新、删除及使用软件包。在使用软件包时要保证联网，并已安装 Git（https://git-scm.com/）工具。

习　题

1. 说明 RT-Thread 提供的 I/O 设备模型框架。
2. 什么是设备管理层？
3. 标准 I/O 设备管理接口有哪些函数？
4. 用图说明 PIN 设备的 5 种中断触发模式。
5. PIN 设备管理接口函数有哪些？
6. 什么是 RT-Thread 软件包？

第 12 章　UART 串口

本章详细介绍 RT-Thread 系统中的 UART 串口及其管理与使用。首先，对 UART 串口进行概述。然后讲解串口设备的管理。随后介绍如何创建和注册串口设备。接着介绍访问这些设备的方法。最后通过具体使用示例展示串口设备的实际操作与应用。本章为开发者提供全面的 UART 串口操作指南，帮助实现高效的串口通信和设备管理。

12.1　UART 串口概述

UART（Universal Asynchronous Receiver/Transmitter，通用异步收发传输器）是一种通用的串行数据总线，是在应用程序开发过程中使用频率最高的数据总线。

UART 串口的特点是将数据一位一位地顺序传送，只要两根传输线就可以实现双向通信，用一根线发送数据的同时用另一根线接收数据。UART 串口通信有 4 个重要的参数，分别是波特率、数据位、停止位和奇偶检验位。对于两个使用 UART 串口通信的端口，这些参数必须匹配，否则通信将无法正常完成。

UART 串口传输的数据格式为 1 个起始位、1~8 个数据位、1 个奇/偶/非极性位、1~2 个结束位，如图 12-1 所示。

起始位	LSB	1	2	3	4	5	6	MSB	奇/偶/ 无极性位	结束位

图 12-1　串口传输数据格式

UART 串口每次传输数据时都有一个起始位，通知对方数据传输开始；中间为要传输的实际数据；奇/偶检验位是串口通信中一种简单的检错方式，没有检验位也可以；结束位表示一个数据帧传输结束。

12.2　串口设备管理

由于大规模集成电路，特别是 MCU 技术发展得很快，现在许多芯片在制造时已经能够将部分接口电路和总线集成到 MCU 内部，如 UART 串口、SPI 总线、I^2C 总线、GPIO 等，这类用于与外部设备连接的接口电路和总线称为“片内外设”。

RT-Thread 对常用的片内外设做了抽象，为同一类外设提供了通用接口。对于不同 MCU 的片内外设，都可以使用同一套外设接口进行访问，这样对于使用外设接口的应用程序而言是跨平台的。

在 RT-Thread 中，应用程序可通过通用 I/O 设备管理接口来访问串口硬件，可以按照轮询、中断或 DMA 等方式进行串口数据收发，也可以设置串口的波特率、数据位等。

串口设备驱动框架中定义了串口的设备模型，它从设备对象派生而来，如下面代码：

```
struct rt_serialdevice
    {
        struct rt_device    parent;              /* 设备基类 */
        const struct rt_uart_ops *ops;           /* 串口设备的操作方法，由串口设备驱动提供 */
        struct serial_configure config;          /* 串口设备配置参数 */
        void *serial_rx;
        void *serial_tx;
    };
typedef struct rt_serialdevice rt_serial_t;
```

串口设备使用序列图如图 12-2 所示，主要有以下几点：

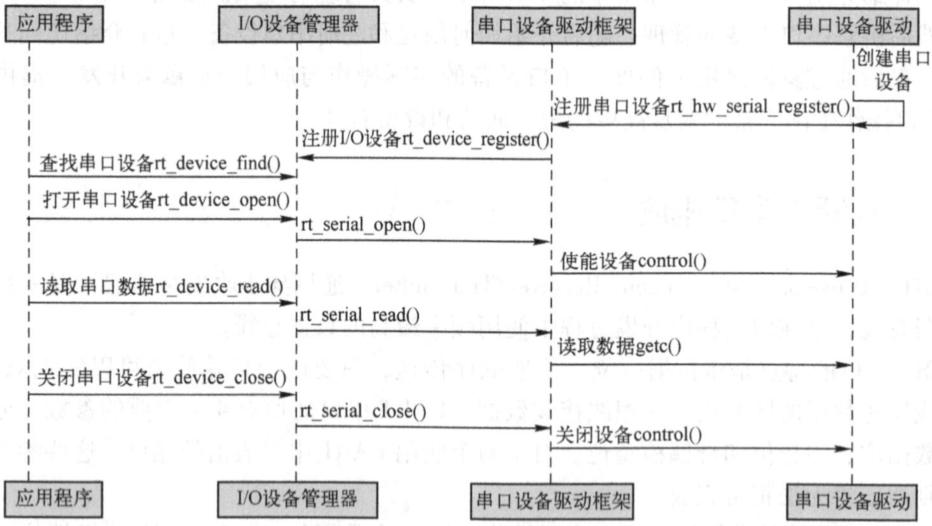

图 12-2　串口设备使用序列图

1）串口设备驱动程序根据串口设备模型定义，创建出具备硬件访问能力的串口设备实例，将该设备通过 rt_hw_serial_register( )接口注册到串口设备驱动框架中。

2）串口设备驱动框架通过 rt_device_register( )接口将设备注册到 I/O 设备管理器中。

3）应用程序通过 I/O 设备管理接口来访问串口设备硬件。

12.3 创建和注册串口设备

串口设备驱动程序负责根据串口模型定义来创建和注册串口设备。

创建串口设备主要是实现串口设备 struct rt_serial_device 的数据结构定义，也就是实例化串口设备，并实现串口设备的操作方法 struct rt_uart_ops。

```
struct rt_uart_ops
{
    rt_err_t (*configure)(struct rt_serial_device *serial, struct serial_configure *cfg);
    rt_err_t (*control)(struct rt_serial_device *serial, int cmd, void *arg);
    int (*putc) (struct rt_serial_device *serial, char c);
    int (*getc) (struct rt_serial_device *serial);
```

```
    rt_sizet (*dma_transmit)(struct rt_serial_device *serial, rt_uint8_t *buf, rt_size_t size, int direction);
};
```

串口设备的操作方法如表 12-1 所示。

表 12-1 串口设备的操作方法

方法名称	方法描述
configure	配置串口传输模式。根据串口设备配置参数 cfg 配置串口的传输模式并使能串口
control	控制串口。根据命令控制字 cmd 控制串口，一般用于开关串口中断，对应的命令控制字 cmd 为 RT_DEVICE_CTRL_SET_INT 和 RT_DEVICE_CTRL_CLR_INT
putc	发送一个字符数据
getc	接收一个字符数据
dma_transmit	DMA 模式收发数据，如果芯片支持 DMA 功能，则可实现此接口

串口设备被创建后，使用如下接口注册到串口设备驱动框架中。

```
rt_err_t rt_hw_serial_register(struct rt_serial_device *serial,
                               const char        *name,
                               rt_uint32_t       flag,
                               void              *data);
```

参数：

serial：串口设备句柄。

name：串口设备名称。

flag：串口设备模式标志，支持下列参数（可以采用或的方式支持多种参数）：

```
#define RT_DEVICE_FLAG_RDONLY       0x001    /* 只读设备 */
#define RT_DEVICE_FLAG_WRONLY       0x002    /* 只写设备 */
#define RT_DEVICE_FLAG_REMOVABLE    0x004    /* 可移除设备 */
#define RT_DEVICE_FLAG_STANDALONE   0x008    /* 独立设备 */
#define RT_DEVICE_FLAG_SUSPENDED    0x020    /* 挂起设备 */
#define RT_DEVICE_FLAG_STREAM       0x040    /* 设备处于流模式 */
#define RT_DEVICE_FLAG_INT_RX       0x100    /* 设备处于中断接收模式 */
#define RT_DEVICE_FLAG_DMA_RX       0x200    /* 设备处于 DMA 接收模式 */
#define RT_DEVICE_FLAG_INT_TX       0x400    /* 设备处于中断发送模式 */
#define RT_DEVICE_FLAG_DMA_TX       0x800    /* 设备处于 DMA 发送模式 */
```

data：数据。

返回：

RT_EOK：注册成功。

-RT_ERROR：注册失败，已有其他设备使用该 name 注册。

串口设备一般配置为可读写和中断接收的模式。注册串口设备时，参数 flag 的取值为 RT_DEVICE_FLAG_RDWR 或 RT_DEVICE_FLAG_INTRX。

12.4 访问串口设备

应用程序通过 I/O 设备管理接口来访问串口硬件，图 12-3 所示为使用 I/O 设备管理接口操作串口设备的函数调用层次关系。应用程序使用 rt_device_read()接口读取串口设备接收到的数据，首先会使用串口设备驱动框架的操作方法 rt_serial_read()，最终会使用串口设备驱动提供的串口设备的操作方法 getc()。如果使用 DMA 模式收发数据，则会调用 dma_transmit()接口。

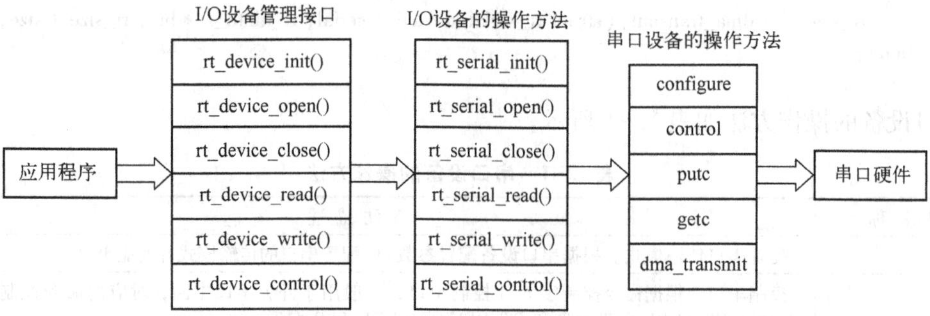

图 12-3　使用 I/O 设备管理接口操作串口设备的函数调用层次关系

12.5 串口设备使用示例

串口设备的具体使用示例如下：

```
/*
 * 程序清单：这是一个串口设备使用例程
 * 示例导出了 uart_sample 命令到控制终端
 * 命令调用格式：uart_sample uart2
 * 命令解释：命令的第二个参数是要使用的串口设备名称，为空则使用默认的串口设备
 ** 程序功能：通过串口输出字符串"hello RT-Thread! {}"，然后错位输出输入的字符
 */
#include <rtthread.h>
#define SAMPLE_UART_NAME            "uart2"
/* 用于接收消息的信号量 */
static struct rt_semaphore rx_sem;
static rt_device_t serial;

/* 接收数据回调函数 */
static rt_err_t uart_input(rt_device_t dev, rt_size_t size)
{
    /* 串口接收到数据后产生中断，调用此回调函数，然后发送接收信号量 */
    rt_sem_release(&rx_sem);
    return RT_EOK;
}

static void serial_thread_entry(void *parameter)
{
char ch;

while (1)
    {
        /* 从串口读取一个字节的数据，没有读取到则等待接收信号量 */
        while (rt_deviceread(serial, -1, &ch, 1) != 1)
        {
        /* 阻塞等待接收信号量，等到信号量后再次读取数据 */
        rt_sem_take(&rx_sem, RT WAITING_FOREVER);
        }
        /* 读取到的数据通过串口错位输出 */
        ch=ch+1;
        rt_device_write(serial, 0, &ch, 1);
```

```
    }
}
static int uart_sample(int argc, char *argv[])
{
    rt_err_t ret=RT_EOK;
    char uart_name[RT_NAME_MAX];
    char str[] = "hello RT-Thread!\r\n";

    if(argc==2)
        {
            rt_strncpy(uart_name, argv[1], RT_NAME_MAX);
        }
    else
        {
            rt_strncpy(uart_name, SAMPLE_UART_NAME, RT_NAME_MAX);
        }

    /* 查找系统中的串口设备 */
    serial = rt_device_find(uart_name);
    if (!serial)
    {
        rt_kprintf("find %s failed!\n", uart_name);
        return RT_ERROR;
    }
    /* 初始化信号量 */
    rt_sem_init(&rx_sem, "rx_sem",0, RT_IPC_FLAG_FIFO);
    /* 以读写及中断接收方式打开串口设备 */
    rt_deviceopen(serial, RT_DEVICE_OFLAG_RDWR | RT_DEVICE_FLAG_INT_RX);
    /* 设置接收回调函数 */
    rt_device_set_rx_indicate(serial, uart_input);
    /* 发送字符串 */
    rt_device_write(serial, 0, str, (sizeof(str)- 1));
    /* 创建 serial 线程 */
    rt_thread_t thread = rt_thread_create("serial",
    serial_thread_entry, RT_NULL, 1024, 25, 10);
    /* 创建成功则启动线程 */
    if(thread!=RT_NULL)
    {
        rt_thread_startup(thread);
        else
    {
    ret=RT_ERROR;
    }
    return ret;
}
/* 导出到 msh 命令列表中 */
MSH_CMD_EXPORT(uart_sample, uart device sample);
```

习　　题

用图说明串口设备使用 I/O 设备管理接口的调用层次关系。

第 13 章　虚拟文件系统

本章讲述 RT-Thread 中的虚拟文件系统（Device File System，DFS）及其架构和操作。首先概述 DFS，包括其架构、POSIX 接口层、虚拟文件系统层和设备抽象层。接着讲解文件系统的挂载管理，涵盖初始化 DFS 组件、注册文件系统、将存储设备注册为块设备、格式化和挂载文件系统，以及卸载文件系统。随后探讨文件和目录管理，介绍如何在虚拟文件系统中进行文件和目录的创建、访问等操作。最后介绍 DFS 的配置选项，帮助开发者根据具体需求进行定制配置。本章结合理论和实践，全面解析 DFS 的各方面内容，旨在帮助开发者高效管理和操作虚拟文件系统。

13.1 DFS 概述

在早期的嵌入式系统中，需要存储的数据比较少，数据类型也比较单一，往往使用直接在存储设备中的指定地址写入数据的方法来存储数据。然而随着嵌入式设备功能的发展，需要存储的数据越来越多，也越来越复杂，这时仍使用旧方法来存储并管理数据就变得非常烦琐。因此，需要新的数据管理方式来简化存储数据的组织形式，这种方式就是接下来要介绍的文件系统。

文件系统是一套实现了数据的存储、分级组织、访问和获取等操作的抽象数据类型，是一种用于向用户提供底层数据访问的机制。文件系统以文件为基本存储单元，采用层次化结构组织数据。当文件比较多时，将导致文件不易分类、重名的问题。而文件夹作为一个容纳多个文件的容器而存在。

DFS 是 RT-Thread 提供的虚拟文件系统组件，即设备虚拟文件系统，文件系统的名称使用类似 UNIX 文件或文件夹的风格，目录结构如图 13-1 所示。

在 RT-Thread DFS 中，文件系统有统一的根目录，使用/来表示。而在根目录下的 f1. bin 文件则使用/f1. bin 来表示，2018 目录下的 f1. bin 目录则使用/data/2018/f1. bin 来表示。即目录的分隔符号是/，这与 UNIX/Linux 完全相同，与 Windows 则不相同（Windows 操作系统上使用\来作为目录的分隔符）。

13.1.1　DFS 架构

RT-Thread DFS 组件的主要功能特点有：

1）为应用程序提供统一的 POSIX 文件和目录操作接口，如 read、write、poll/select 等。

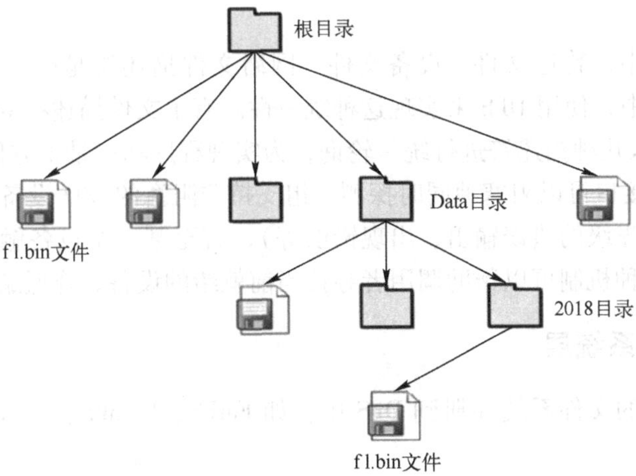

图 13-1　目录结构

2）支持多种类型的文件系统，如 FATFS、ROMFS、devfs 等，并提供普通文件、设备文件、网络文件描述符的管理。

3）支持多种类型的存储设备，如 SD Card、SPI Flash、NAND Flash 等。

DFS 的层次架构如图 13-2 所示，主要分为 POSIX 接口层、虚拟文件系统层和设备抽象层。

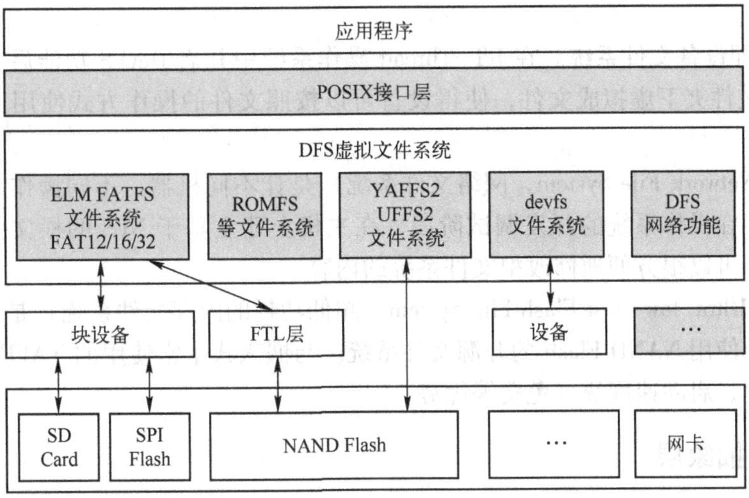

图 13-2　DFS 的层次架构图

13.1.2　POSIX 接口层

POSIX（Portable Operating System Interface of UNIX）表示可移植操作系统接口。POSIX 标准定义了操作系统应该为应用程序提供的接口标准，是 IEEE 为要在各种 UNIX 操作系统上运行的软件而定义的一系列 API 标准的总称。

POSIX 标准旨在期望获得源代码级别的软件可移植性。换句话说，为一个 POSIX 兼容的操作系统编写的程序，应该可以在任何其他 POSIX 操作系统（即使是来自另一个厂商）上编译执行。RT-Thread 支持 POSIX 标准接口，因此可以很方便地将 Linux/UNIX 的程序移植到 RT-

Thread 操作系统上。

在类 UNIX 系统中，普通文件、设备文件、网络文件描述符是同一种文件描述符。而在 RT-Thread 操作系统中，使用 DFS 来实现这种统一性。有了文件描述符的统一性，就可以使用 poll/select 接口来对这几种描述符进行统一轮询，为实现程序功能带来方便。

使用 poll/select 接口可以阻塞地同时探测一组支持非阻塞的 I/O 设备是否有事件发生（如可读、可写、有高优先级的错误输出、出现错误等），直至某一个设备触发了事件或者超过了指定的等待时间。这种机制可以帮助调用者寻找当前就绪的设备，降低编程的复杂度。

13.1.3 虚拟文件系统层

用户可以将具体的文件系统注册到 DFS 中，如 FatFS、RomFS、DevFS 等。下面介绍几种常用的文件系统类型。

1）FatFS 是专为小型嵌入式设备开发的一个兼容微软 FAT 格式的文件系统，采用 ANSIC 编写，具有良好的硬件无关性及可移植性，是 RT-Thread 中最常用的文件系统类型。

2）传统型的 RomFS 文件系统是一种简单的、紧凑的、只读的文件系统，不支持动态擦写保存，按顺序存放数据，因而支持应用程序以 XIP（片内运行）方式运行，可有效节省系统运行时 RAM 空间。

3）JFFS2 文件系统是一种日志闪存文件系统，主要用于 NOR 型闪存，基于 MTD 驱动层，是可读写的、支持数据压缩的、基于哈希表的日志型文件系统，并提供了崩溃/掉电安全保护，支持写平衡等。

4）DevFS 即设备文件系统。在 RT-Thread 操作系统中开启 DevFS 功能后，可以将系统中的设备在/dev 文件夹下虚拟成文件，使得设备可以按照文件的操作方式使用 read、write 等接口进行操作。

5）NFS（Network File System，网络文件系统）是让不同机器、不同操作系统通过网络共享文件的系统。在操作系统的开发调试阶段，在主机上建立基于 NFS 的根文件系统，挂载到嵌入式设备上，可以很方便地修改根文件系统的内容。

6）UFFS（Ultra-low-cost Flash File System，超低功耗的闪存文件系统）是专为嵌入式设备等小内存环境中使用 NAND Flash 的开源文件系统。与嵌入式中常使用的 YAFFS 文件系统相比具有资源占用少、启动速度快、免费等优势。

13.1.4 设备抽象层

设备抽象层将物理设备（如 SD Card、SPI Flash、Nand Flash）抽象成符合文件系统能够访问的设备，例如，FAT 文件系统要求存储设备必须是块设备类型。

不同的文件系统类型是独立于存储设备驱动而实现的，因此把底层存储设备的驱动接口和文件系统对接起来之后，才可以正确地使用文件系统功能。

13.2 文件系统挂载管理

RT-Thread 文件系统挂载管理包括多个步骤，涵盖从初始化到卸载的整个过程。首先，通过 dfs_init()函数初始化 DFS 组件，创建关键数据结构；然后，注册具体文件系统类型，如通过 elm_init()将 elm-FAT 注册至 DFS；接下来，将存储设备（如 SPI Flash）注册为块设备，使其可被文件系统挂载；通过 dfs_mkfs( ) 函数格式化块设备，创建指定类型的文件系统；挂载文件系统需使用 dfs_mount( ) 函数，将存储设备挂载到特定路径，以便访问其文件；最终，当不再需要使用文件系统时，可通过 dfs_unmount( ) 接口卸载。整个流程确保文件系统在 RT-Thread 中高效管理和使用。

13. 2. 1 初始化 DFS 组件

DFS 组件的初始化由 dfs_init( ) 函数完成。dfs_init( ) 函数会初始化 DFS 所需的相关资源，创建一些关键的数据结构。有了这些数据结构，DFS 便能在系统中找到特定的文件系统，并获得对特定存储设备内文件的操作方法。如果开启了自动初始化（默认开启），则该函数将被自动调用。

13. 2. 2 注册文件系统

在 DFS 组件初始化之后，还需要初始化使用的具体类型的文件系统，也就是将具体类型的文件系统注册到 DFS 中。注册文件系统的函数接口如下：

```
int dfs_register( const struct dfs_filesystem_ops  * ops) ;
```

该函数不需要用户调用，它会被不同文件系统的初始化函数调用，如 elm-FAT 文件系统的初始化函数 elm_init( )。开启对应的文件系统后，如果开启了自动初始化（默认开启），那么文件系统初始化函数也将被自动调用。

elm_init( ) 函数会初始化 elm-FAT 文件系统。此函数会调用 dfs_register( ) 函数，将 elm-FAT 文件系统注册到 DFS 中。文件系统注册过程如图 13-3 所示。

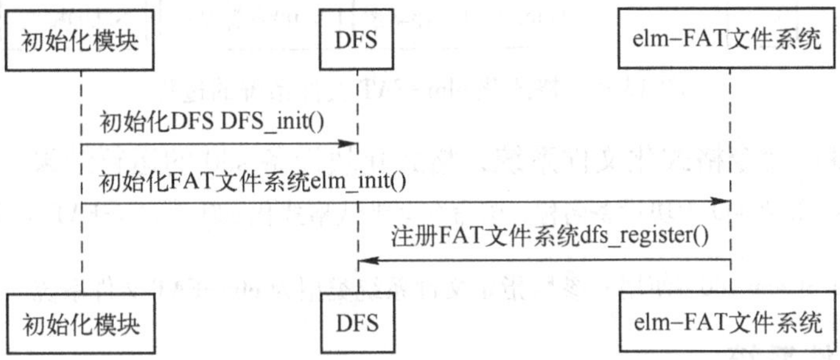

图 13-3 文件系统注册过程

13. 2. 3 将存储设备注册为块设备

因为只有块设备才可以挂载到文件系统上，所以需要在存储设备上创建所需的块设备。如果存储设备是 SPI Flash，则可以使用“串行 Flash 通用驱动库 SFUD”组件，它提供了各种 SPI Flash 的驱动，并将 SPI Flash 抽象成块设备用于挂载。注册块设备的过程如图 13-4 所示。

13. 2. 4 格式化文件系统

注册了块设备之后，还需要在块设备上创建指定类型的文件系统，也就是格式化文件系统。可以使用 dfs_mkfs( ) 函数对指定的存储设备进行格式化，创建文件系统。格式化文件系统的函数接口如下：

```
intdfs_mkfs( constchar * fs_name,constchar * device_name) ;
```

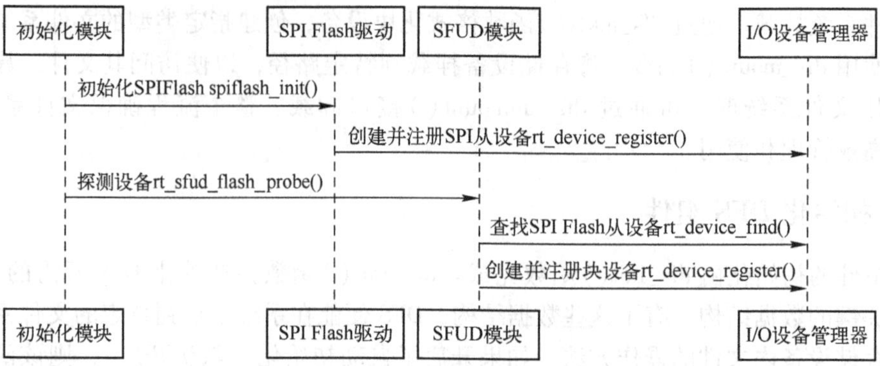

图 13-4　注册块设备的过程

以 elm-FAT 文件系统格式化块设备为例，格式化过程如图 13-5 所示。

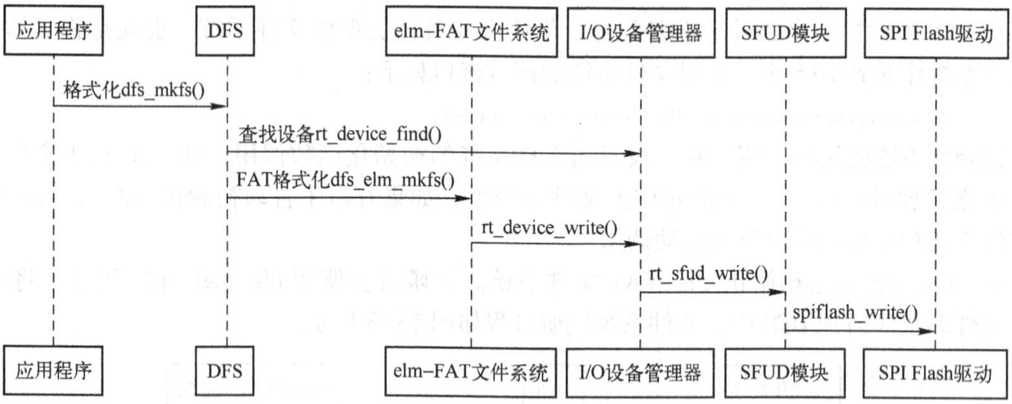

图 13-5　格式化 elm-FAT 文件系统的过程

还可以使用 mkfs 命令格式化文件系统，格式化块设备 sd0 的运行结果如下：

```
msh />mkfs sd0 # sd0 为块设备名称，该命令会默认格式化 sd0 为 elm-FAT 文件系统
msh />
msh />mkfs -t elm sd0 #使用-t 参数指定文件系统类型为 elm-FAT 文件系统
```

13.2.5　挂载文件系统

在 RT-Thread 中，挂载是指将一个存储设备挂接到一个已存在的路径上。要访问存储设备中的文件，必须将文件所在的分区挂载到一个已存在的路径上，然后通过该路径来访问存储设备。挂载文件系统的函数接口如下：

```
int dfs_mount(const char * device_name,
              const char * path,
              const char * filesystemtype,
              unsigned long rwflag,
                const void * data);
```

如果只有一个存储设备，则可以直接挂载到根目录/上。

13.2.6　卸载文件系统

当某个文件系统不需要再使用了，那么可以将它卸载。卸载文件系统的函数接口如下：

```
int dfs_unmount(const char * specialfile);
```

13.3 文件管理

本节介绍对文件进行操作的相关函数，对文件的操作一般都要基于文件描述符 fd。文件管理常用函数如图 13-6 所示。

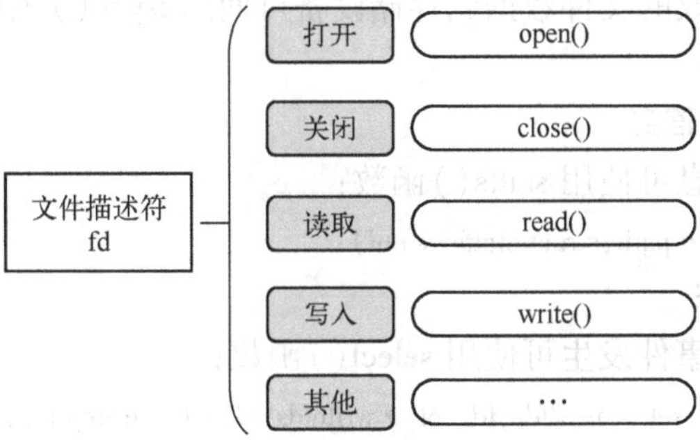

图 13-6 文件管理常用函数

1. 打开和关闭文件

打开或创建一个文件可以调用下面的 open( ) 函数：

```
int open(const char *file,int flags,...);
```

一个文件可以以多种方式打开，并且可以同时指定多种打开方式。例如，一个文件以 O_WRONLY 和 O_CREAT 的方式打开。当指定打开的文件不存在时，就会先创建这个文件，再以只读的方式打开。

当使用完文件后，若不再需要使用，则可使用 close( ) 函数关闭该文件，而 close( ) 会让数据写回磁盘，并释放该文件所占用的资源。

```
int close(int fd);
```

2. 读写数据

读取文件内容可使用 read( ) 函数：

```
int read(int fd,void *buf,size_t len);
```

该函数会把参数 fd 所指的文件的 len 个字节读取到 buf 指针所指的内存中。此外，文件的读写位置指针会随读取到的字节移动。

向文件中写入数据可使用 write( ) 函数：

```
int write(int fd,const void *buf,size_t len);
```

该函数会把 buf 指针所指向的内存中的 len 个字节写入参数 fd 所指的文件内。此外，文件的读写位置指针会随着写入的字节移动。

3. 重命名

重命名文件可使用 rename( ) 函数：

```
int rename(const char *old,const char *new);
```

该函数会将参数 old 所指定的文件名称改为参数 new 所指的文件名称。若 new 所指定的文件已经存在，则该文件将会被覆盖。

4. 取得状态

获取文件状态可使用下面的 stat( ) 函数：

```
int stat(const char *file,struct stat *buf);
```

5. 删除文件

删除指定目录下的文件可使用 unlink()函数：

```
int unlink(const char *path name);
```

6. 同步文件数据到存储设备

同步内存中所有已修改的文件数据到存储设备可使用 fsync()函数：

```
int fsync(int fildes);
```

7. 查询文件系统相关信息

查询文件系统相关信息可使用 statfs()函数：

```
int statfs(const char *path,struct statfs *buf);
```

8. 监视 I/O 设备状态

监视 I/O 设备是否有事件发生可使用 select()函数：

```
int select(int nfds,fd_set *readfds,fd_set *writefds,fd_set *exceptfds,struct timeval *timeout);
```

使用 select()函数可以阻塞地同时探测一组支持非阻塞的 I/O 设备是否有事件发生（如可读、可写、有高优先级的错误输出、出现错误等），直至某一个设备触发了事件或者超过了指定的等待时间。

13.4 目录管理

RT-Thread 目录管理包括创建和删除目录、打开和关闭目录、读取目录、获取和设置目录读取位置等操作。mkdir()和 rmdir()函数可创建和删除目录；opendir()和 closedir()函数可打开和关闭目录；readdir()函数可读取目录内容；telldir()和 seekdir()函数可获取和设置目录流的读取位置；rewinddir()函数可重设读取位置为开头。此外，DFS 配置选项提供了灵活的文件系统配置，如支持虚拟文件系统、设备文件系统等，并允许用户启用自动挂载表和相对路径功能，以增强文件系统的管理和操作便捷性。

本节介绍目录管理经常使用的函数，对目录的操作一般都基于目录地址。目录管理常用函数如图 13-7 所示。

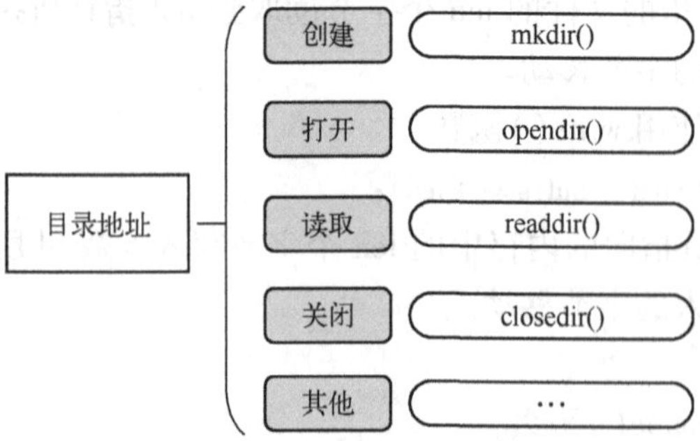

图 13-7 目录管理常用函数

1. 创建和删除目录

创建目录可使用 mkdir()函数：

```
int mkdir(const char *path,mode_t mode);
```

该函数用来创建一个目录（即文件夹），参数 path 为目录的绝对路径，参数 mode 在当前版本未启用，所以填入默认参数 0x777 即可。

删除目录可使用 rmdir( ) 函数：

```
int rmdir(const char *pathname);
```

2. 打开和关闭目录

打开目录可使用 opendir( ) 函数：

```
DIR *opendir(const char *name);
```

该函数用来打开一个目录，参数 name 为目录的绝对路径。

关闭目录可使用 closedir( ) 函数：

```
int closedir(DIR *d);
```

该函数用来关闭一个目录，必须和 opendir( ) 函数配合使用。

3. 读取目录

读取目录可使用 readdir( ) 函数：

```
struct dirent *readdir(DIR *d);
```

4. 取得目录流的读取位置

获取目录流的读取位置可使用 telldir( ) 函数：

```
long telldir(DIR *d);
```

该函数的返回值记录着一个目录流的当前位置，此返回值代表距离目录文件开头的偏移量。可以在随后的 seekdir() 函数调用中利用这个值来重置目录到当前位置。也就是说，telldir( ) 函数可以和 seekdir( ) 函数配合使用，重新设置目录流的读取位置到指定的偏移量。

5. 设置下次读取目录的位置

设置下次读取目录的位置可使用 seekdir( ) 函数：

```
void seekdir(DIR *d,off_t offset);
```

6. 重设读取目录的位置为开头位置

重设目录流的读取位置为开头可使用 rewinddir( ) 函数：

```
void rewinddir(DIR *d);
```

13.5 DFS 配置选项

文件系统在 menuconfig 中的具体配置路径如下：

```
RT-Thread Components --->
            Device virtual file system --->
```

DFS 配置选项描述及对应的宏定义如表 13-1 所示。

表 13-1　DFS 配置选项描述及对应的宏定义

配置选项	对应的宏定义	描　述
[*] Using device virtual file system	RT_USING_DFS	开启 DFS
[*] Using working directory	DFS_USING　WORKDIR	开启相对路径
(2) The maximal number of mounted file system	DFS_FILESYSTEMS　MAX	最大挂载文件系统的数量

（续）

配置选项	对应的宏定义	描述
(2) The maximal number of file system type	DFS　FILESYSTEM_TYPES_MAX	最大支持文件系统的数量
(4) The maximal number of opened files	DFSFDMAX	打开文件的最大数量
[ ] Using mount table for file system	RT_USING_DFSMNTTABLE	开启自动挂载表
[*] Enable elm-chan fatfs	RT_USING_DFS　ELMFAT	开启 elm-FatFS 文件系统
[*] Using devfs for device objects	RT_USING_DFS　DEVFS	开启 DevFS
[ ] Enable ReadOnly file system on flash	RT_USING_DFS　ROMFS	开启 RomFS
[ ] Enable RAM file system	RT_USING_DFS　RAMFS	开启 RamFS
[ ] Enable UFFS file system: Ultra- low-cost Flash File System	RT_USING_DFSUFFS	开启 UFFS
[ ] Enable JFFS2 file system	RT_USING_DFS_JFFS2	开启 JFFS2 文件系统
[ ] Using NFS v3 client file system	RT_USING_DFS_NFS	开启 NFS 文件系统

默认情况下，RT-Thread 操作系统为了获得较小的内存占用，并不会开启相对路径功能。当支持的相对路径选项没有打开时，在使用文件、目录接口进行操作时，应该使用绝对目录（因为此时系统中不存在当前工作的目录）。如果需要使用当前工作目录及相对目录，则可在文件系统的配置项中开启相对路径功能。

选项[*] Using mount table for file system 被选中之后，会使能相应的宏 RT_USING_DFS_MNTTABLE，开启自动挂载表功能。自动挂载表 mount_table[ ] 由用户在应用代码中提供，用户需在表中指定设备名称、挂载路径、文件系统类型、读写标志及私有数据等，之后系统便会遍历该挂载表执行挂载。需要注意的是，挂载表必须以{0}结尾，用于判断表格结束。

习　题

1. 什么是 DFS?
2. RT-Thread DFS 组件的主要功能特点有哪些?
3. 什么是 POSIX?
4. 文件系统的初始化过程一般分为哪几个步骤?

第 14 章　RT-Thread Studio 集成开发环境

本章全面介绍 RT-Thread Studio 集成开发环境（IDE）的下载、安装、界面和功能配置，旨在帮助开发者熟练掌握该工具，提高开发效率。首先介绍 RT-Thread Studio 软件的下载及安装步骤，确保用户能够顺利搭建开发环境。接着，详细讲解 RT-Thread Studio 的界面，涵盖透视图、功能窗口特性和工具栏按钮，使用户能够快速上手并熟悉各功能区域。

RT-Thread 配置部分详细描述如何打开 RT-Thread 配置界面，配置软件包、组件和服务层，查看依赖和配置项，并介绍详细配置、搜索配置及保存配置。通过这些操作，用户能够灵活配置 RT-Thread 系统以满足具体项目需求。随后介绍 CubeMX 配置的相关内容，帮助用户在 RT-Thread Studio 中进行硬件配置和外设初始化。

代码编辑部分涵盖编码和编辑操作，可辅助用户高效编写和修改代码。源码、重构和导航部分可提升用户的代码维护和优化能力。搜索和辅助键部分介绍如何快速查找代码和使用快捷键，提高了工作效率。

构建配置部分介绍构建配置入口、配置头文件包含、配置宏定义、配置链接脚本、配置外部二进制库文件、生成 HEX 文件、生成静态库、设置依赖 C99 标准及配置其他构建参数，帮助用户进行项目构建及相关配置，保证项目顺利编译和运行。

调试配置和下载功能部分可帮助用户进行程序调试和故障排除。调试部分介绍调试常用操作、启用汇编单步调试模式、查看核心寄存器、查看外设寄存器、查看变量、查看内存、设置断点和表达式，提供详尽的调试技巧和方法，从而提升开发者的调试能力。

最后介绍如何取消启动调试前的自动构建，给予用户更多的灵活性。

本章内容系统而全面，为开发者提供了详细的 RT-Thread Studio 使用指南，帮助他们深入掌握该开发环境的各项功能，提升开发、调试和管理项目的效率。

14.1　RT-Thread Studio 软件下载及安装

RT-Thread 支持 RT-Thread Studio、ARM-MDK、IAR 等主流开发工具，其中，RT-Thread Studio 是睿赛德为 RT-Thread 量身定做的免费集成开发环境，目前已支持 STM32 全系列芯片。本书采用 RT-Thread Studio 进行 RT-Thread 开发。

RT-Thread Studio 可从 RT-Thread 官网下载（https://www.rt-thread.org/page/download.html）。下载后的 RT-Thread Studio 的软件包文件为 RT-Thread Studio_2.2.8-setup-x86_64_202405200930.exe，如图 14-1 所示。

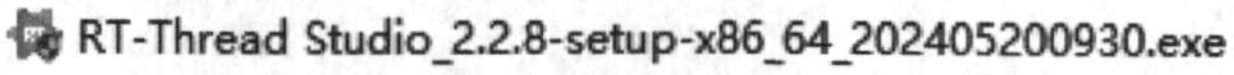

图 14-1 RT-Thread Studio 的软件包文件

下载完成后，双击软件包文件，即可开始安装。注意，安装路径不能包含中文。RT-Thread Studio 的软件安装向导欢迎界面如图 14-2 所示。

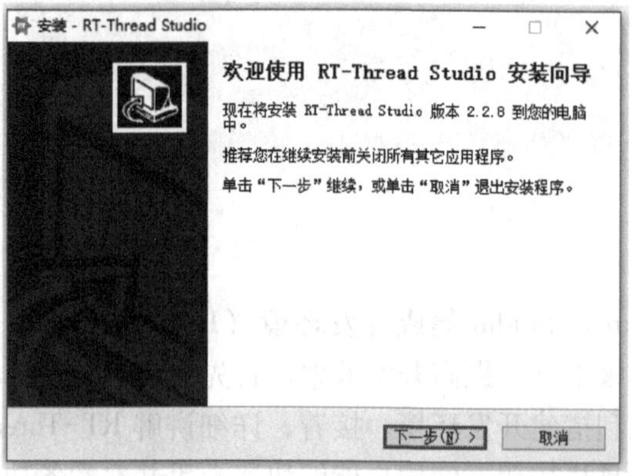

图 14-2 RT-Thread Studio 的软件安装向导欢迎界面

单击图 14-2 中的“下一步”按钮，弹出图 14-3 所示的选择目标位置界面。

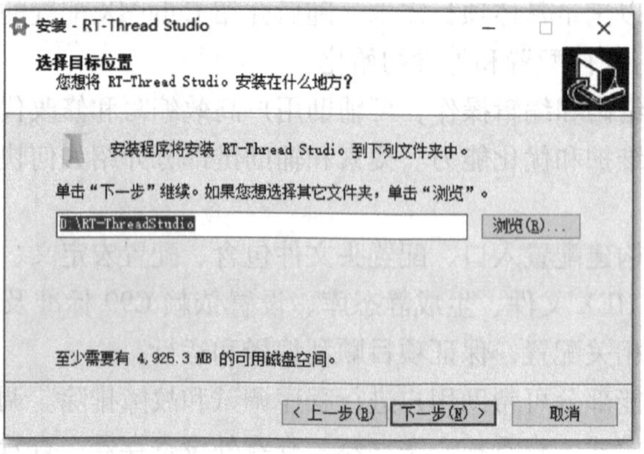

图 14-3 选择目标位置界面

将 RT-Thread Studio 软件安装在 D 盘，单击图 14-3 中的“下一步”按钮，弹出图 14-4 所示的选择开始菜单文件夹界面。

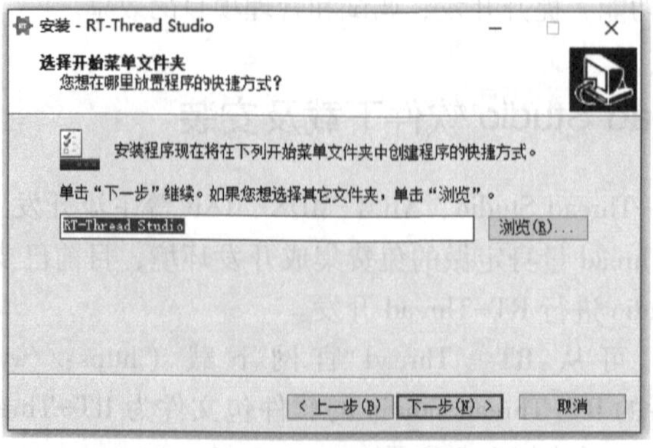

图 14-4 选择开始菜单文件夹界面

单击图 14-4 中的“下一步”按钮，弹出图 14-5 所示的准备安装界面。

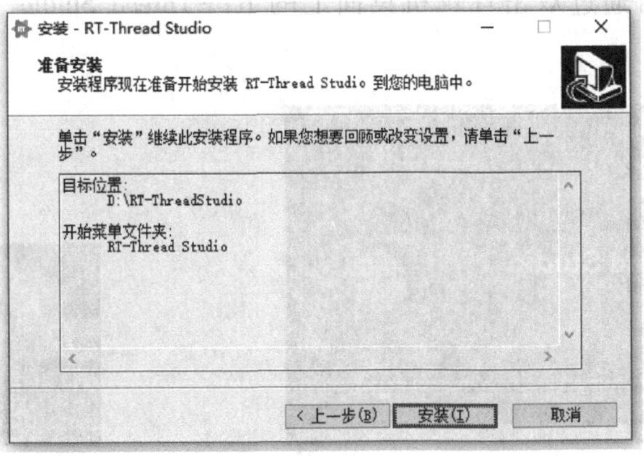

图 14-5　准备安装界面

单击图 14-5 中的“安装”按钮，弹出图 14-6 所示的正在安装界面。

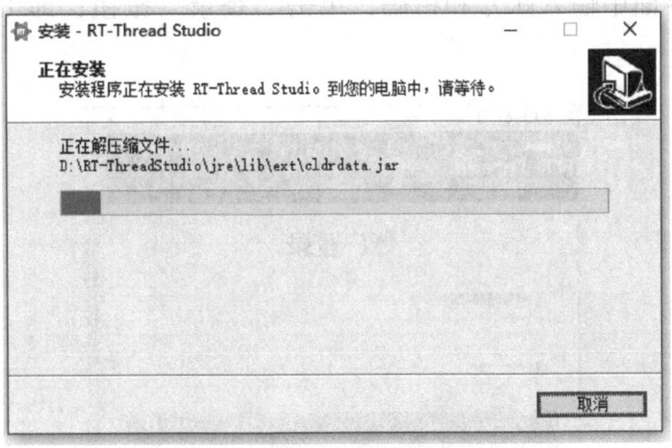

图 14-6　正在安装界面

等待 RT-Thread Studio 软件安装完成，弹出图 14-7 所示的 RT-Thread Studio 安装向导完成界面。

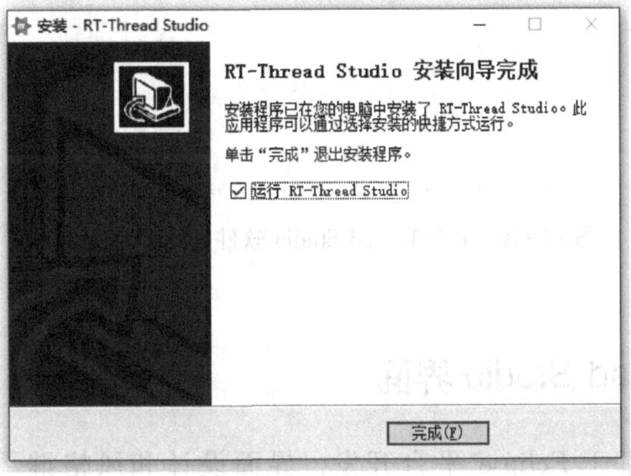

图 14-7　RT-Thread Studio 安装向导完成界面

单击图 14-7 中的“完成”按钮，显示图 14-8 所示的 RT-Thread Studio 装入工作台过程。

安装完成后，也可通过双击计算机桌面上的 RT-Thread Studio 快捷图标进行打开，如图 14-9 所示。

图 14-8　RT-Thread Studio 装入工作台过程

图 14-9　RT-Thread Studio 快捷图标

首次打开需要联网注册或登录（已注册过），RT-Thread Studio 软件的账户登录界面如图 14-10 所示。从该界面中输入账号和密码，单击“登录”按钮，即可进入 RT-Thread Studio 集成开发环境。

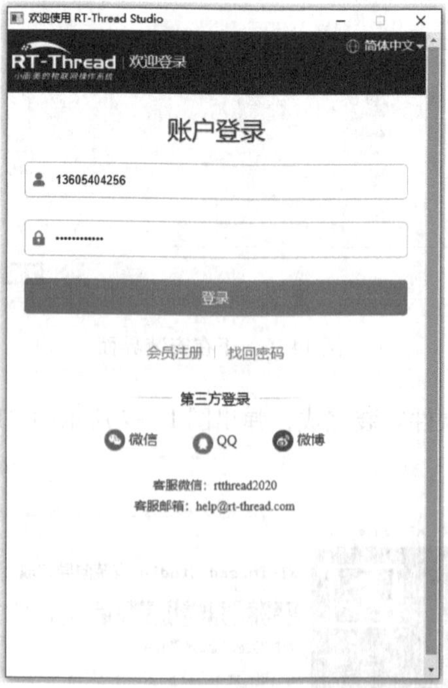

图 14-10　RT-Thread Studio 软件的账户登录界面

14.2　RT-Thread Studio 界面

RT-Thread Studio 基于 Eclipse 平台开发，界面设计和风格继承自 Eclipse，RT-Thread Studio 启动后的主界面结构如图 14-11 所示。

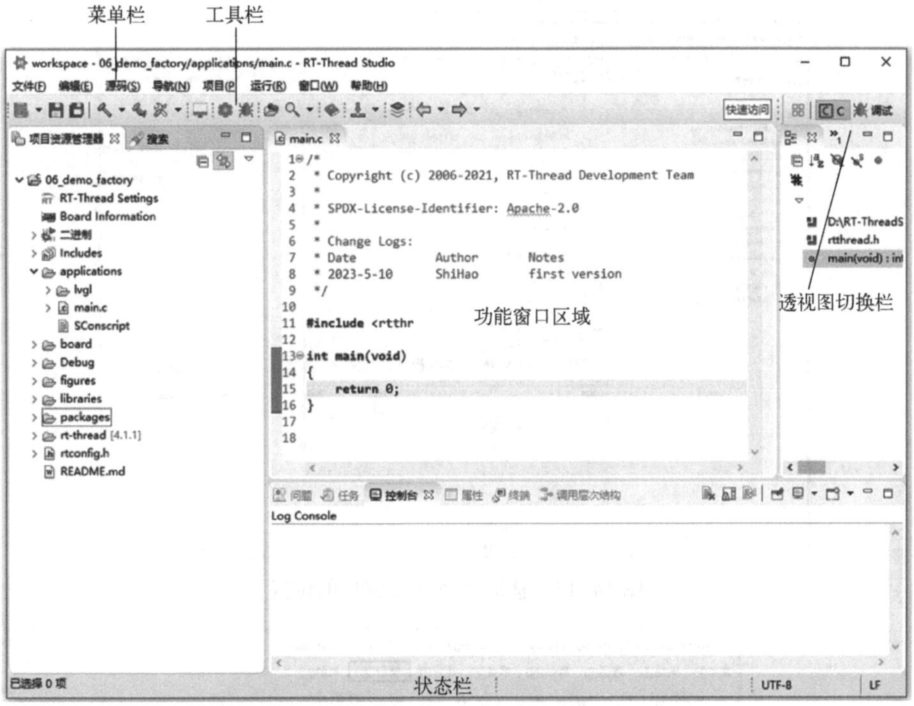

图 14-11　RT-Thread Studio 启动后的主界面结构

14.2.1　透视图

透视图定义了当前界面呈现的菜单栏、工具栏、功能窗口区域等。不同的透视图提供了完成特定类型任务的功能集合。例如，C 透视图组合了项目开发、源文件编辑、项目构建等常用的开发功能窗口，以及菜单和功能按钮；调试透视图包含了调试项目程序常用的调试功能窗口、菜单和功能按钮。

RT-Thread Studio 已实现启动调试时自动切换到调试透视图，停止调试时自动恢复到 C 透视图。用户也可以根据需要从透视图切换栏手动进行透视图切换，以便在不同的透视图下进行相关工作。

14.2.2　功能窗口特性

RT-Thread Studio 功能窗口具有多种灵活特性，可以提升用户体验。

1. 可移动

RT-Thread Studio 在初次打开时，功能窗口位置呈现的是默认布局，但所有功能窗口的位置都不是固定的，可以在窗口标题处按住鼠标左键，随意拖动窗口的位置，方便个性化布局。如图 14-12 所示，使用鼠标左键按住“属性”标题，拖动到“项目资源管理器”窗口下方，会出现一个灰色方框指示“属性”窗口将要被放置的位置，此时松开鼠标按键即可将“属性”窗口放置在该位置。

2. 可恢复

当窗口拖乱了，或者整体布局不满意，想恢复回默认布局的样子时，可以通过“窗口”菜单的“恢复窗口布局”子菜单来恢复窗口布局，如图 14-13 所示。

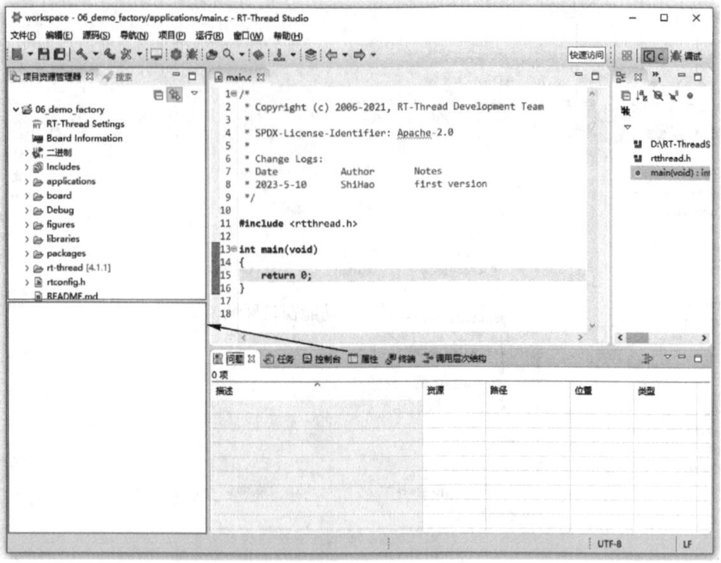

图 14-12 移动“属性”窗口的位置

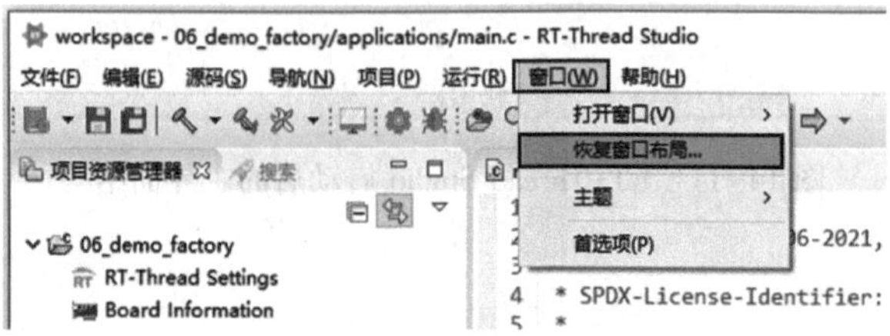

图 14-13 恢复窗口布局

3. 可关闭

每个功能窗口标题旁边都有一个“×”按钮，可以通过单击该按钮关闭功能窗口，如图 14-14 所示。

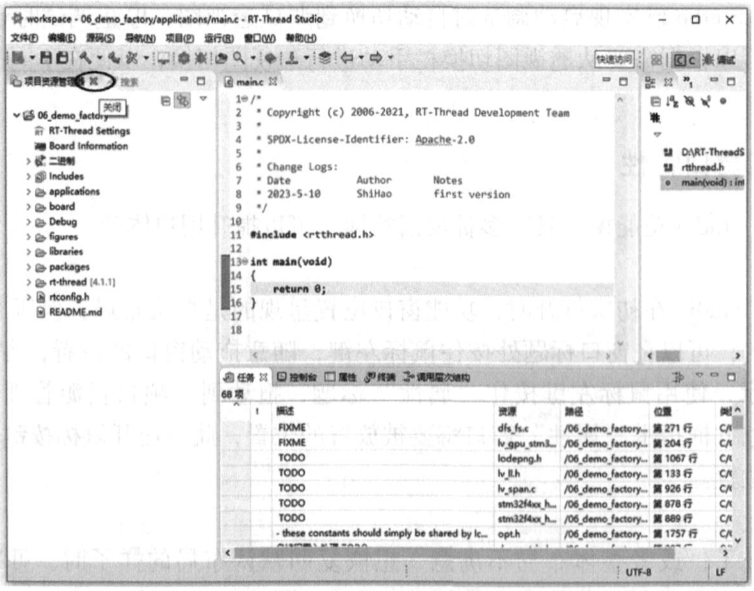

图 14-14 关闭功能窗口

4. 最大化

每个功能窗口都有自己单独的工具栏，工具栏最右边是“最小化”和“最大化”按钮，如图 14-15 所示。

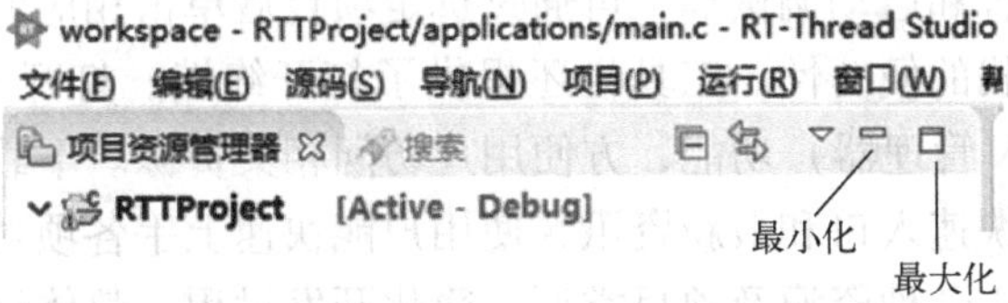

图 14-15　“最小化”和“最大化”按钮

在功能窗口的标题上双击或者单击功能窗口栏上的“最大化”按钮，即可将窗口最大化，占满整个功能窗口区域，其他窗口将会暂时最小化到侧栏内，如图 14-16 所示。

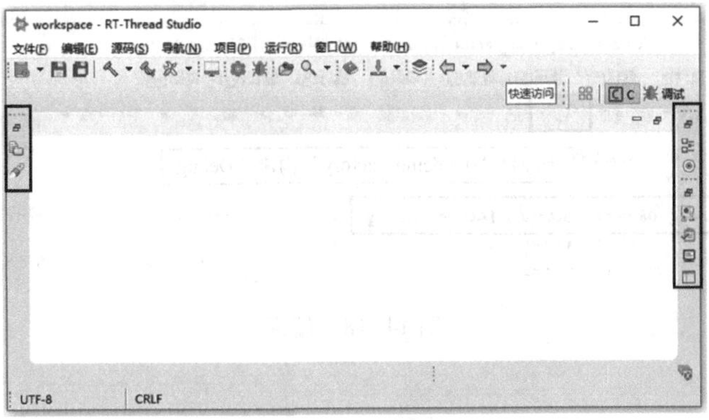

图 14-16　窗口最大化

再次双击“项目资源管理器”窗口，即可恢复到之前的功能窗口位置和状态。

5. 最小化

单击功能窗口的“最小化”按钮，功能窗口将会暂时缩小到侧栏位置，单击“恢复”按钮即可恢复到原来的状态，如图 14-17 所示。

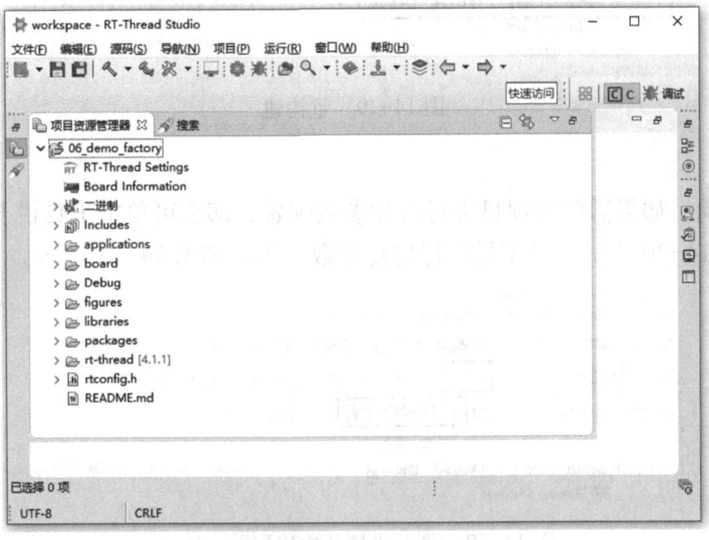

图 14-17　窗口最小化

14.2.3 工具栏按钮

RT-Thread Studio 提供丰富的工具栏按钮以提升用户开发效率，主要功能包括编译、重构建、构建配置、调试配置和启动调试等，可通过选定项目后单击相应的按钮执行。打开元素和搜索功能提高了代码查找的便捷性。工具栏还提供了打开终端、打开 RT-Thread RTOS API 文档和 SDK Manager（SDK 管理器）功能，方便用户访问相关资源。下载程序功能支持多种调试器选择。欢迎页提供了快速入口和最新资讯，使用户能快速上手各项功能及获取支持。新建和导入功能支持创建和导入各种资源及项目类型，简化开发过程。整体设计上注重灵活性和用户体验，全面满足开发需求。

1. 编译

选中一个项目，然后单击“编译”按钮即可完成编译，如图 14-18 所示。

图 14-18 编译

2. 重构建

选中一个项目，然后单击“重新构建项目”按钮即可完成重构建，如图 14-19 所示。

图 14-19 重构建

3. 构建配置

构建项目之前，如果需要对项目进行构建参数配置，那么可单击工具栏上的“打开构建配置”按钮，如图 14-20 所示，对项目进行构建参数配置，如图 14-21 所示。

图 14-20 单击“打开构建配置”按钮

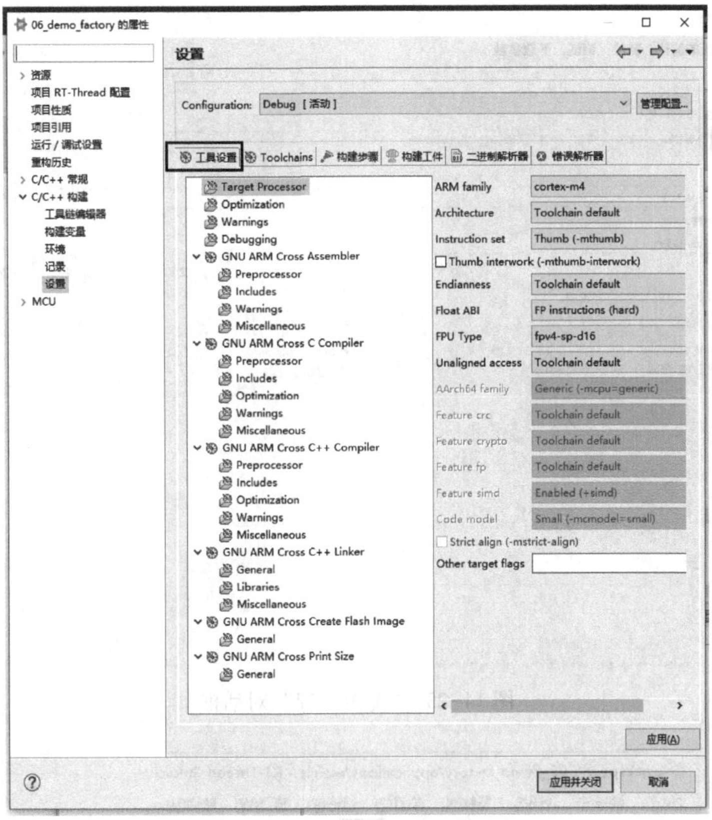

图 14-21　对项目进行构建参数配置

4. 调试配置

进行下载或启动调试之前，如果需要对项目进行相关调试参数配置，那么可通过单击工具栏上的“打开调试配置”按钮，如图 14-22 所示，打开“配置工程”对话框，如图 14-23 所示。

图 14-22　“打开调试配置”按钮

5. 启动调试

选中一个项目，然后单击“启动调试”按钮，即可进入调试模式，如图 14-24 所示。

6. 打开元素

“打开元素”按钮的功能其实就是一个搜索功能，可以指定搜索的类型，如图 14-25 所示。

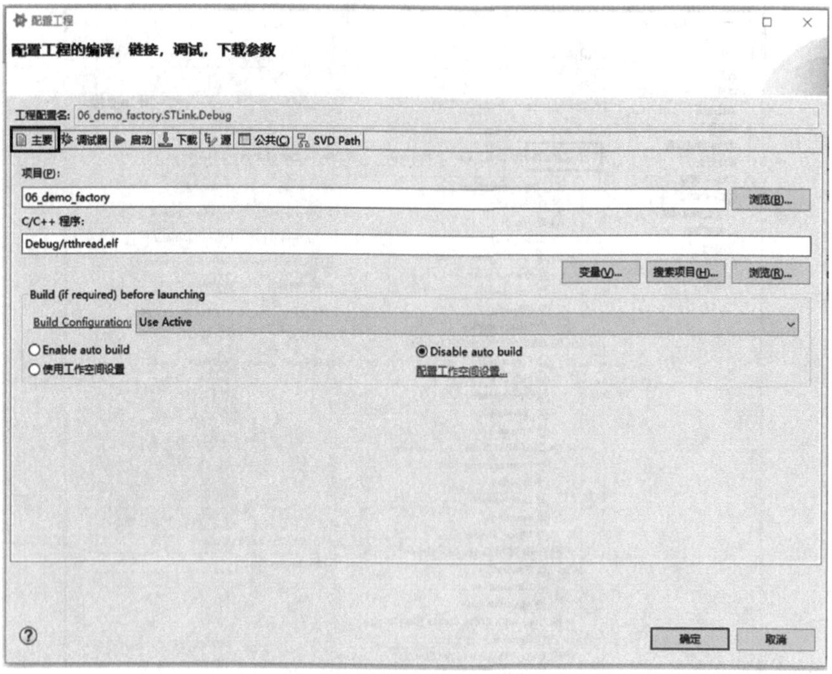

图 14-23 “配置工程”对话框

图 14-24 单击“启动调试”按钮

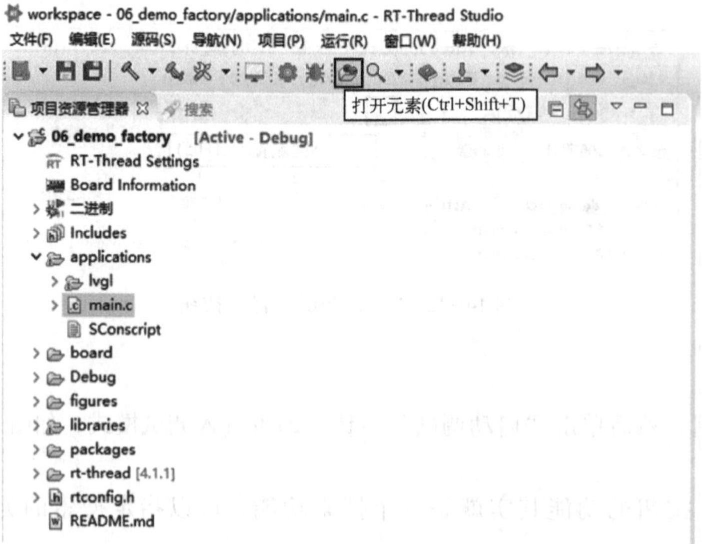

图 14-25 “打开元素”按钮

“打开元素”对话框如图 14-26 所示。

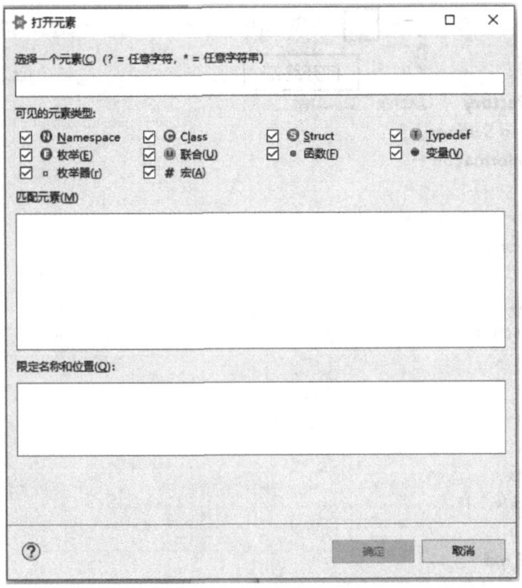

图 14-26　“打开元素”对话框

7. 搜索

通过单击“搜索”按钮选择对应的搜索功能，如图 14-27 所示。

图 14-27　搜索功能

8. 打开终端

单击工具栏中的“打开终端”按钮（如图 14-28 所示），即可打开，“启动串行终端”对话框，如图 14-29 所示。

9. 打开 RT-Thread RTOS API 文档

单击工具栏中的“打开 RT-Thread RTOS API 文档”按钮（如图 14-30 所示），即可打开“RT-Thread API 参考手册”窗口，如图 14-31 所示。

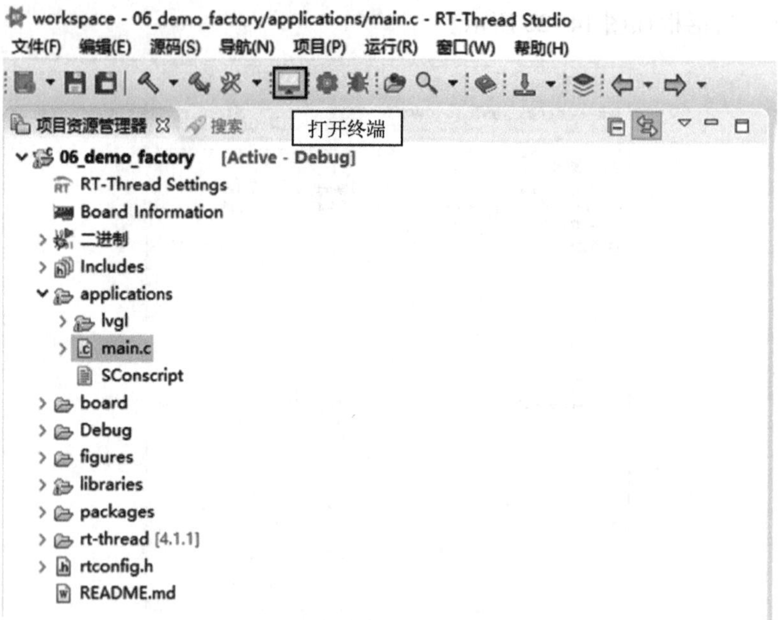

图 14-28 单击“打开终端”按钮

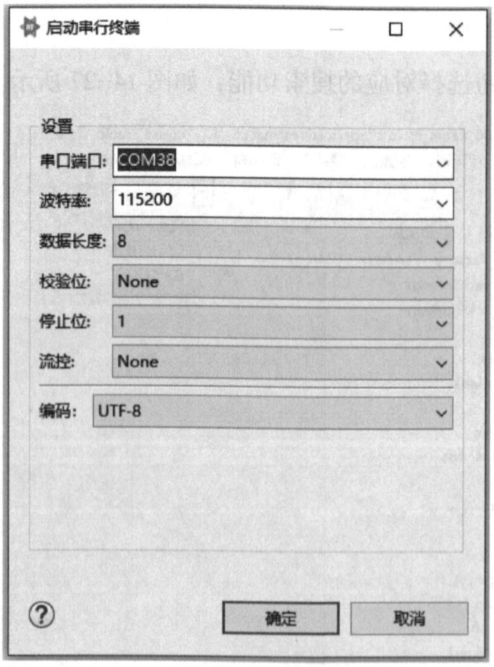

图 14-29 “启动串行终端”对话框

图 14-30 单击“打开 RT-Thread RTOS API 文档”按钮

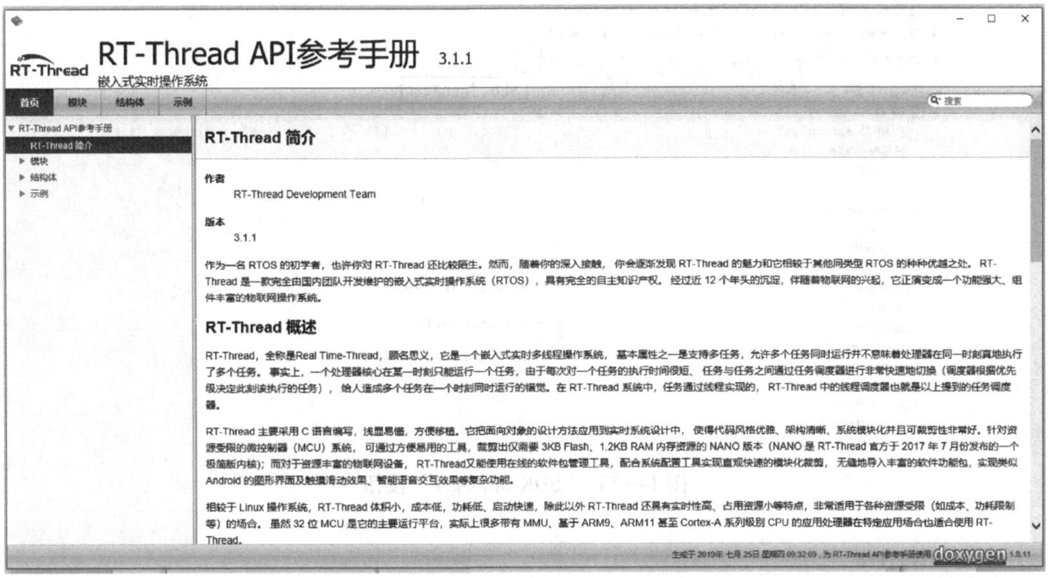

图 14-31　“RT-Thread API 参考手册”窗口

10. 下载程序

单击“下载程序”按钮，除了可以下载程序以外，还可以通过单击旁边的三角下拉按钮来切换调试器，如图 14-32 所示。

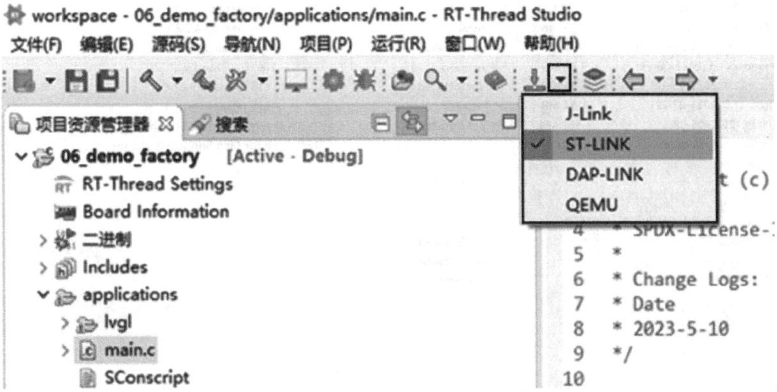

图 14-32　“下载程序”按钮旁边的三角下拉按钮

11. SDK Manager

SDK Manager 可以管理源码包、芯片支持包、开发板资源包、工具链资源包、调试工具包、第三方资源包，用户可以根据需要下载相应的资源。单击“SDK Manager”按钮如图 14-33 所示，弹出图 14-34 所示的“RT-Thread SDK 管理器”窗口。

12. 欢迎页

RT-Thread Studio 每次启动打开软件主界面后，会展示一个最大化的“欢迎”窗口，如图 14-35 所示。

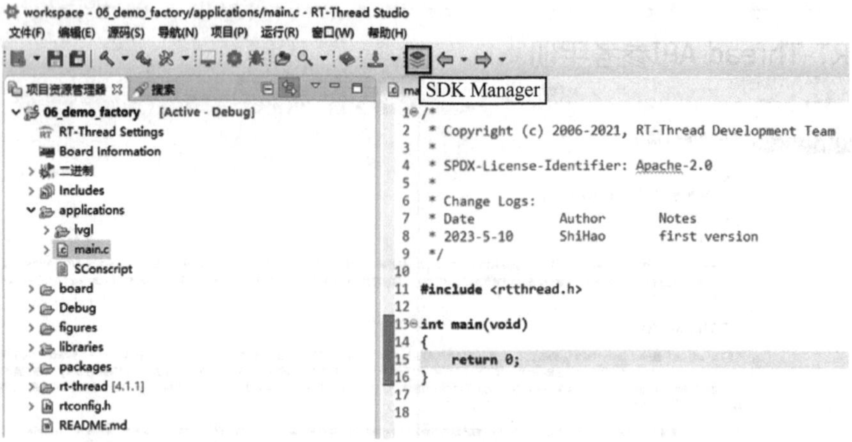

图 14-33 “SDK Manager” 按钮

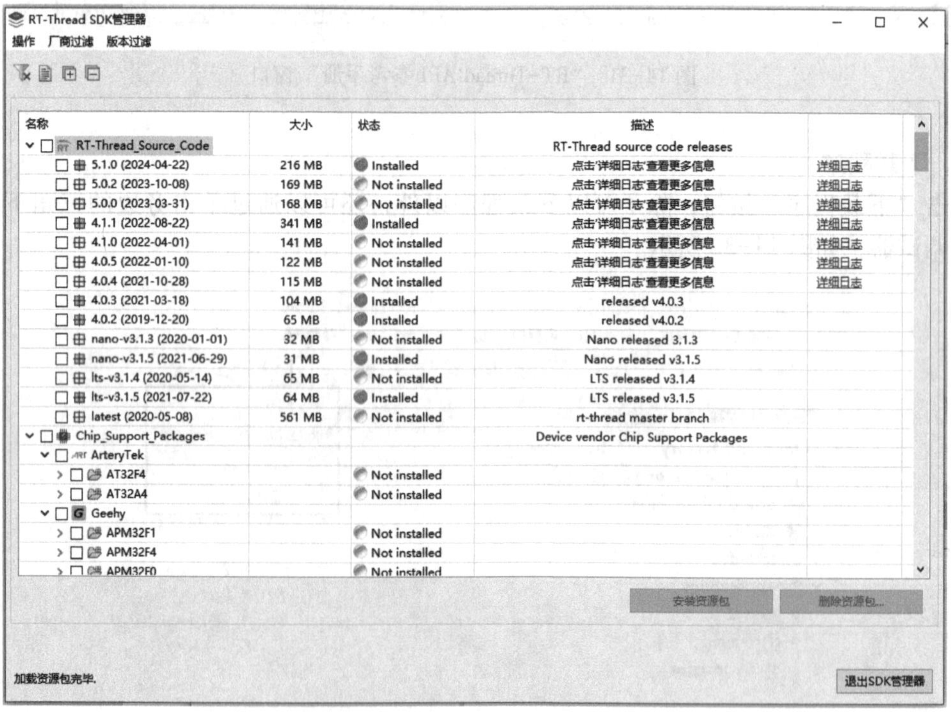

图 14-34 “RT-Thread SDK 管理器” 窗口

“欢迎”窗口左侧有 4 个便利的功能入口：创建 RT-Thread 项目、RT-Thread 论坛、视频教程和帮助文档。用户直接单击相应的功能名称即可使用对应功能。“欢迎”窗口右侧展示了 3 类内容：最新动态、视频教程和最新 PR。用户单击对应的标签即可查看或者浏览对应选项卡的内容。

13. 新建

新建功能包括新建各类资源，如工程、文件、文件夹等，“新建”菜单如图 14-36 所示。

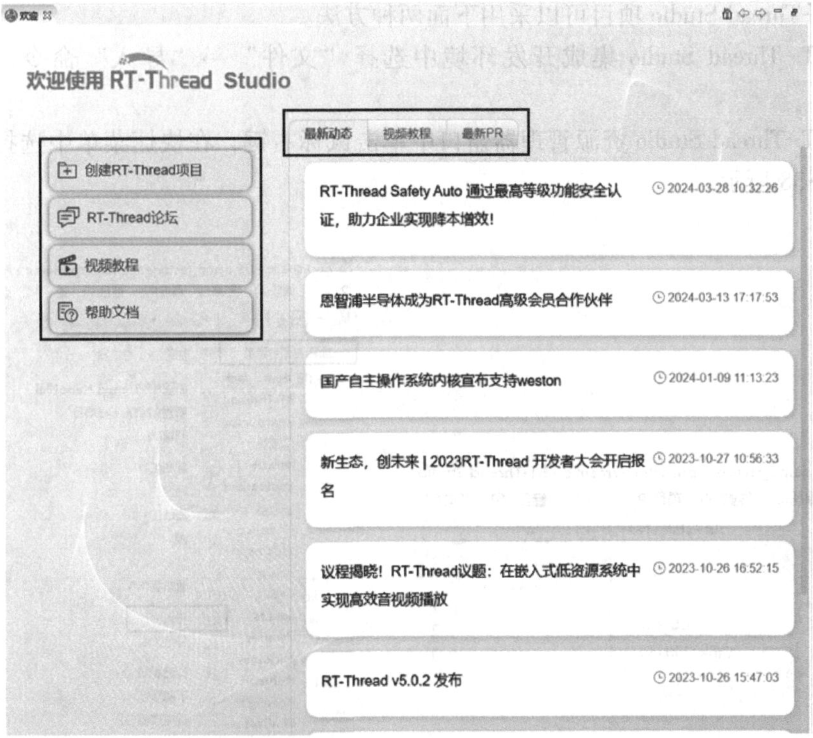

图 14-35　“欢迎”窗口

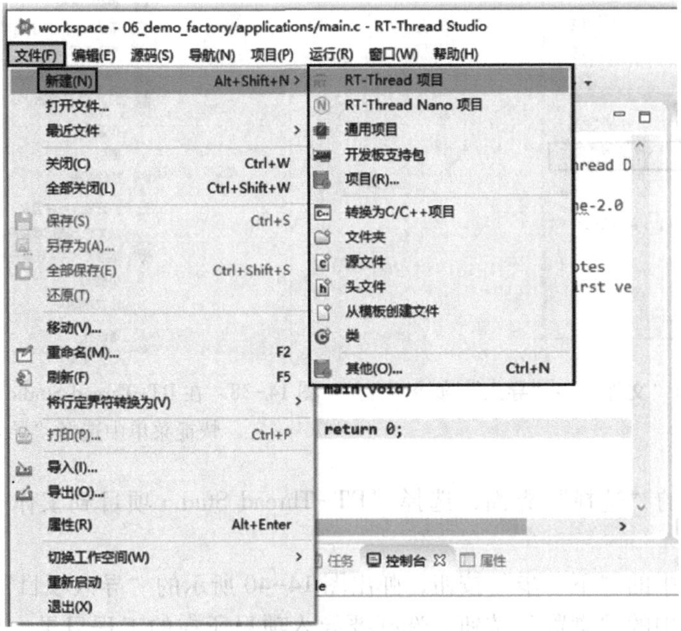

图 14-36　“新建”菜单

14. 导入

RT-Thread Studio 的导入功能不仅支持导入现有的 RT-Thread Studio 工程，还支持用户将 MDK/IAR 格式的工程导入 RT-Thread Studio 中，以便于用户迁移开发环境。

导入 RT-Thread Studio 项目可以采用下面两种方法。

1）在 RT-Thread Studio 集成开发环境中选择“文件”→“导入”命令，如图 14-37 所示。

2）在 RT-Thread Studio 资源管理器窗口中单击鼠标右键，在快捷菜单中选择“导入”命令，如图 14-38 所示。

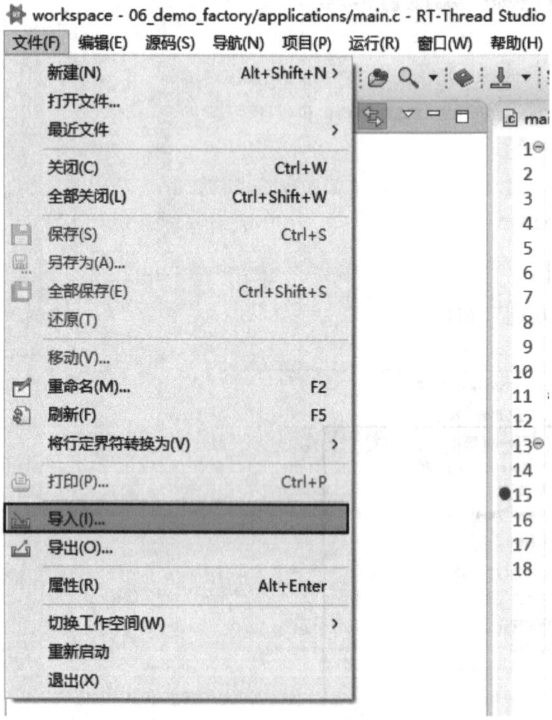

图 14-37 选择“文件”→“导入”命令

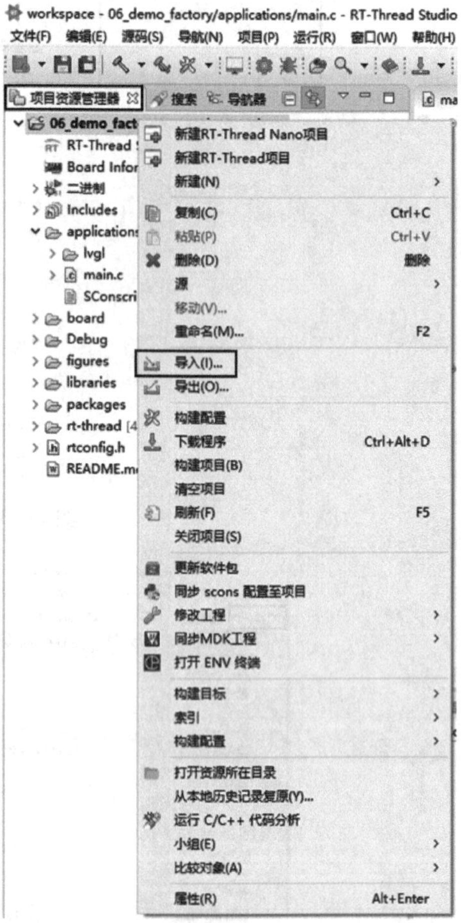

图 14-38 在 RT-Thread Studio 资源管理器窗口的快捷菜单中选择“导入”命令

打开导入向导的“选择”界面，选择“RT-Thread Studio 项目到工作空间中”选项，如图 14-39 所示。

单击图 14-39 中的“下一步”按钮，弹出图 14-40 所示的“导入项目”界面。

单击图 14-40 中的“浏览”按钮，选择要导入项目所在的工程目录，导入程序会自动扫描该目录下所有可导入的工程，将结果列在“项目”列表框中。在“项目”列表框中勾选要导入的工程，然后单击“完成”按钮即可。

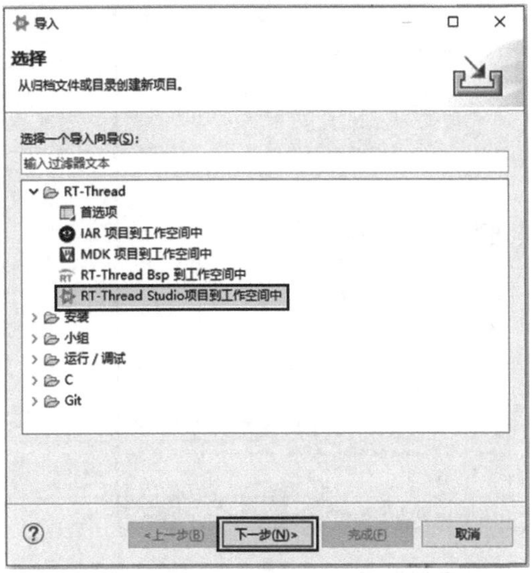

图 14-39 选择“RT-Thread Studio 项目到工作空间中”选项

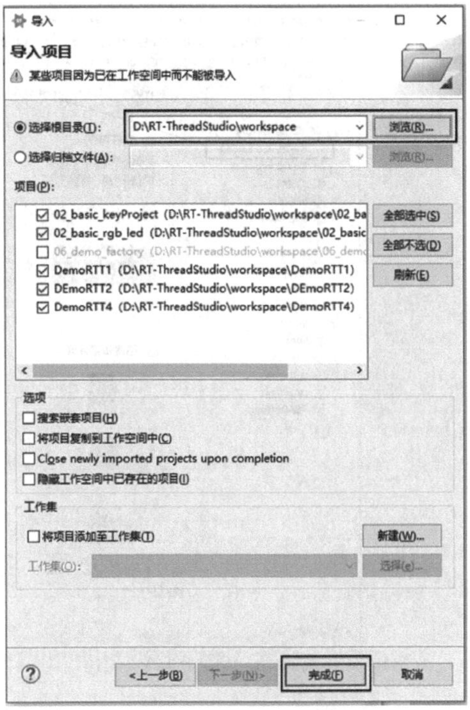

图 14-40 “导入项目”界面

14.3 RT-Thread 配置

RT-Thread Studio 的配置功能极大地提升了开发效率和灵活性。用户可以通过双击工程根目录下的 RT-Thread Settings 文件打开配置界面，进行各类配置操作。软件包提供了一站式的软件包管理和搜索功能，用户可以轻松添加所需软件包并查看其依赖关系。组件和服务层允许用户启用或禁用特定组件，用户可查看相应的配置项和依赖关系。详细配置分为内核、组件、软件包和硬件等类别，通过树形结构展示，并支持搜索功能。所有配置变更需保存并应用到工程中。

14.3.1 打开 RT-Thread 配置界面

双击工程根目录下的 RT-Thread Settings 选项，可以打开 RT-Thread Settings 配置界面，如图 14-41 所示。

14.3.2 软件包

单击“添加软件包”按钮进入 RT-Thread 软件包界面，该界面展示了软件包的大分类，用户可以从中选择分类。

用户也可以直接搜索软件包（如 IOT），如图 14-42 所示。单击搜索到的软件包，进入软件包详情页面，如图 14-43 所示，可以通过单击“添加”按钮添加到工程。

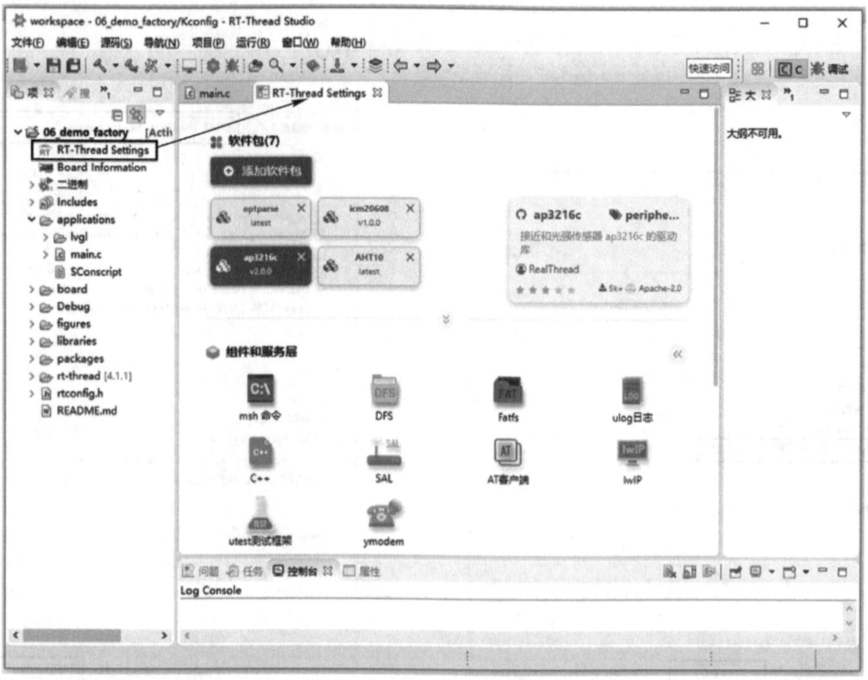

图 14-41　RT-Thread Settings 配置界面

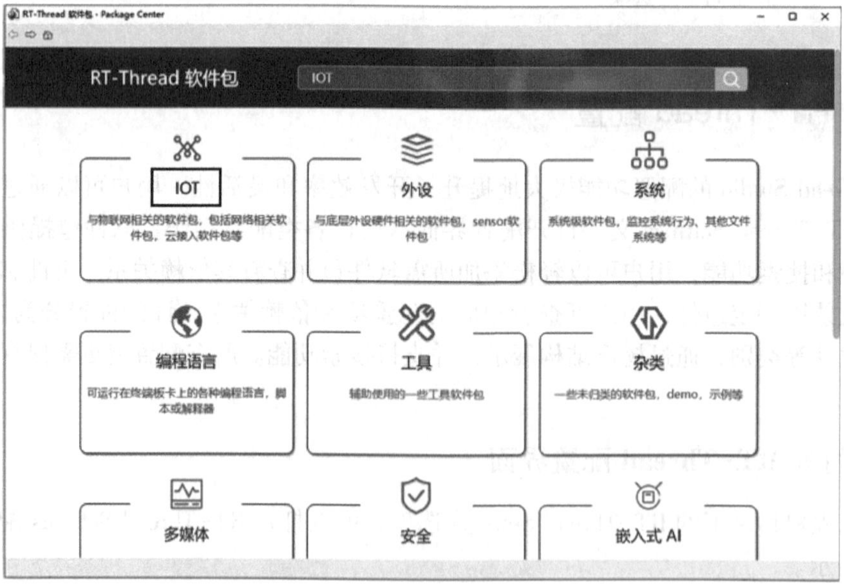

图 14-42　搜索软件包

当软件包添加到工程后，RT-Thread 软件包界面会提示软件包添加成功，同时添加的软件包会显示在软件包层，该软件包依赖的组件也会被自动启用。例如，添加 agile_telnet 软件包，SAL 组件会自动被启用，如图 14-44 所示。

agile_telnet 软件包添加成功后，agile_telnet 软件包详情如图 14-45 所示。

图 14-43　软件包详情页面

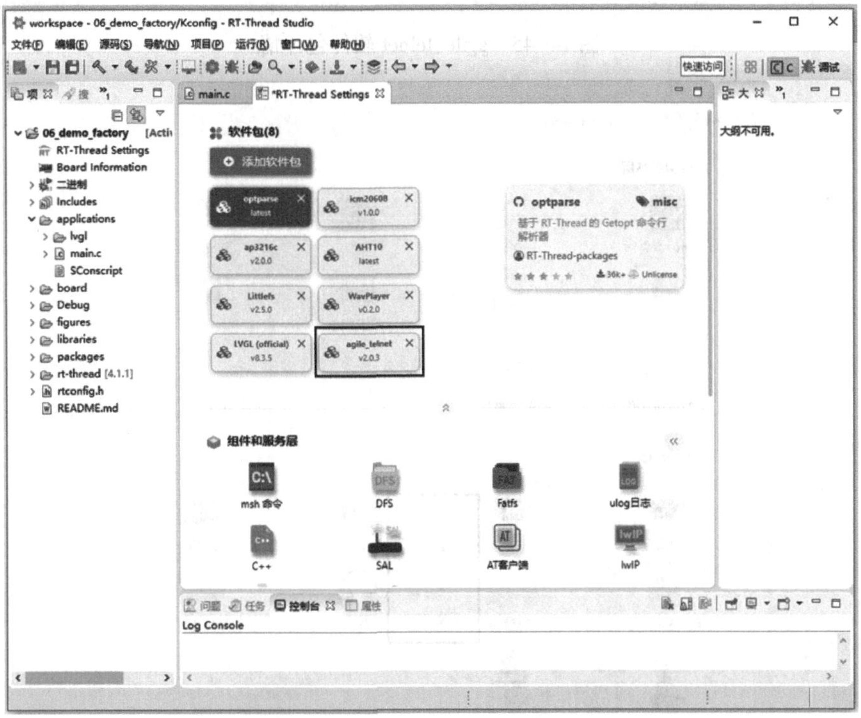

图 14-44　添加 agile_telnet 软件包

14.3.3　组件和服务层

在“组件和服务层”列表中的图标上单击，可直接启用该组件。启用的组件是亮色图标，未启用的组件为灰色图标。将鼠标指针放在“组件和服务层”列表中的图标上，如果该组件已经启用，则该组件至多有配置项、依赖项、API 文档、应用文档和驱动文档 5 个选项，如图 14-46 所示。

图 14-45　agile_telnet 软件包详情

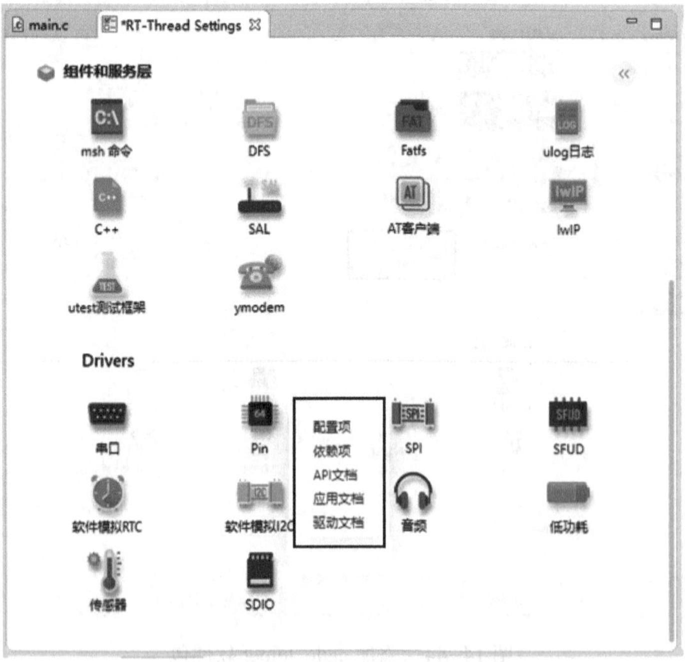

图 14-46　组件选项

14.3.4　查看依赖

在启用的组件上选择“依赖项”选项，可以查看该组件被哪些组件依赖。例如查看 pin 组件的依赖，依赖关系图窗口显示 pin 组件依赖了 GPIO，如图 14-47 所示。

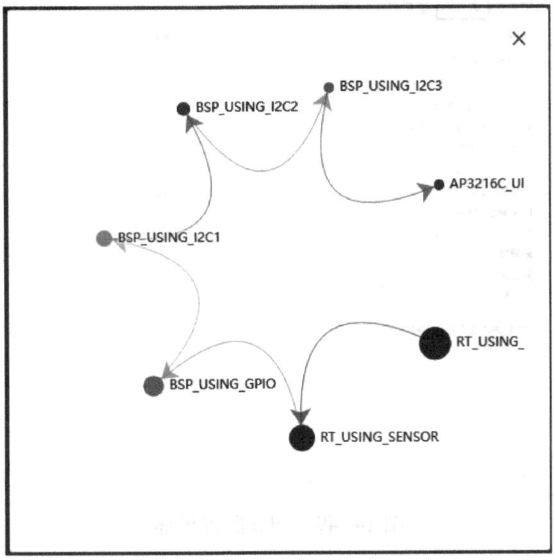

图 14-47　pin 组件的依赖项

14.3.5　查看配置项

将鼠标指针放在启用的组件上，选择“配置项”选项，可以打开该组件的详细配置项树形界面。例如，在 DFS 上选择“配置项”选项（如图 14-48 所示），打开的 DFS 配置界面如图 14-49 所示。

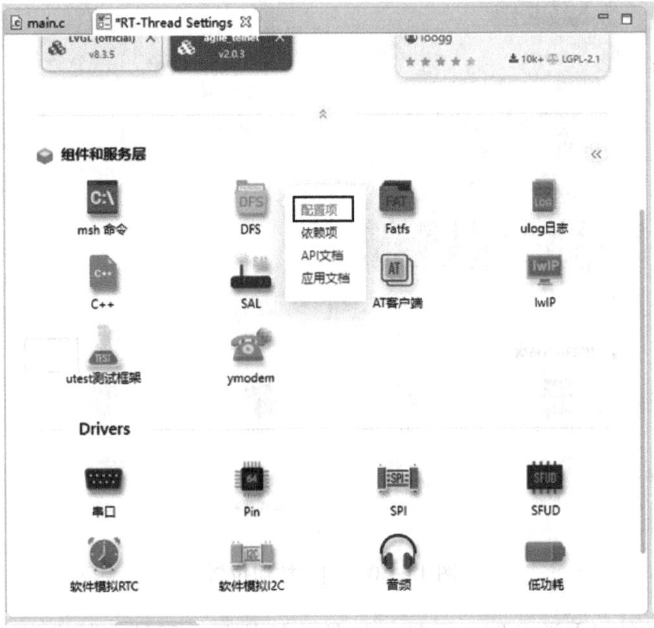

图 14-48　选择“配置项”选项

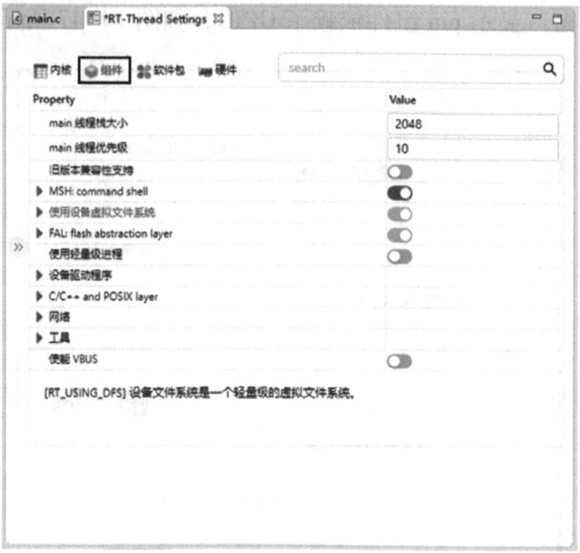

图 14-49　DFS 配置界面

14.3.6　详细配置

当打开 RT-Thread 配置界面时，详细配置默认是隐藏的，通过选择组件的“配置项”选项或者单击 RT-Thread 配置界面侧栏中的 « 按钮，可以将详细配置界面调出来，侧栏按钮位置如图 14-50 所示。

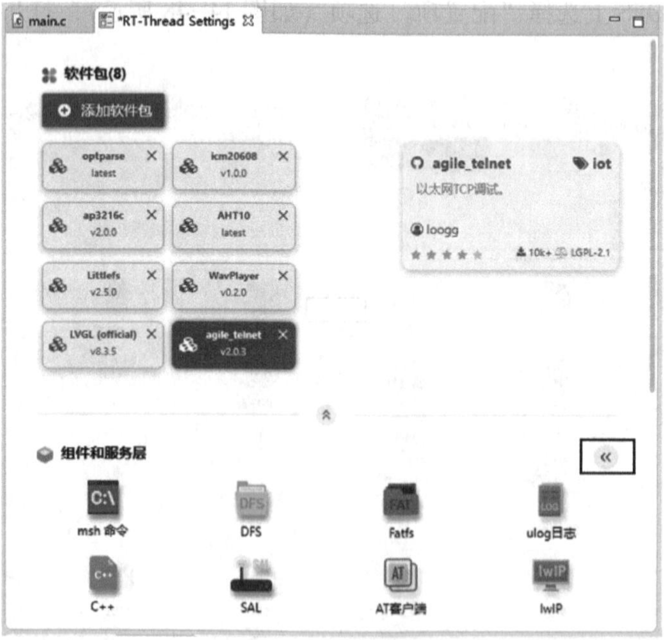

图 14-50　侧栏按钮位置

树形配置界面中有四大类配置：内核、组件、软件包和硬件。单击标签可以切换不同的配置类别，单击侧栏按钮可以隐藏该属性配置界面，内核配置如图 14-51 所示。

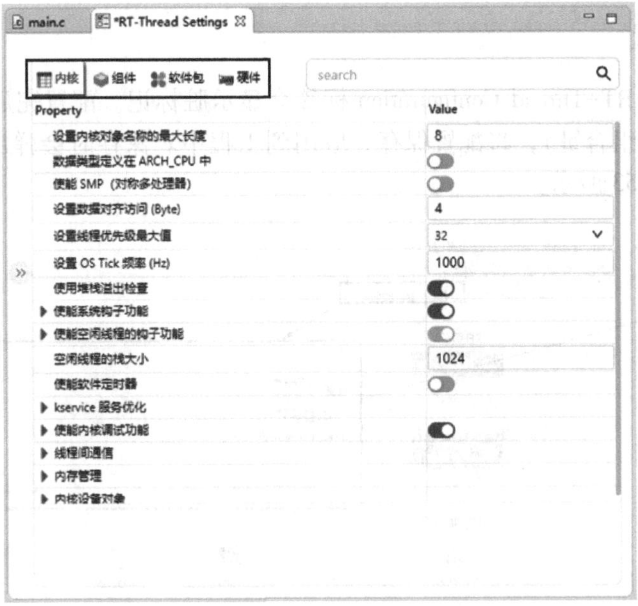

图 14-51 内核配置

14.3.7 搜索配置

当需要搜索某个配置时，需要在详细配置里选中任意配置树节点，单击鼠标右键，在弹出的快捷菜单中选择“搜索”命令；或者在详细配置里选中任意配置树节点后，按下快捷键〈Ctrl+F〉，即可弹出配置搜索对话框，输入搜索关键词后单击“搜索”按钮，即可搜索出所有匹配关键词的配置，在结果列表里选择不同的结果查看时，配置树会自动跳转到对应配置位置，如图 14-52 所示。

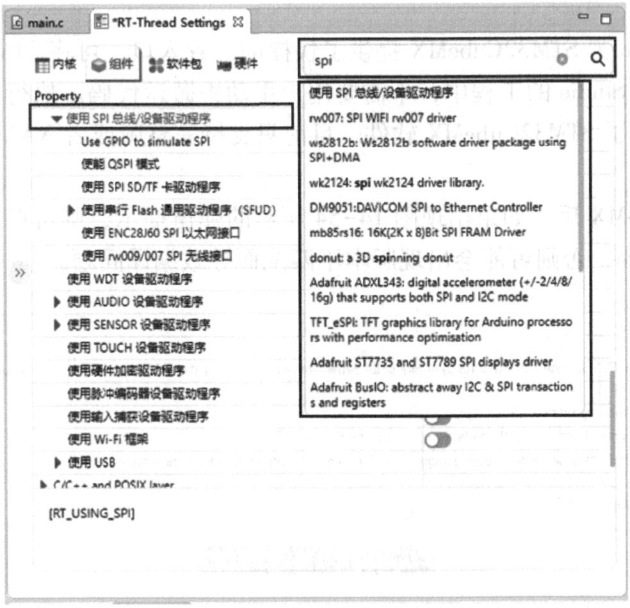

图 14-52 搜索配置

14.3.8 保存配置

当配置修改后，RT-Thread Configuration 标签会显示脏标记。配置完后要单击“保存”按钮（或按〈Ctrl+S〉组合键），将配置保存并应用到工程中。保存时会弹出进度提示框，提示保存进度，如图 14-53 所示。

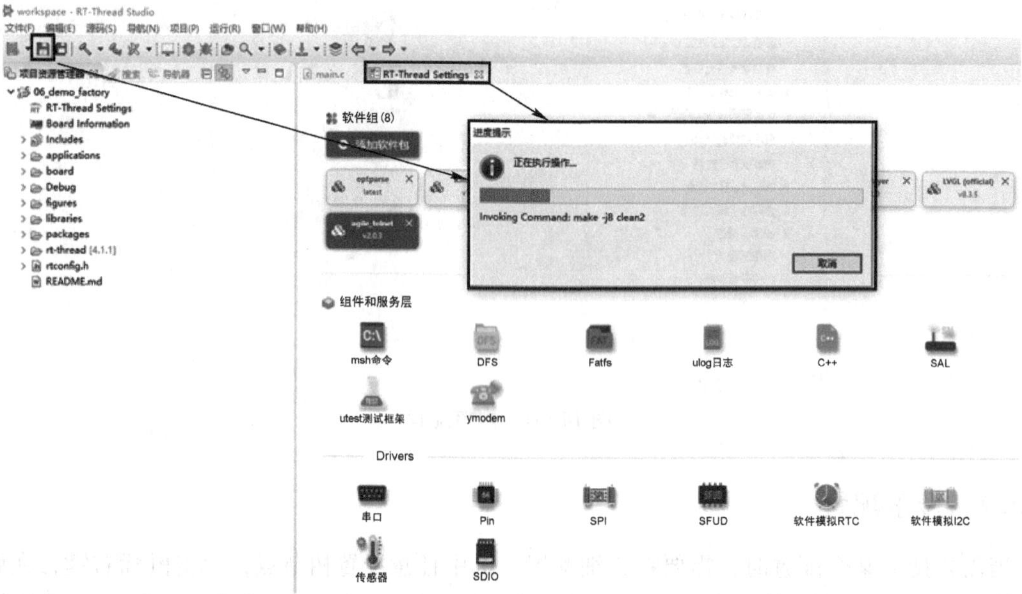

图 14-53 保存进度

14.4 CubeMX 配置

RT-Thread Studio 为 STM32CubeMX 提供了快捷的配置入口，可将 STM32CubeMX 配置的内容应用到 RT-Thread Studio 的工程中，不需要用户手动去搬运代码。执行该操作的前提是用户的计算机上已经安装了 STM32CubeMX 软件。目前只支持完整版或者 NANO 版的基于芯片创建的 STM32 系列工程。

启动 STM32CubeMX 后，如果出现图 14-54 所示的弹窗提示，则可单击“Download”按钮下载旧版本的 package，否则可能会出现版本不匹配而导致编译问题。

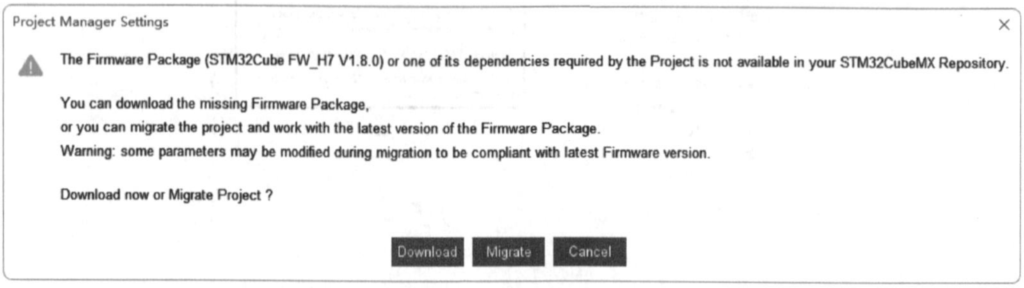

图 14-54 项目管理配置弹窗提示

STM32CubeMX 详细的操作说明可参考有关手册。

14.5 代码编辑

RT-Thread Studio 的代码编辑功能支持灵活的编码和编辑操作。用户可以通过按〈Alt+Enter〉组合键设置当前文件的编码格式，或者通过项目属性设置整个项目的编码格式。工作空间的编码格式可在首选项中设置，默认值为 UTF-8。此外，“编辑”菜单和源码编辑器的右键快捷菜单提供了丰富的编辑功能选项。用户可以通过简单的操作完成编码格式设置和各类编辑任务，提高开发效率和代码质量。

14.5.1 编码

1. 设置当前文件的编码格式

在当前文件中按〈Alt+Enter〉组合键，会出现图 14-55 所示的界面，从中可以看到设置编码格式的选项（图 14-55 所示的矩形框内）。另外，在“其他”下拉列表中可以选择想要的编码格式。

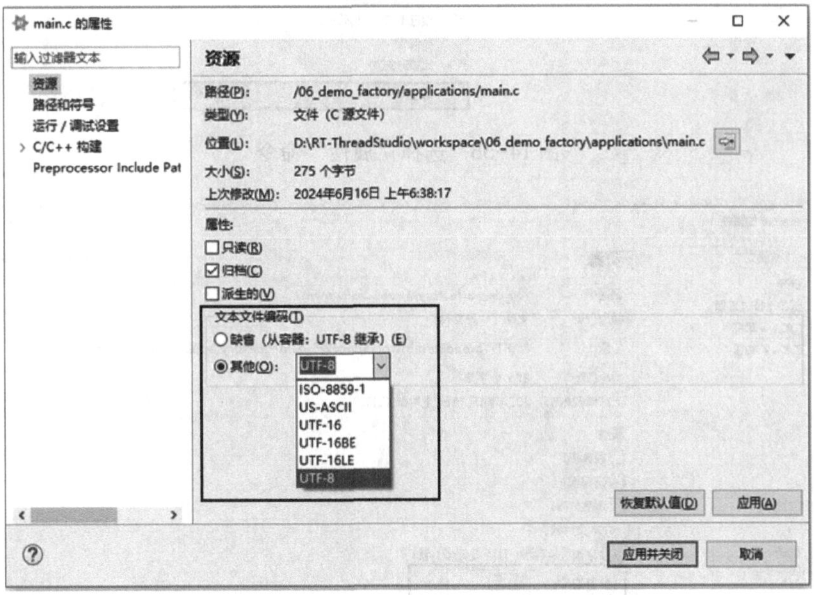

图 14-55　设置编码格式界面

2. 设置当前项目（Project）的编码格式

选中用户所创建的项目，右键单击会弹出图 14-56 所示的快捷菜单，选择“属性”命令（图 14-56 所示的矩形框内）。

此时弹出图 14-57 所示的界面，默认的是从容器继承，选择“其他”单选按钮，从下拉列表中选择需要应用的编码，然后单击“应用并关闭”按钮即可。

3. 设置工作区间的编码格式

选择“窗口”→“首选项”命令，如图 14-58 所示。

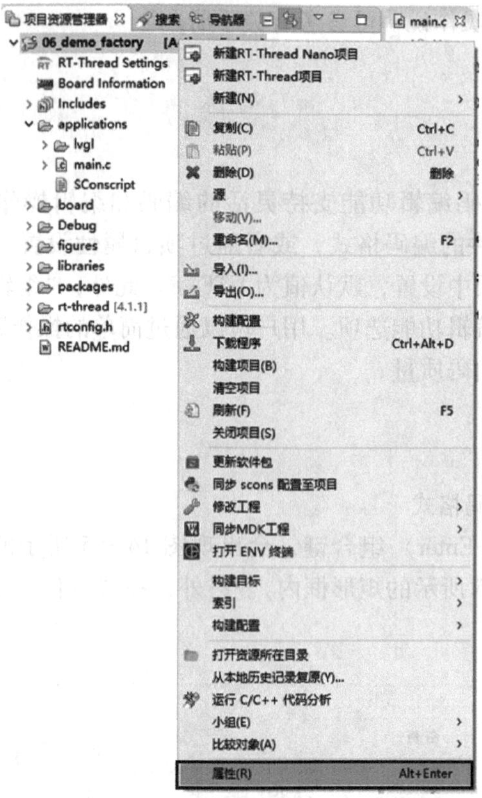

图 14-56　选择“属性”命令

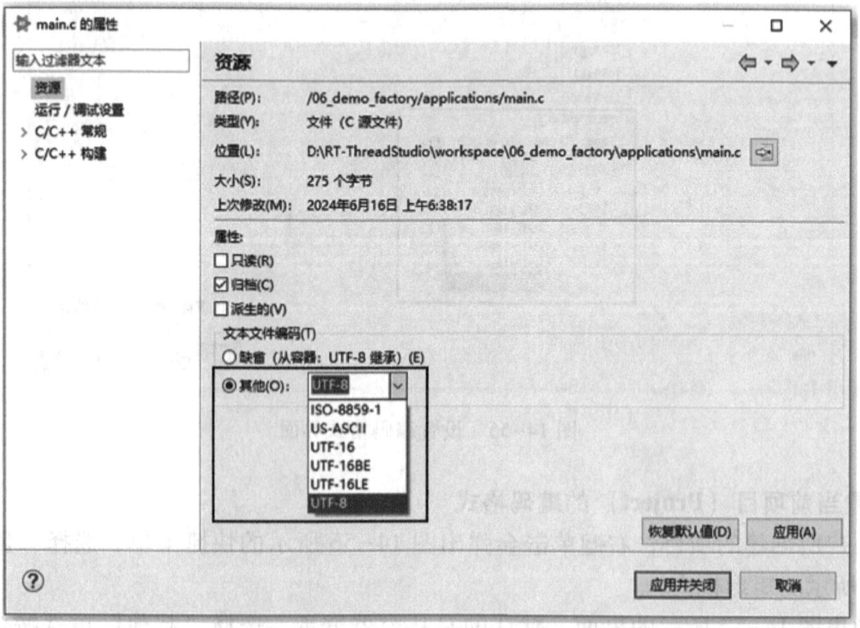

图 14-57　文本文件编码设置

此时打开“首选项”对话框，单击“常规”→“工作空间”选项，会出现设置编码格式的选项。默认的编码格式是 UTF-8，然后单击“应用并关闭”按钮即可，如图 14-59 所示。

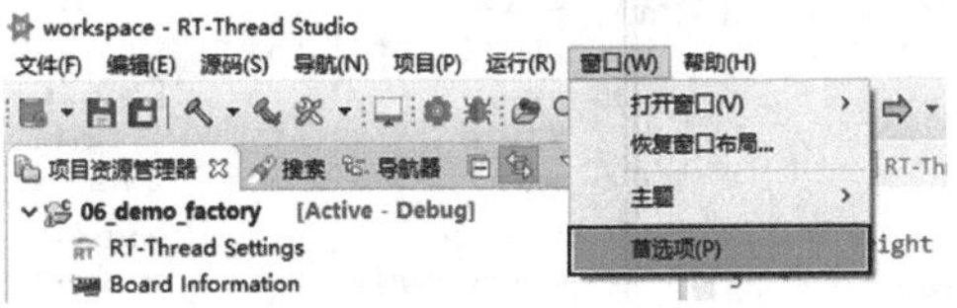

图 14-58 选择“窗口”→“首选项”命令

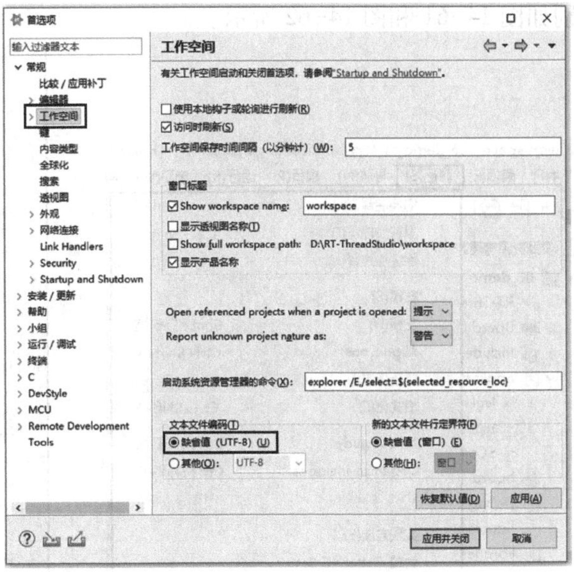

图 14-59 设置工作空间的编码格式

14.5.2 编辑

通过“编辑”菜单或者源码编辑器的右键快捷菜单，可以选择对应的编辑系列功能，如图 14-60 所示。

图 14-60 “编辑”菜单和源码编辑器的右键快捷菜单

14.6 源码

通过“源码”菜单或者源码编辑器的右键快捷菜单，可以选择对应的源码系列功能，分别如图 14-61 和图 14-62 所示。

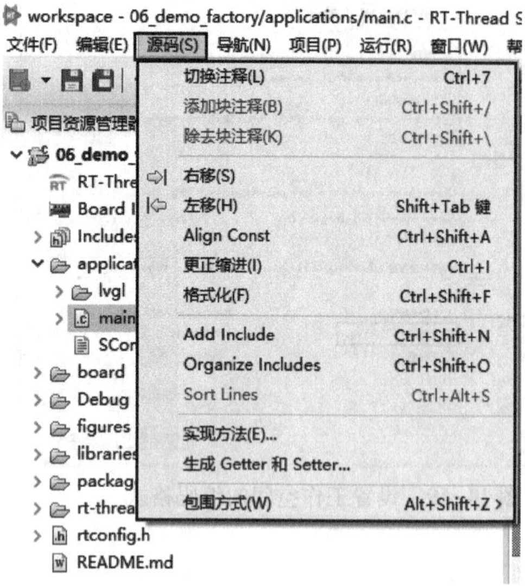

图 14-61 “源码”菜单

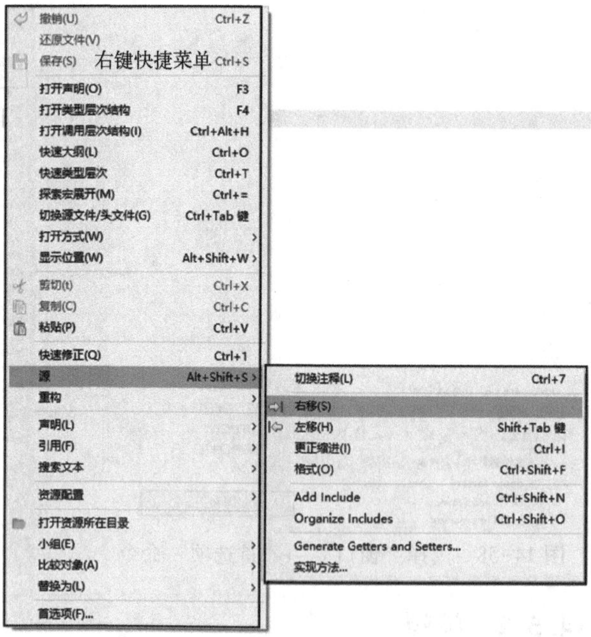

图 14-62 源码编辑器的右键快捷菜单

14.7 重构

通过源码编辑器的右键快捷菜单，可以选择对应的重构系列功能，“重构”命令如图 14-63 所示。

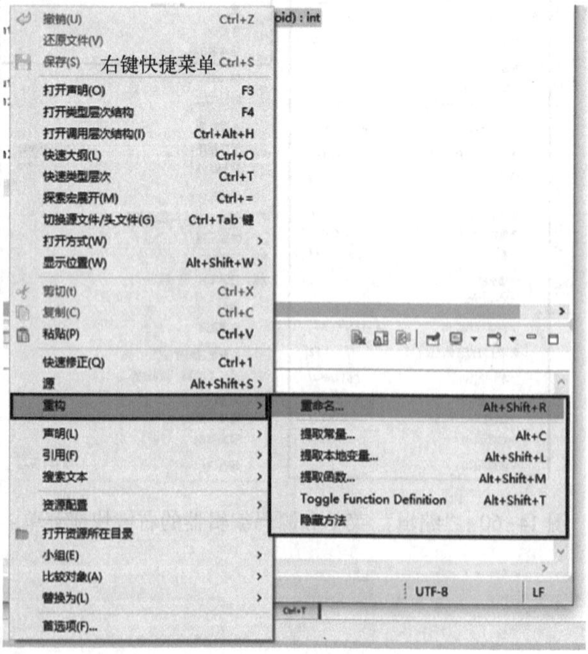

图 14-63 “重构”命令

14.8 导航

通过“导航”菜单或者“导航”在源码编辑器的右键快捷菜单，可以选择对应的导航系列功能，分别如图 14-64 和图 14-65 所示。

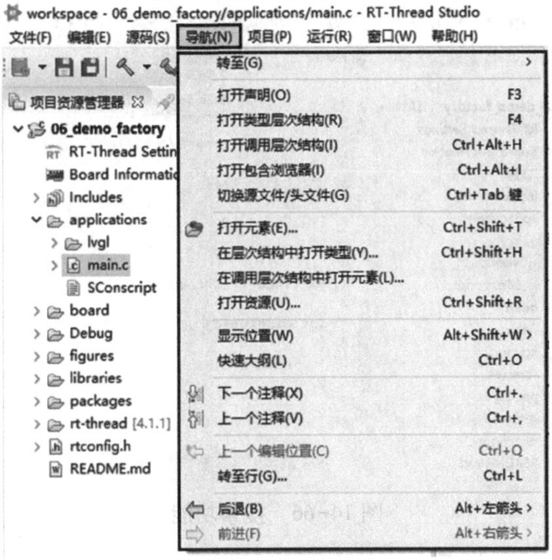

图 14-64 “导航”菜单

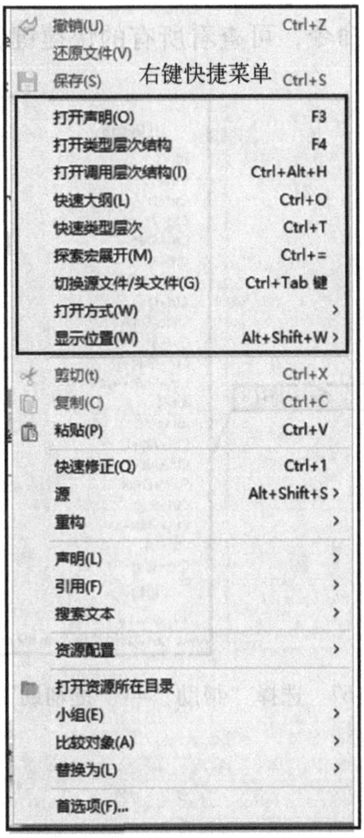

图 14-65 “导航”在源码编辑器内的右键快捷菜单

14.9 搜索

单击“搜索”按钮，选择对应的搜索功能，如图 14-66 所示。

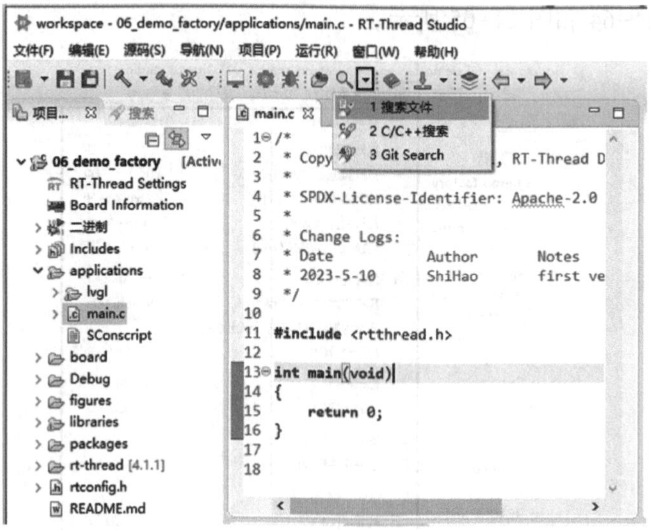

图 14-66 搜索功能

14.10 辅助键

选择“帮助”→“键辅助”命令，可查看所有的快捷键，如图 14-67 所示。

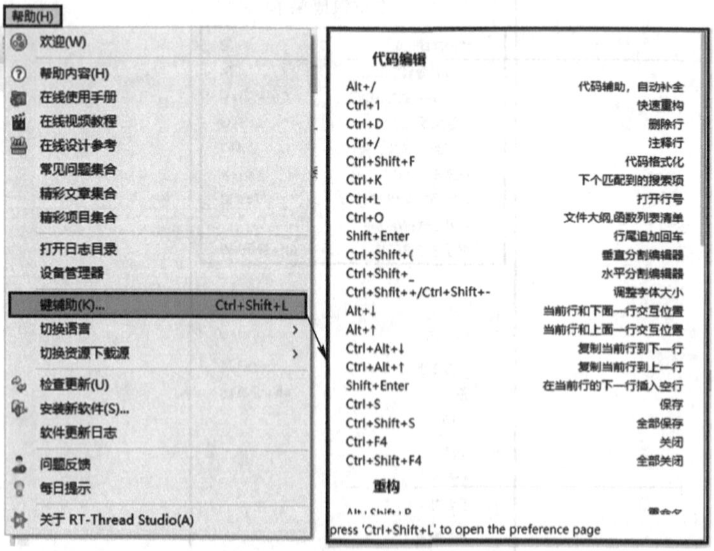

图 14-67 选择“帮助”→“键辅助”命令

14.11 构建配置

RT-Thread Studio 提供了丰富的构建配置功能，满足开发者不同的项目需求。用户可以通过单击工具栏中的“打开构建配置”按钮进入配置界面，对项目进行详细的构建参数配置。配置选项包括头文件路径、宏定义、链接脚本、外部二进制库文件等，简化了项目文件的管理。用户还可以设置输出文件格式，如生成 .hex 文件和静态库，并根据需求配置构建后的命令执行步骤。对于特定标准，如 C99，也可以在相应配置项中进行设置。所有配置完成后，需单击“应用并关闭”按钮以生效，确保配置正确应用到项目中，从而提升开发效率和项目管理的灵活性。

14.11.1 构建配置入口

构建项目之前，如果需要对项目进行构建参数配置，可单击工具栏中的“打开构建配置”按钮，如图 14-68 所示。

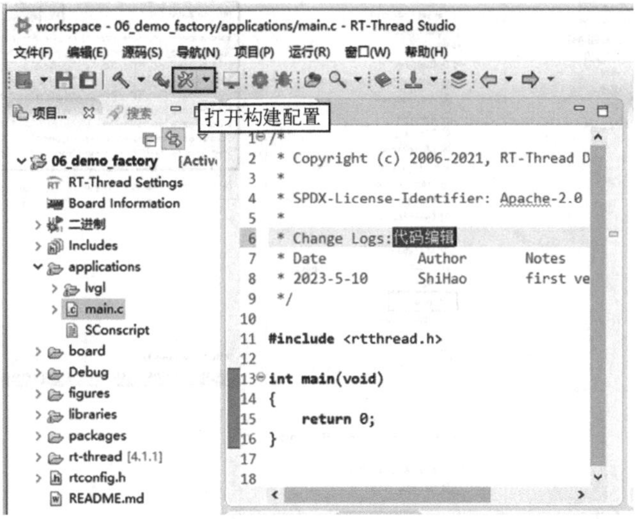

图 14-68 “打开构建配置”按钮

对项目进行构建参数配置，如图 14-69 所示。

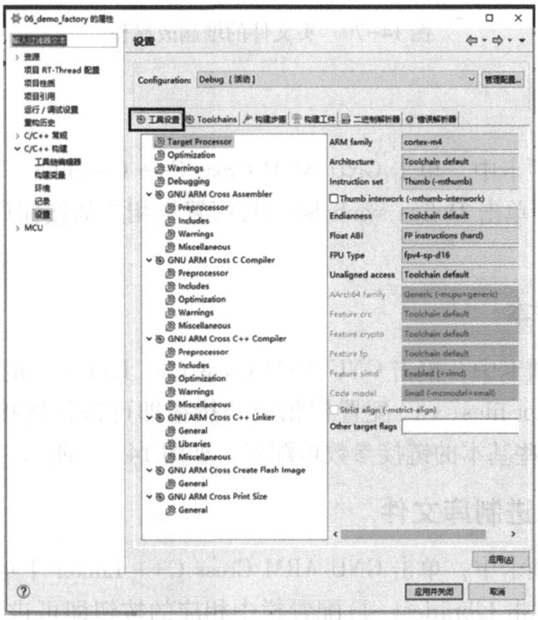

图 14-69 构建参数配置

14.11.2 配置头文件路径

在“工具设置”选项卡中，单击 GNU ARM Cross C++ Compiler 下的 Includes 配置项即可打开头文件路径配置参数，单击 Include paths(-I)配置栏中相应的按钮即可进行头文件的增删改操作，如图 14-70 所示。

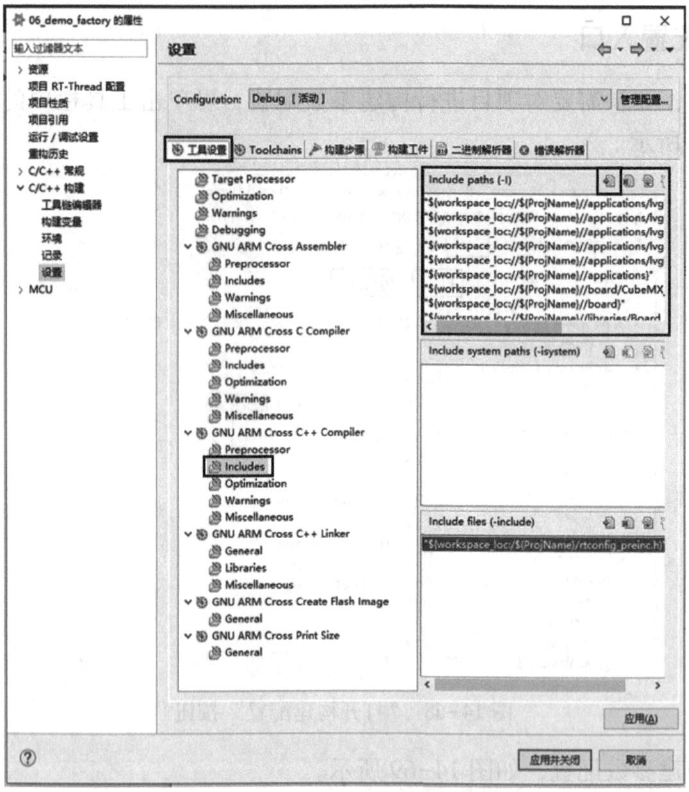

图 14-70 头文件的增删改操作

14.11.3 配置宏定义

在“工具设置”选项卡中，单击 GNU ARM Cross C++ Compiler 下的 Preprocessor 配置项即可打开宏定义配置参数，单击 Define symbols(-D)配置栏相应的按钮即可进行宏定义的增删改操作，如图 14-71 所示。

14.11.4 配置链接脚本

在“工具设置”选项卡中，单击 GNU ARM Cross C++ Linker 下的 General 配置项即可设置链接脚本文件，单击 Script files(-T)配置栏相应的按钮即可进行链接脚本的增删改操作，在 Script files(-T)下方有一些基本的链接参数可配置，如图 14-72 所示。

14.11.5 配置外部二进制库文件

在“工具设置”选项卡中，单击 GNU ARM Cross C++ Linker 下的 Libraries 配置项即可设置外部二进制库文件，单击 Libraries(-l)配置栏中相应的按钮即可进行库文件的增删改操作，在 Library search path(-L)配置栏中配置库文件相应的路径，如图 14-73 所示。

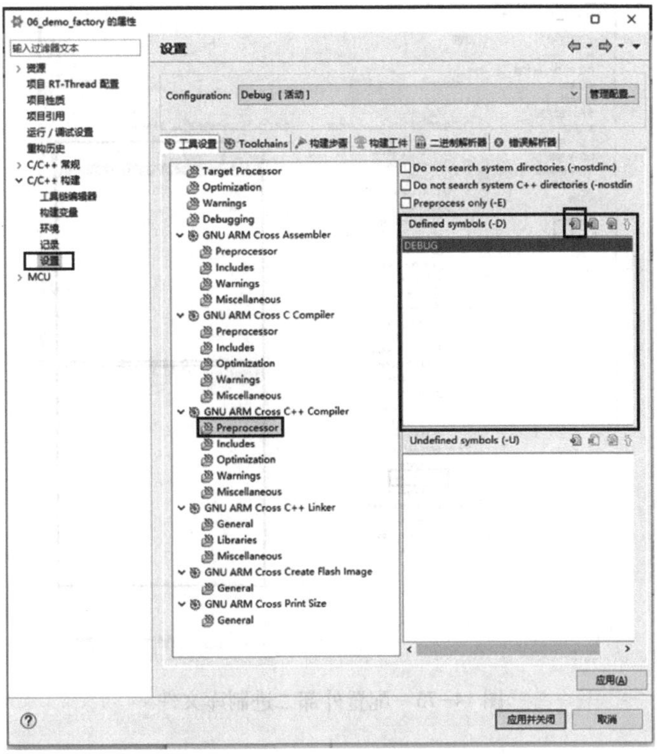

图 14-71　宏定义的增删改操作

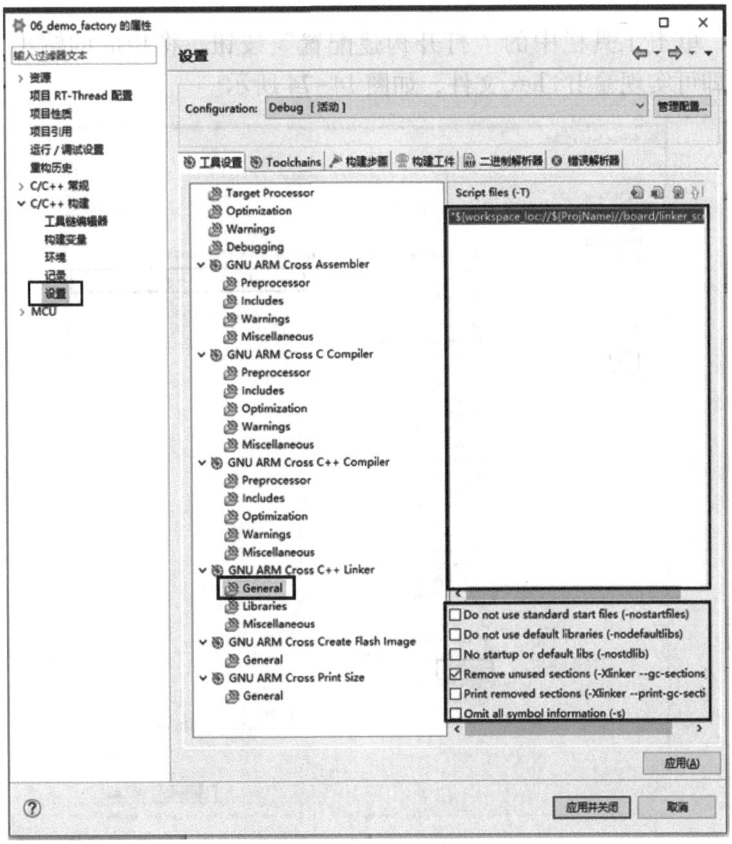

图 14-72　配置链接脚本

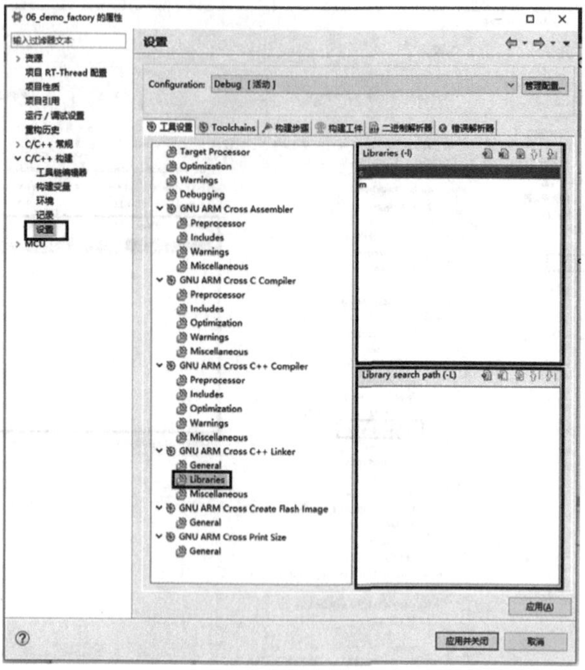

图 14-73　配置外部二进制库文件

14.11.6　生成 . hex 文件

选中项目后，单击工具栏中的“打开构建配置”按钮，将相应的输出文件格式设置成 HEX 文件格式，即可实现输出 . hex 文件，如图 14-74 所示。

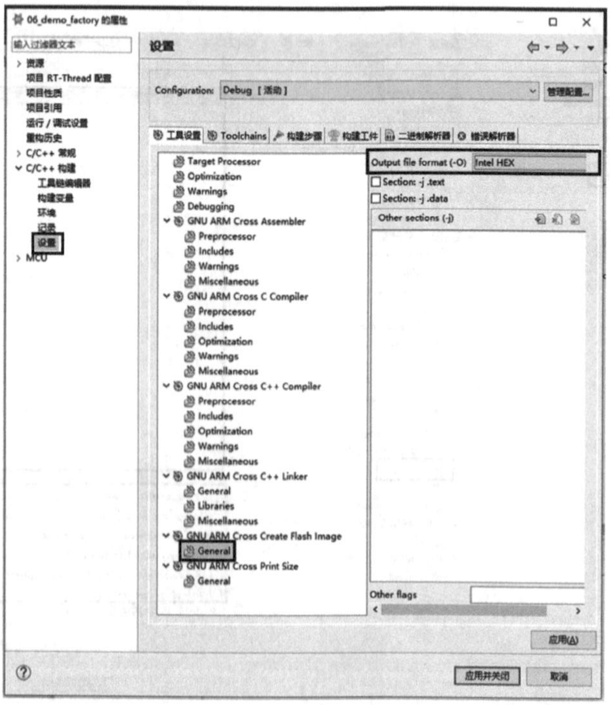

图 14-74　生成 . hex 文件

如果需要同时生成 . bin 文件和 . hex 文件，那么在“构建后步骤”里添加构建后生成 . hex 文件的命令即可，如图 14-75 所示。

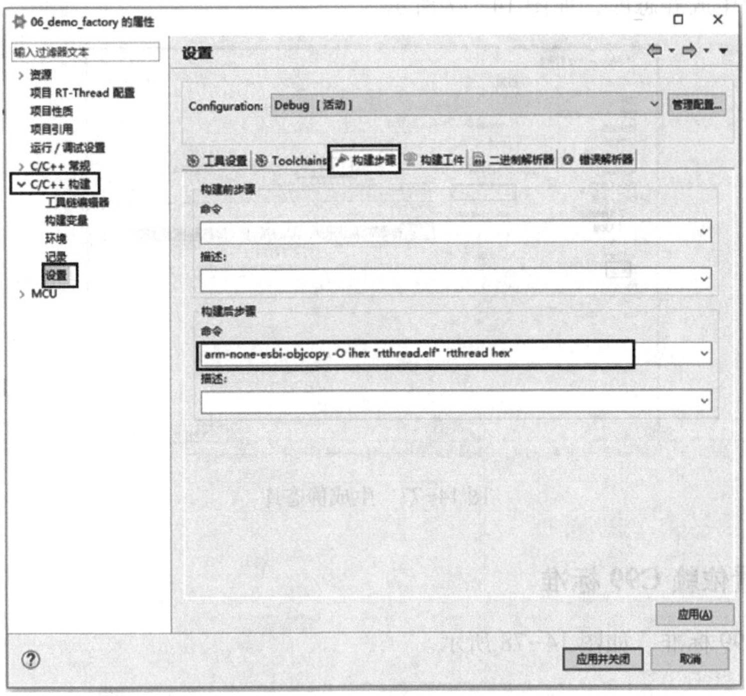

图 14-75　“构建步骤”选项卡

构建后生成的 . hex 文件在项目的 Debug 目录下，如图 14-76 所示。

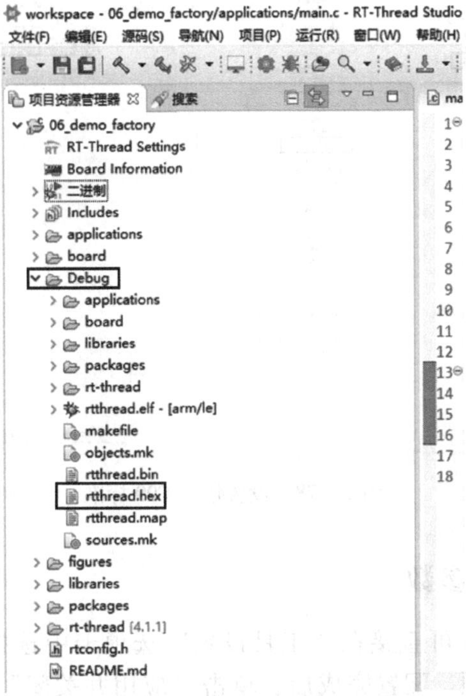

图 14-76　构建后生成的 . hex 文件

14.11.7 生成静态库

将项目编译生成静态库，如图 14-77 所示。

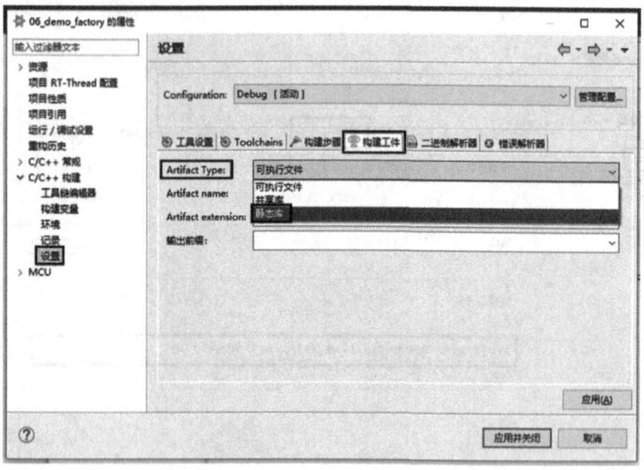

图 14-77　生成静态库

14.11.8 设置依赖 C99 标准

设置依赖 C99 标准，如图 14-78 所示。

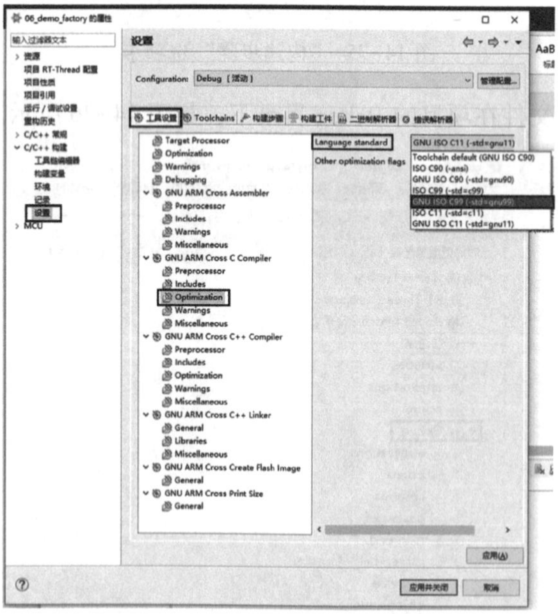

图 14-78　设置依赖 C99 标准

14.11.9 配置其他构建参数

要配置其他构建参数，可直接在“工具设置”选项卡中选择相应类型的配置树节点，并设置其提供的详细配置项。配置完成后，单击“应用并关闭”按钮，配置即可生效，如图 14-79 所示。

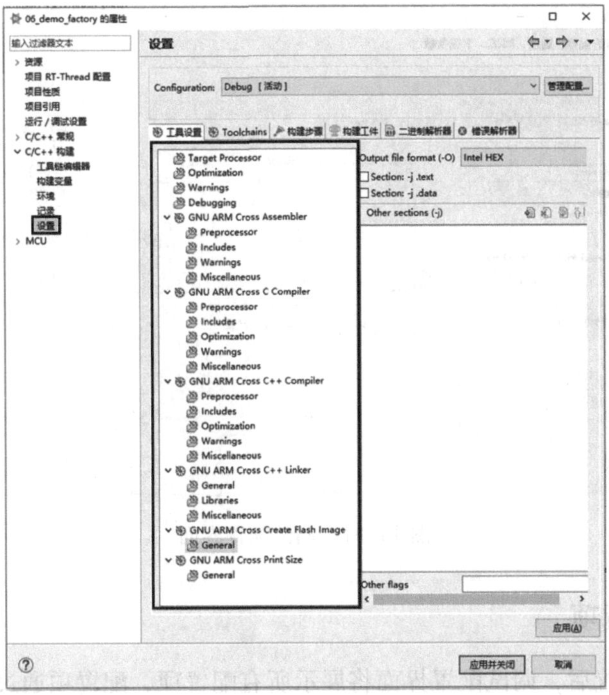

图 14-79　配置其他构建参数

14.12　调试配置

RT-Thread Studio 的调试配置功能支持用户在下载和启动调试前，对项目进行详细的调试参数配置。

14.12.1　调试配置入口

单击工具栏上的“打开调试配置”按钮（如图 14-80 所示），可打开调试配置界面，如图 14-81 所示。

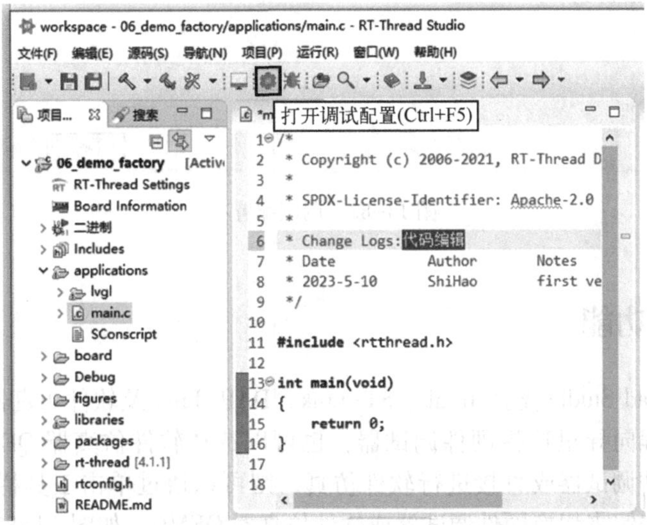

图 14-80　单击“打开调试配置”按钮

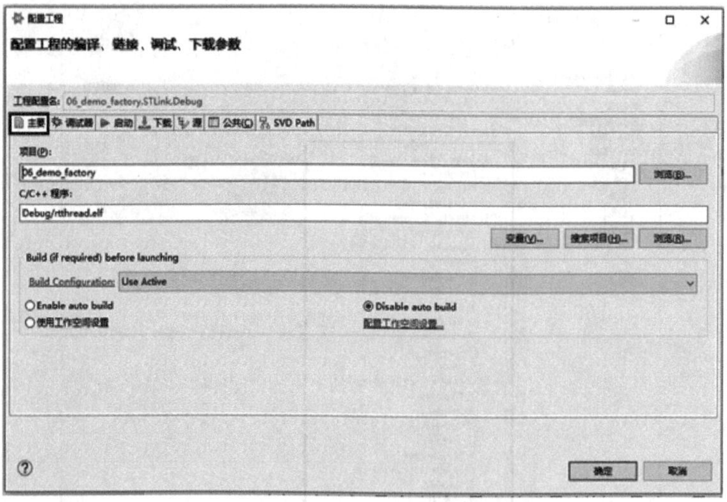

图 14-81　调试配置界面

14.12.2　调试配置项

选中一个调试配置后，调试配置界面将展示所有配置项，配置项通过配置项分类标签页进行分类，通过单击不同的标签展示不同类别的配置项。修改配置项后，单击“确定”按钮即可保存配置修改，如图 14-82 所示。

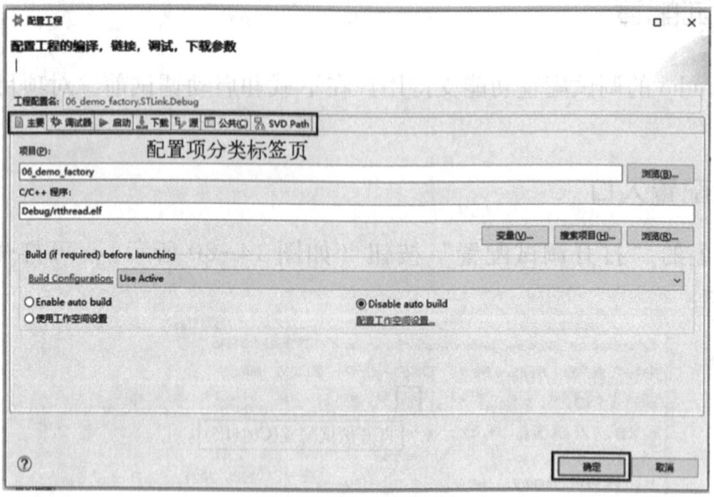

图 14-82　调试配置项

14.13　下载功能

目前，RT-Thread Studio 支持 JLink、ST-Link、DAP-Link 及软件仿真器 QEMU。新建工程时，可以在新建工程向导里选择硬件调试器，也可以选择软件仿真器 QEMU。项目创建好之后，如果想切换硬件调试器或直接进行软件仿真，则可以通过单击工具栏中“下载程序”按钮旁边的三角下拉按钮来切换硬件调试器或软件仿真器 QEMU，如图 14-83 所示。

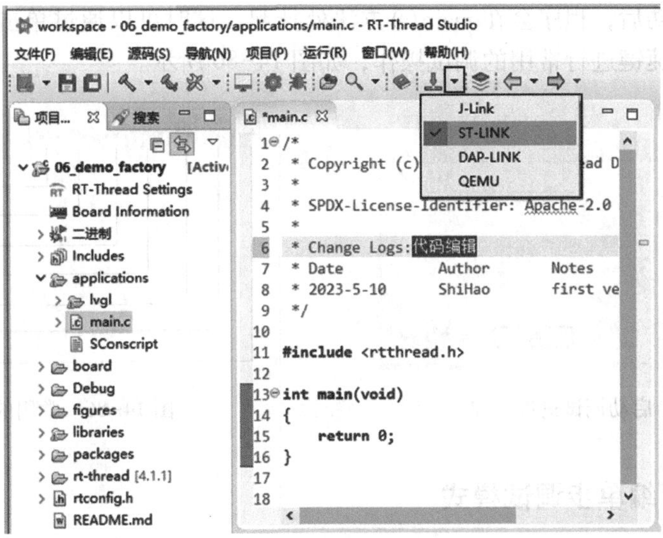

图 14-83　切换调试器

14.14　调试

RT-Thread Studio 的调试功能丰富且强大。通过单击“启动调试”按钮并查看启动进度信息，用户可以在程序挂起于 main( ) 方法时，利用工具栏或快捷键进行各类常用的调试操作。调试配置还支持启用汇编单步调试模式和查看核心寄存器及外设寄存器。在调试过程中，用户可以通过专用窗口查看变量和内存，并设置断点进行程序控制。表达式窗口可以监控特定表达式的值，提供了灵活的调试信息管理。

14.14.1　调试常用操作

单击图 14-84 中的“启动调试”按钮，弹出图 14-85 所示的启动调试进度信息。

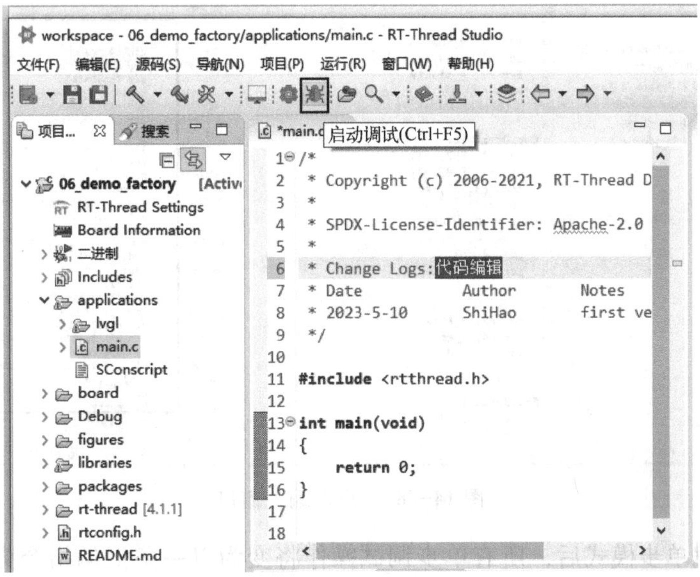

图 14-84　“启动调试”按钮

当启动调试成功后，程序会在 main( )方法处挂起，这时可以通过单击工具栏上的调试相关操作按钮或者快捷键进行常用的调试操作，如图 14-86 所示。

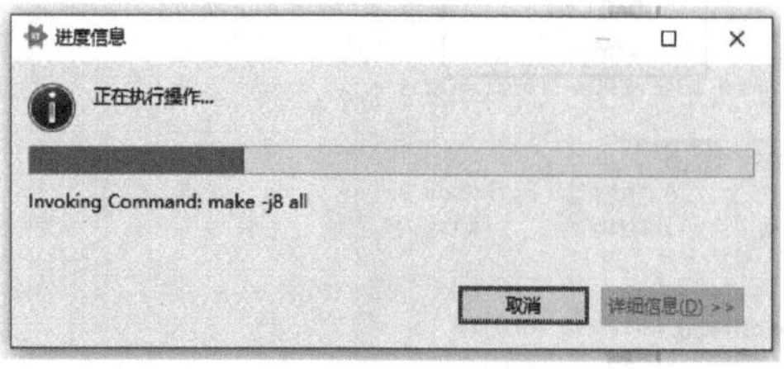

图 14-85　启动调试进度信息

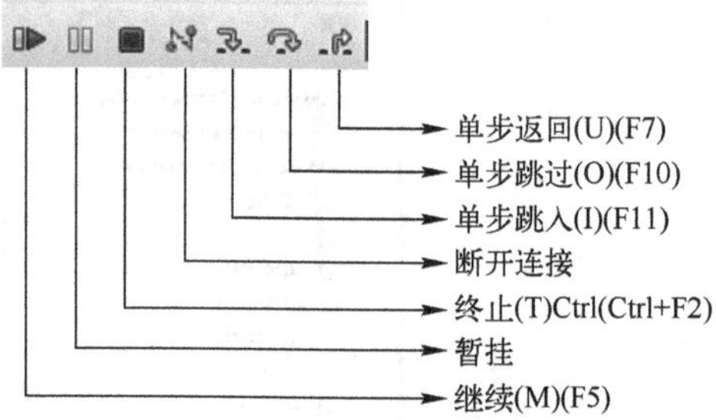

图 14-86　常用的调试操作

14.14.2　启用汇编单步调试模式

单击工具栏上的“单步跳入”按钮（如图 14-87 所示），会自动打开“反汇编”窗口，此时“单步跳入”按钮呈凹下去的状态，代表当前处于反汇编单步模式，如图 14-88 所示。

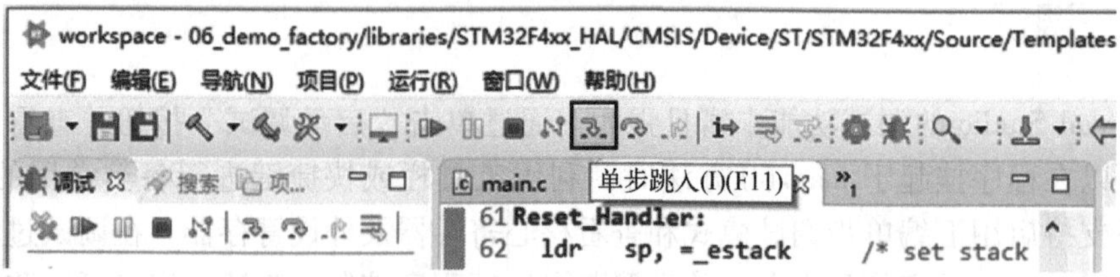

图 14-87　“单步跳入”按钮

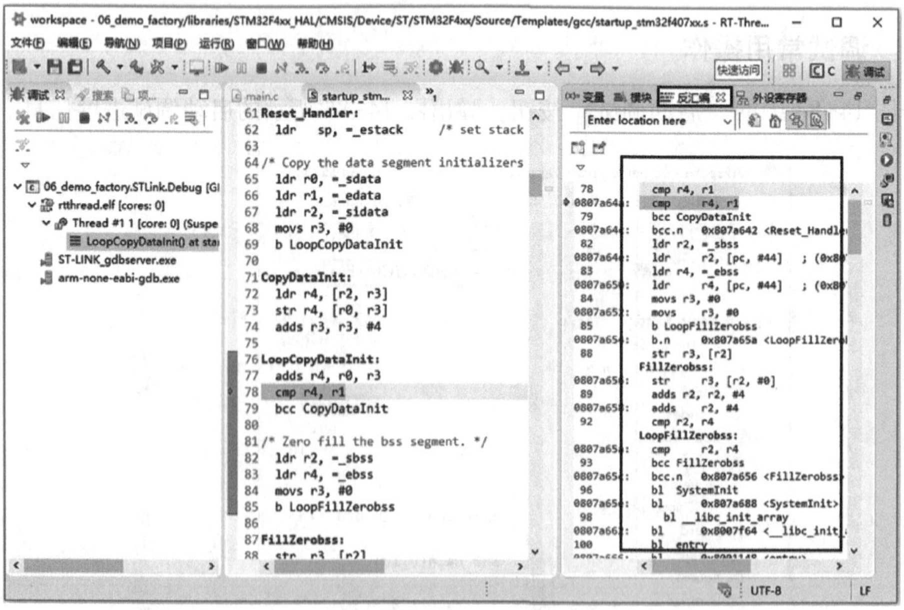

图 14-88　“反汇编”窗口

当进入反汇编单步模式后，所有单步调试操作将变为以一条汇编指令为单位进行单步执行，此时指令跳转情况可以在“反汇编”窗口中进行查看。

若要退出反汇编单步模式，则直接再次单击“单步跳入”按钮即可。

14.14.3　查看核心寄存器

选择“窗口”→“打开窗口”→“寄存器”命令（如图 14-89 所示），即可查看核心寄存器，如图 14-90 所示。

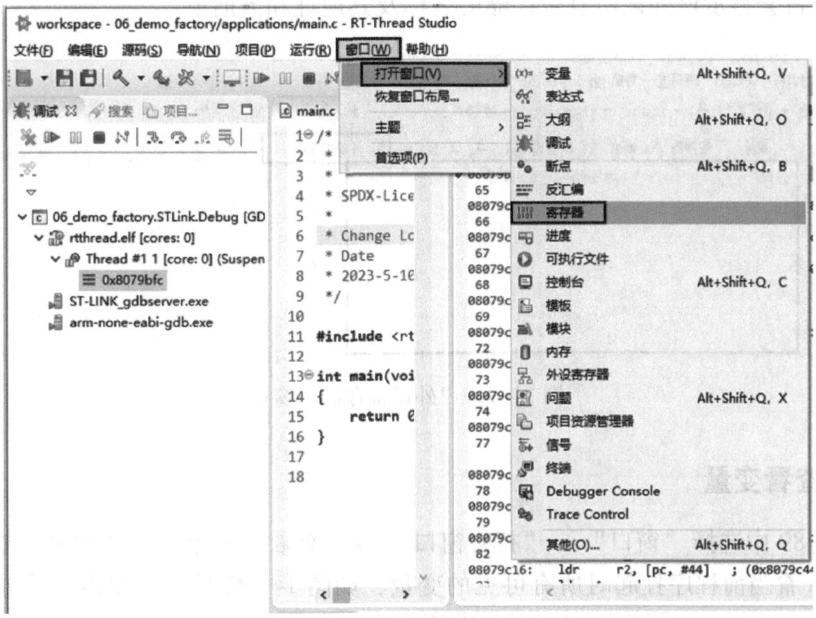

图 14-89　选择“窗口”→“打开窗口”→“寄存器”命令

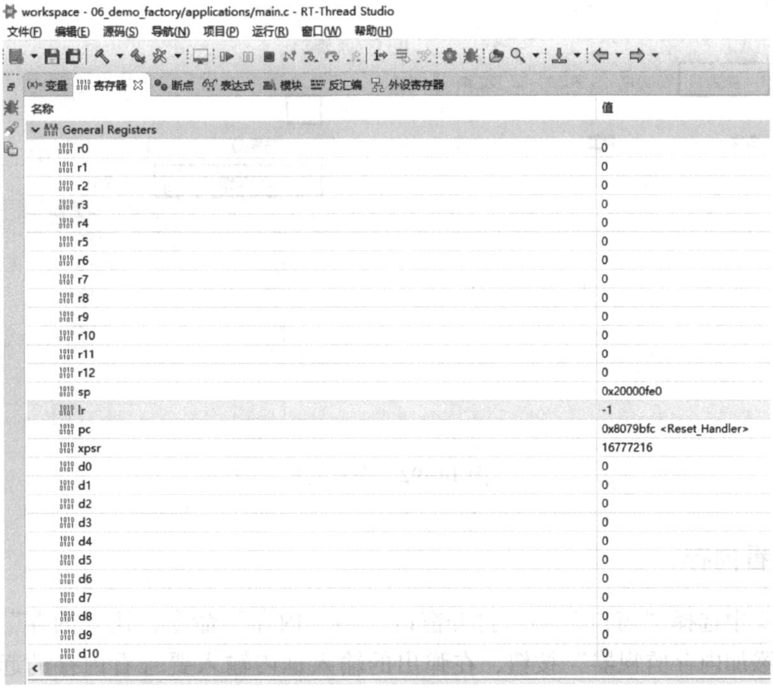

图 14-90　查看核心寄存器

14.14.4 查看外设寄存器

在图 14-89 中选择“窗口”→“打开窗口”→“外设寄存器”命令，让“外设寄存器”窗口显示在最前面，如图 14-91 所示。若 RT-Thread Studio 存在相应的 . svd 文件，则该窗口将会显示所有外设名称及其地址和描述。用户可在“外设寄存器”窗口中选择要查看的外设，“内存”窗口将会显示该外设所有寄存器的名称及其地址和当前值。

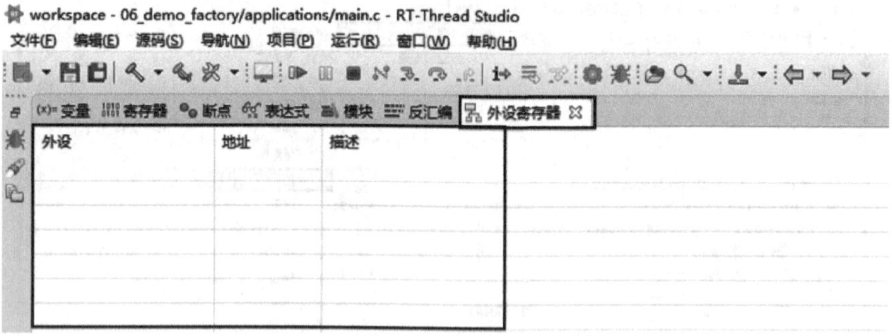

图 14-91 “外设寄存器”窗口

14.14.5 查看变量

在图 14-89 中选择“窗口”→“打开窗口”→“变量”命令，让“变量”窗口显示在最前面，即可查看当前程序挂起时所有可见的变量，如图 14-92 所示。单击“变量”窗口最右边的三角下拉按钮，可以设置变量显示的数值格式。

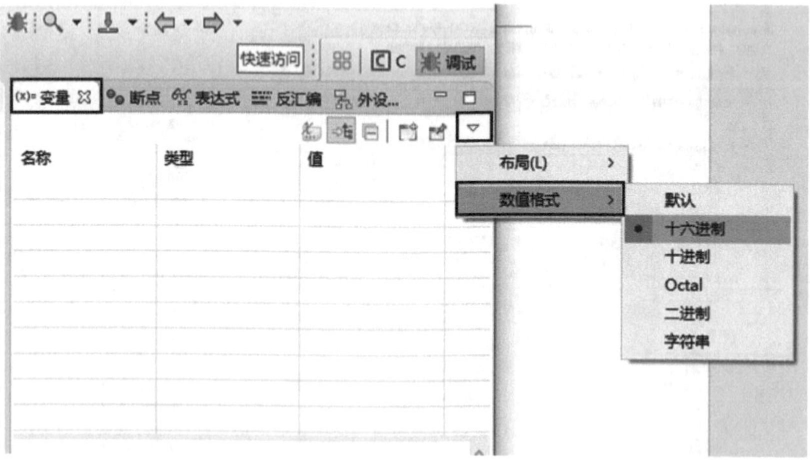

图 14-92 查看变量

14.14.6 查看内存

在图 14-89 中选择“窗口”→“打开窗口”→“内存”命令，让“内存”窗口显示在最前面。单击“添加内存监视器”按钮，在弹出的输入框内输入要查看内存的起始地址，单击“确定”按钮即可添加要查看的内存，如图 14-93 所示。

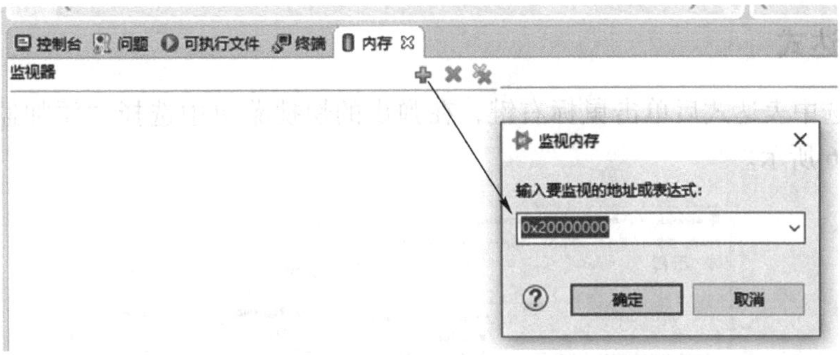

图 14-93 输入要查看内存的起始地址

添加内存监视器后，“内存”窗口会立即显示刚输入的内存起始地址的一段内存，如图 14-94 所示。

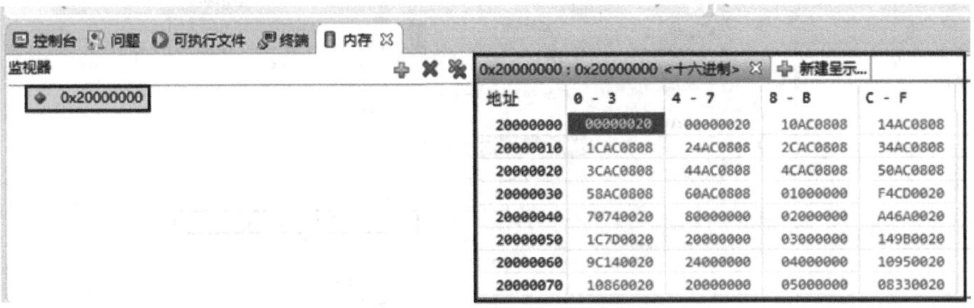

图 14-94 内存起始地址的一段内存

14.14.7 断点

在源码编辑窗口边栏，双击即可设置断点，再次双击即可删除断点。在图 14-89 中选择“窗口”→“打开窗口”→“断点”命令，即可查看和管理所有断点，通过“断点”窗口工具栏可以进行删除、取消等断点管理操作，如图 14-95 所示。

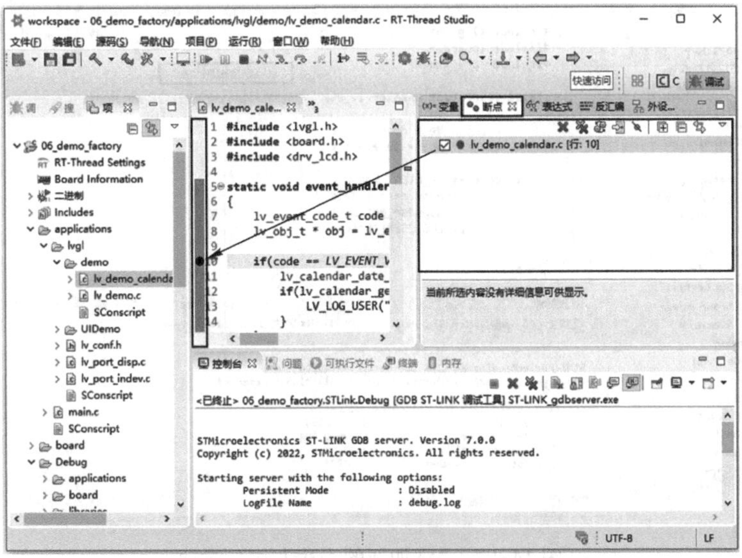

图 14-95 断点

14.14.8 表达式

在源码内选中表达式后单击鼠标右键，在弹出的快捷菜单中选择“添加监看表达式”命令，如图 14-96 所示。

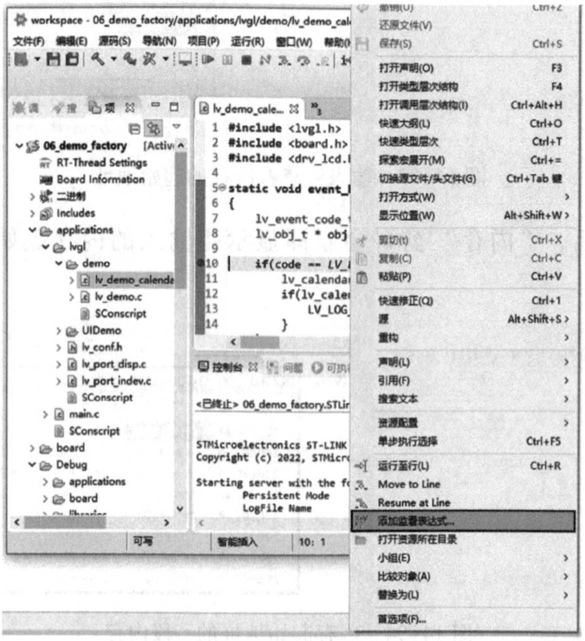

图 14-96 选择“添加监看表达式”命令

此时即可将表达式添加到“表达式”窗口，或者直接单击“表达式”窗口内的“添加新的表达方式”选项，通过直接输入的方式添加想要查看的表达式的值，如图 14-97 所示。

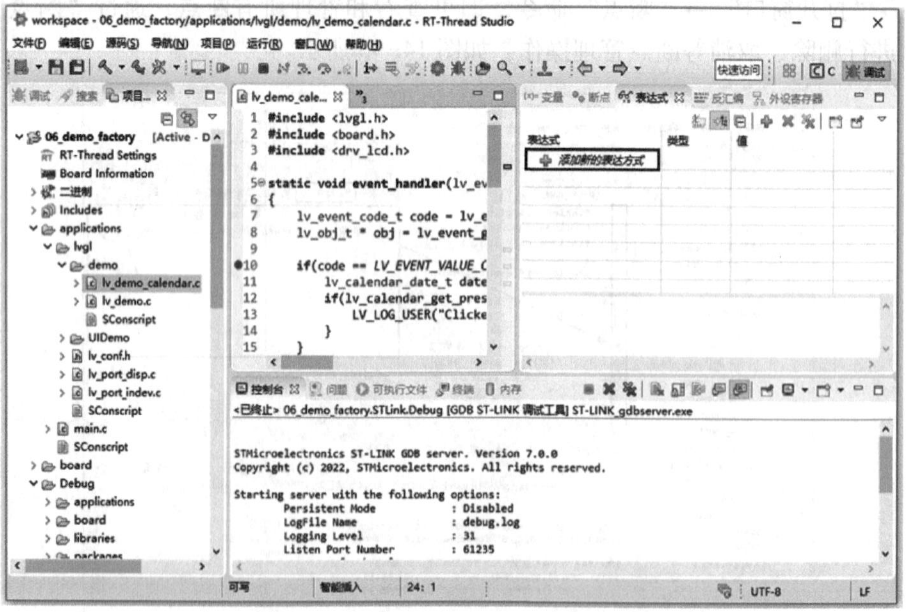

图 14-97 “添加新的表达方式”选项

14.15　取消启动调试前的自动构建

选择“窗口”→“首选项”命令，如图 14-98 所示。

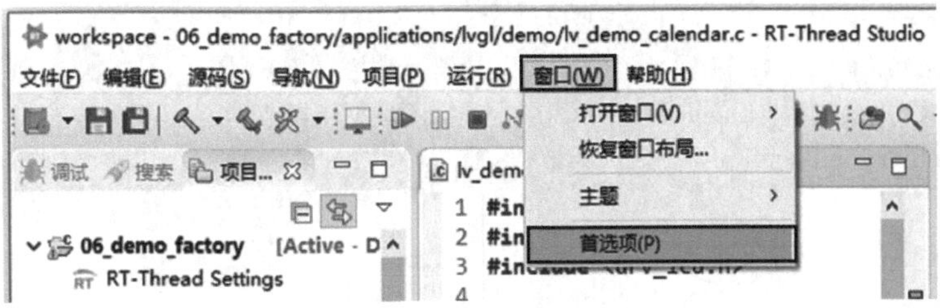

图 14-98　选择“窗口”→“首选项”命令

此时打开“首选项”对话框，展开“运行/调试”选项并单击“启动”选项，将“在启动之前构建（如必需）”复选框取消勾选，即可取消启动调试前的自动构建，如图 14-99 所示。

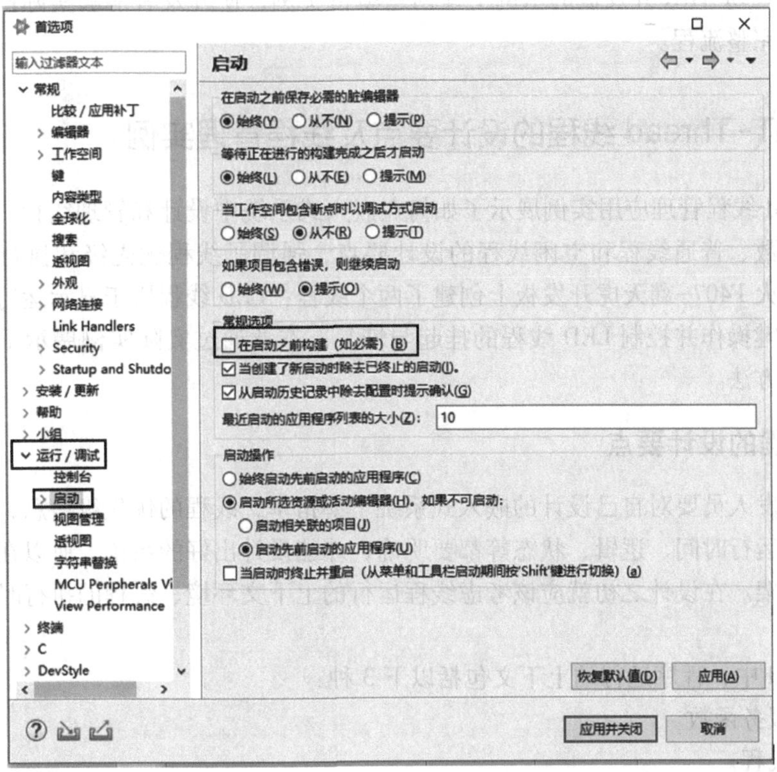

图 14-99　取消启动调试前的自动构建

第 15 章 RT-Thread 开发应用实例

本章讲述 RT-Thread 在开发应用中的具体实例，帮助开发者深入掌握该操作系统的实际应用。首先讨论 RT-Thread 线程管理的线程设计要点和线程管理实例，通过实例展示如何有效设计和管理线程。然后介绍 STM32F407-RT-SPARK 开发板的特性和功能，通过实际工程项目，展示如何基于该开发板创建 RT-Thread 模板工程，并讲解项目架构和配置方法。最后介绍基于 STM32F407-RT-SPARK 开发板的示例工程创建项目实例，使开发者能够实际操作并掌握项目创建与应用的完整流程。

15.1 RT-Thread 线程的设计要点及线程管理实例

RT-Thread 线程管理应用实例展示了如何在嵌入式系统中设计和管理线程。本章详细介绍了中断服务函数、普通线程和空闲线程的设计要点，强调了线程优先级和执行时间的合理规划。实例在野火 F407-霸天虎开发板上创建了两个线程：LED 线程用于显示运行状态，按键线程用于检测按键操作并控制 LED 线程的挂起与恢复。本章通过实际实例展示了线程管理的具体应用和实现方法。

15.1.1 线程的设计要点

嵌入式开发人员要对自己设计的嵌入式系统了如指掌，线程的优先级信息，线程与中断的处理，线程的运行时间、逻辑、状态等都要明确，才能设计出好的系统，所以在设计时需要根据需求制定框架。在设计之初就应该考虑线程运行的上下文环境、线程的执行时间应合理设计等因素。

RT-Thread 中，程序运行的上下文包括以下 3 种：

1） 中断服务函数。

2） 普通线程。

3） 空闲线程。

1. 程序运行的上下文

（1） 中断服务函数

中断服务函数是一种需要特别注意的上下文环境，它运行在非线程的执行环境下［一般为芯片的一种特殊运行模式（也被称作特权模式）］。在这个执行环境中不能使用挂起当前线程的操作，不允许调用任何会阻塞运行的 API 函数接口。另外需要注意的是，中断服务程序最好精简短小、快进快出，一般在中断服务函数中只标记事件的发生，让对应线程去执行相关处理。因为中断服务函数的优先级高于任何优先级的线程，如果中断处理时间过长，将会导致整个系统的线程无法正常运行，所以在设计时必须考虑中断的频率、中断的处理时间等重要因素，以便配合对应中断处理线程的工作。

（2）普通线程

普通线程中看似没有什么限制程序执行的因素，似乎所有的操作都可以执行。但是作为一个优先级明确的实时系统，如果一个线程中的程序出现了死循环操作（此处的死循环是指没有不带阻塞机制的线程循环体），那么比这个线程优先级低的线程都将无法执行，当然也包括空闲线程。因为产生死循环时，线程不会主动让出 CPU，低优先级的线程是不可能得到 CPU 的使用权的，而高优先级的线程就可以抢占 CPU。这个情况在实时操作系统中是必须注意的一点，所以在线程中不允许出现死循环。如果一个线程只有就绪状态而无阻塞状态，势必会影响其他低优先级线程的执行，所以在进行线程设计时，就应该保证线程在不活跃时，可以进入阻塞态以交出 CPU 使用权，这就需要明确在什么情况下让线程进入阻塞状态，保证低优先级线程可以正常运行。在实际设计中，一般会将紧急处理事件的线程优先级设置得高一些。

（3）空闲线程

空闲线程（idle 线程）是 RT-Thread 系统中没有其他工作进行时自动进入的系统线程。用户可以通过空闲线程钩子方式，在空闲线程上钩入自己的功能函数。使用这个空闲线程钩子，能够完成一些额外的特殊功能，如系统运行状态的指示、系统省电模式等。除了空闲线程钩子，RT-Thread 系统还把空闲线程用于一些其他的功能。比如，当系统删除一个线程或一个动态线程运行结束时，会先行更改线程状态为非调度状态，然后挂入一个待回收队列中，真正的系统资源回收工作在空闲线程中完成。空闲线程是唯一不允许出现阻塞情况的线程，因为 RT-Thread 需要保证系统有一个可运行的线程。

在空闲线程钩子上挂接的空闲钩子函数，应该满足以下条件：

1）不会挂起空闲线程。

2）不应该陷入死循环，需要留出部分时间以用于系统处理系统资源回收。

2. 线程的执行时间

线程的执行时间一般指两个方面，一是线程从开始到结束的时间，二是线程的周期。

在设计系统时对这两个时间都需要考虑，例如，对于事件 A 对应的服务线程 Ta，系统要求的实时响应指标是 10 ms，而 Ta 的最大运行时间是 1 ms，那么 10 ms 就是线程 Ta 的周期，1 ms 则是线程的运行时间。简单来说，线程 Ta 在 10 ms 内完成对事件 A 的响应即可。此时，系统中还存在以 50 ms 为周期的另一线程 Tb，它每次运行的最长时间是 100 μs。在这种情况下，即使把线程 Tb 的优先级设置得比 Ta 高，对系统的实时性指标也没什么影响，因为即使在 Ta 的运行过程中，Tb 抢占了 Ta 的资源，等到 Tb 执行完毕，消耗的时间也只不过是 100 μs，并且在事件 A 规定的响应时间（10 ms）内，Ta 能够安全完成对事件 A 的响应。但是假如系统中还存在线程 Tc，其运行时间为 20 ms，假如将 Tc 的优先级设置得比 Ta 高，那么 Ta 运行时突然被 Tc 打断，等到 Tc 执行完毕，那么 Ta 已经错过对事件 A（10 ms）的响应，这是不允许的。所以在设计时必须考虑线程的时间，一般来说，处理时间更短的线程优先级应设置得更高一些。

15.1.2 线程管理实例

本应用实例是在野火 F407-霸天虎开发板上调试通过的。

野火 F407-霸天虎实验平台使用 STM32F407ZGT6 作为主控芯片，使用 4.3 寸液晶屏进行交互，可通过 Wi-Fi 的形式接入互联网，支持使用串口（TTL）、485、CAN、USB 协议与其他设备通信，板载 Flash、EEPROM、全彩 RGB LED，还提供了各式通用接口，能满足各种学习需求。

野火 F407-霸天虎开发板如图 15-1 所示。

线程管理实例使用线程常用的函数进行实验，在野火 STM32 开发板上进行。该实例创建了两个线程，一个是 LED 线程，另一个是按键线程。LED 线程显示线程运行的状态，而按键线程则通过检测按键的按下与否来对 LED 线程进行挂起与恢复。

RT-Thread 线程管理 MDK 工程架构如图 15-2 所示。

图 15-1　野火 F407-霸天虎开发板

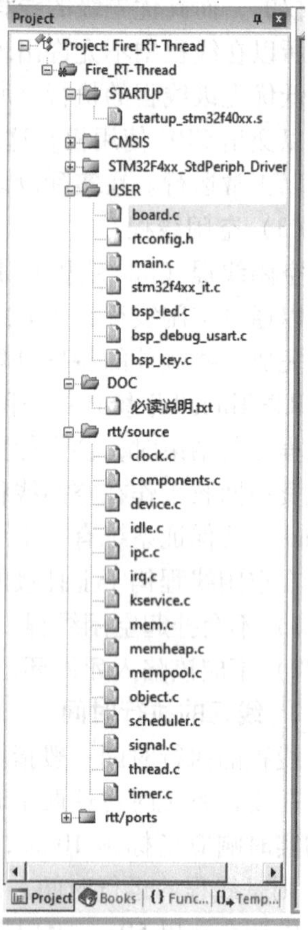

图 15-2　RT-Thread 线程管理 MDK 工程架构

RT-Thread 线程管理代码清单如下。

1. main.c

```
/*
****************************************************************
*                          包含的头文件
****************************************************************
*/
#include "board.h"
#include "rtthread.h"
```

```
/*
*************************************************************************
*                               变量
*************************************************************************
*/
/* 定义线程控制块 */
static rt_thread_t led1_thread = RT_NULL;
static rt_thread_t key_thread = RT_NULL;
/*
*************************************************************************
*                               函数声明
*************************************************************************
*/
static void led1_thread_entry(void * parameter);
static void key_thread_entry(void * parameter);
/*
*************************************************************************
*                               main()函数
*************************************************************************
*/
/**
  * @brief    主函数
  * @param    无
  * @retval   无
  */
int main(void)
{
    /*
     * 开发板硬件初始化，RT_Thread 系统初始化已经在 main()函数之前完成
     * 即在 component.c 文件中的 rtthread_startup()函数中完成了
     * 所以在 main()函数中，只需要创建线程和启动线程即可
     */
  rt_kprintf("这是一个[野火]-STM32F407 霸天虎-RT_Thread 线程管理实验！\n\n");
  rt_kprintf("按下 K1 挂起线程，按下 K2 恢复线程\n");
  led1_thread =                             /* 线程控制块指针 */
    rt_thread_create( "led1",               /* 线程名字 */
                      led1_thread_entry,    /* 线程入口函数 */
                      RT_NULL,              /* 线程入口函数参数 */
                      512,                  /* 线程栈大小 */
                      3,                    /* 线程的优先级 */
                      20);                  /* 线程时间片 */

    /* 启动线程，开启调度 */
    if (led1_thread != RT_NULL)
        rt_thread_startup(led1_thread);
    else
        return -1;

    key_thread =                            /* 线程控制块指针 */
      rt_thread_create( "key",              /* 线程名字 */
                        key_thread_entry,   /* 线程入口函数 */
                        RT_NULL,            /* 线程入口函数参数 */
                        512,                /* 线程栈大小 */
                        2,                  /* 线程的优先级 */
```

```
                        20);                    /* 线程时间片 */

    /* 启动线程,开启调度 */
    if (key_thread != RT_NULL)
        rt_thread_startup(key_thread);
    else
        return -1;
}
/*
******************************************************************
*                          线程定义
******************************************************************
*/
static void led1_thread_entry(void * parameter)
{
      while (1)
    {
        LED1_ON;
        rt_thread_delay(500);                  /* 延时 500 个时钟周期(tick) */
        rt_kprintf("led1_thread running,LED1_ON\r\n");

        LED1_OFF;
        rt_thread_delay(500);                  /* 延时 500 个时钟周期(tick) */
        rt_kprintf("led1_thread running,LED1_OFF\r\n");
    }
}
static void key_thread_entry(void * parameter)
{
  rt_err_t uwRet = RT_EOK;
    while (1)
    {
      if( Key_Scan(KEY1_GPIO_PORT,KEY1_PIN) == KEY_ON )  /* K1 被按下 */
      {
        printf("挂起 LED1 线程! \n");
        uwRet = rt_thread_suspend(led1_thread);     /* 挂起 LED1 线程 */
        if(RT_EOK == uwRet)
        {
          rt_kprintf("挂起 LED1 线程成功! \n");
        }
        else
        {
          rt_kprintf("挂起 LED1 线程失败! 失败代码: 0x%lx\n",uwRet);
        }
      }
      if( Key_Scan(KEY2_GPIO_PORT,KEY2_PIN) == KEY_ON )  /* K1 被按下 */
      {
        printf("恢复 LED1 线程! \n");
        uwRet = rt_thread_resume(led1_thread);      /* 恢复 LED1 线程! */
        if(RT_EOK == uwRet)
        {
          rt_kprintf("恢复 LED1 线程成功! \n");
        }
        else
        {
```

```
            rt_kprintf("恢复 LED1 线程失败! 失败代码:0x%lx\n",uwRet);
          }
        }
        rt_thread_delay(20);
      }
    }
```

这段代码是一个在 RT-Thread 实时操作系统上运行的多线程应用程序，主要实现两个功能：控制 LED 灯的闪烁以及通过按键操作挂起和恢复 LED 控制线程。下面是对这段代码的详细功能说明。

1）包含的头文件。

board. h：包含关于开发板硬件初始化和操作的定义。

rtthread. h：包含 RT-Thread 操作系统的核心定义和功能函数声明。

2）变量定义和函数声明。

static rt_thread_t led1_thread = RT_NULL;

static rt_thread_t key_thread = RT_NULL;

3）定义了两个线程控制块指针，即 led1_thread 和 key_thread，分别用于管理 LED 控制线程和按键检测线程。声明了两个线程入口函数：led1_thread_entry( )和 key_thread_entry( )。

4）主函数 int main(void)。

① 初始化。

打印当前应用的信息，包括开发板名称和实验说明。

提示用户按下 K1 挂起线程，按下 K2 恢复线程。

② 创建和启动线程。

创建 led1_thread 线程：线程名为“led1”，入口函数为 led1_thread_entry，栈大小为 512 B，优先级为 3，时间片为 20。

在成功创建 led1_thread 后，启动该线程。如果创建失败，则返回 -1。

创建 key_thread 线程：线程名为“key”，入口函数为 key_thread_entry，栈大小为 512 B，优先级为 2，时间片为 20。

在成功创建 key_thread 后，启动该线程。如果创建失败，则返回 -1。

5）线程定义。

LED 控制线程 static void led1_thread_entry(void * parameter)的功能。

永久循环：

打开 LED1，并延时 500 个时钟周期（tick）。

输出打印信息：“led1_thread running,LED1_ON”。

关闭 LED1，并延时 500 个时钟周期（tick）。

输出打印信息：“led1_thread running,LED1_OFF”。

6）按键检测线程 static void key_thread_entry(void * parameter)的功能。

永久循环：

① 检测 K1 按键是否被按下。

如果按下，则打印“挂起 LED1 线程!”信息，并尝试挂起 led1_thread 线程。

成功挂起后打印“挂起 LED1 线程成功!”，否则打印失败信息和错误代码。

② 检测 K2 按键是否被按下。

如果按下，则打印“恢复 LED1 线程!”信息，并尝试恢复 led1_thread 线程。

成功恢复后打印“恢复 LED1 线程成功!”，否则打印失败信息和错误代码。

③ 延时 20 个时钟周期（tick），避免频繁检测。

7）核心功能总结。

LED 控制：通过 led1_thread 线程实现周期性 LED 闪烁。

按键检测和线程管理：通过 key_thread 线程检测按键操作，控制 LED 控制线程的挂起和恢复。

这段代码展示了如何在 RT-Thread 环境中使用多线程管理来实现硬件的控制和响应。这种方式可以将复杂的系统任务划分成独立的线程，增强系统的实时性和响应能力。

2. bsp_led. c

```
#include "bsp_led. h"
/**
  * @brief 初始化控制 LED 的 I/O
  * @param 无
  * @retval 无
  */
void LED_GPIO_Config(void)
{
    /* 定义一个 GPIO_InitTypeDef 类型的结构体 */
    GPIO_InitTypeDef GPIO_InitStructure;

    /* 开启 LED 相关的 GPIO 外设时钟 */
    RCC_AHB1PeriphClockCmd ( LED1_GPIO_CLK|
                             LED2_GPIO_CLK|
                             LED3_GPIO_CLK, ENABLE);
    /* 选择要控制的 GPIO 引脚 */
    GPIO_InitStructure. GPIO_Pin = LED1_PIN;
    /* 设置引脚模式为输出模式 */
    GPIO_InitStructure. GPIO_Mode = GPIO_Mode_OUT;
    /* 设置引脚的输出类型为推挽输出 */
    GPIO_InitStructure. GPIO_OType = GPIO_OType_PP;
    /* 设置引脚为上拉模式 */
    GPIO_InitStructure. GPIO_PuPd = GPIO_PuPd_UP;
    /* 设置引脚速率为 2 MHz */
    GPIO_InitStructure. GPIO_Speed = GPIO_Speed_2MHz;
    /* 调用库函数，使用上面配置的 GPIO_InitStructure 初始化 GPIO */
    GPIO_Init(LED1_GPIO_PORT, &GPIO_InitStructure);
    /* 选择要控制的 GPIO 引脚 */
    GPIO_InitStructure. GPIO_Pin = LED2_PIN;
    GPIO_Init(LED2_GPIO_PORT, &GPIO_InitStructure);
    /* 选择要控制的 GPIO 引脚 */
    GPIO_InitStructure. GPIO_Pin = LED3_PIN;
    GPIO_Init(LED3_GPIO_PORT, &GPIO_InitStructure);
    /* 关闭 RGB 灯 */
    LED_RGBOFF;
}
```

上面代码的功能是初始化控制 3 个 LED 灯的 GPIO 端口。具体地，它设置了 3 个 LED 灯 GPIO 引脚的模式和特性，使这些引脚能够作为输出引脚使用。以下是代码的分析和每个步骤的详细解释。

1）头文件。

#include "bsp_led. h"：包含 LED 相关的硬件抽象层头文件。

2）函数定义 void LED_GPIO_Config(void)。

这里定义了一个名为 LED_GPIO_Config 的函数，该函数用于初始化控制 LED 的 I/O 引脚。

3）GPIO 初始化结构体定义 GPIO_InitTypeDef GPIO_InitStructure。

这里定义了一个 GPIO 初始化结构体 GPIO_InitTypeDef 类型的变量 GPIO_InitStructure，这个结构体用来配置 GPIO 引脚的模式和特性。

4）开启 GPIO 时钟。

这里调用了库函数 RCC_AHB1PeriphClockCmd()，开启与 LED1、LED2、LED3 相关的 GPIO 外设时钟，使能它们的时钟。

5）配置 LED1 的 GPIO 引脚函数 GPIO_Init(LED1_GPIO_PORT，&GPIO_InitStructure)。

① 设置 GPIO 引脚为 LED1_PIN。

② 配置引脚模式为输出模式。

③ 配置引脚的输出类型为推挽输出。

④ 配置引脚为上拉模式。

⑤ 配置引脚速率为 2 MHz。

调用 GPIO_Init(LED1_GPIO_PORT，&GPIO_InitStructure) 函数，初始化 LED1 引脚。

6）配置 LED2 的 GPIO 引脚函数 GPIO_Init(LED2_GPIO_PORT，&GPIO_InitStructure)。

与 LED1 类似，配置 LED2 的 GPIO 引脚。

7）配置 LED3 的 GPIO 引脚。

GPIO_Init(LED3_GPIO_PORT，&GPIO_InitStructure)；

与 LED1 类似，配置 LED3 的 GPIO 引脚。

8）关闭 RGB 灯的宏函数 LED_RGBOFF。

调用宏或函数 LED_RGBOFF，关闭所有 RGB 灯。

通过这段代码，开发板上的 3 个 LED 灯的 GPIO 引脚被配置为输出模式，并且设置为推挽输出、上拉模式以及 2 MHz 的速率。初始化完成之后，RGB 灯会被关闭。这是为后续控制 LED 灯的操作（如点亮、关闭或闪烁）做准备的。

3. bsp_key. c

```
#include "bsp_key. h"
//不精确的延时
void Key_Delay(__IO u32 nCount)
{
for(; nCount != 0; nCount--);
}
/**
  * @brief 配置按键用到的 I/O 口
  * @param 无
  * @retval 无
  */
void Key_GPIO_Config(void)
{
    GPIO_InitTypeDef GPIO_InitStructure;
    /* 开启按键 GPIO 口的时钟 */
    RCC_AHB1PeriphClockCmd(KEY1_GPIO_CLK|KEY2_GPIO_CLK,ENABLE);
```

```
        /* 选择按键的引脚 */
        GPIO_InitStructure.GPIO_Pin = KEY1_PIN;
        /* 设置引脚为输入模式 */
        GPIO_InitStructure.GPIO_Mode = GPIO_Mode_IN;
        /* 设置引脚不上拉也不下拉 */
        GPIO_InitStructure.GPIO_PuPd = GPIO_PuPd_NOPULL;
        /* 使用上面的结构体初始化按键 */
        GPIO_Init(KEY1_GPIO_PORT, &GPIO_InitStructure);
        /* 选择按键的引脚 */
        GPIO_InitStructure.GPIO_Pin = KEY2_PIN;
        /* 使用上面的结构体初始化按键 */
        GPIO_Init(KEY2_GPIO_PORT, &GPIO_InitStructure);
    }
    /**
      * @brief  检测是否有按键按下
      * @param  GPIOx: 具体的端口, x 可以是(A,…,K)
      * @param  GPIO_PIN: 具体的端口位, 可以是 GPIO_PIN_x(x 可以是 0,…,15)
      * @retval  按键的状态
      *     @arg KEY_ON: 按键按下
      *     @arg KEY_OFF: 按键没按下
      */
    uint8_t Key_Scan(GPIO_TypeDef * GPIOx,uint16_t GPIO_Pin)
    {
        /* 检测是否有按键按下 */
        if(GPIO_ReadInputDataBit(GPIOx,GPIO_Pin) == KEY_ON )
        {
            /* 等待按键释放 */
            while(GPIO_ReadInputDataBit(GPIOx,GPIO_Pin) == KEY_ON);
            return    KEY_ON;
        }
        else
            return KEY_OFF;
    }
```

上述代码的功能是初始化用于按键（或者开关）的 GPIO 端口，以及检测按键的按下状态。具体而言，代码实现了按键引脚的配置和按键按下的扫描检测。下面是代码的详细解析。

1）头文件。

#include "bsp_key.h"：包含按键相关的硬件抽象层头文件。

2）按键 GPIO 配置函数 void Key_GPIO_Config(void)。

函数 Key_GPIO_Config()用于配置按键用到的 GPIO 引脚。

① 定义 GPIO 初始化结构体：定义一个 GPIO_InitTypeDef 类型的结构体变量 GPIO_InitStructure。

② 开启 GPIO 时钟：通过调用 RCC_AHB1PeriphClockCmd( ) 函数来开启与按键相关的 GPIO 时钟。

③ 配置 KEY1 引脚：选择按键的引脚，设置 GPIO_Pin 为 KEY1_PIN；设置引脚模式为输入模式 GPIO_Mode_IN；设置引脚不使用上下拉电阻 GPIO_PuPd_NOPULL；调用 GPIO_Init(KEY1_GPIO_PORT, &GPIO_InitStructure)函数，设置初始化 KEY1 引脚。

④ 配置 KEY2 引脚：与 KEY1 的配置相同，使用上述结构体来初始化 KEY2 引脚。

3）按键扫描函数 uint8_t Key_Scan(GPIO_TypeDef * GPIOx,uint16_t GPIO_Pin)。

函数 Key_Scan()用于检测是否有按键按下，并返回按键的状态。

① 参数。

GPIOx：具体的 GPIO 端口，可以是 A~K 中的一个。

GPIO_Pin：具体的 GPIO 引脚，可以是 GPIO_PIN_x，其中的 x 为 0~15。

② 返回值。

KEY_ON：表示按键按下。

KEY_OFF：表示按键没有按下。

③ 流程。

通过 GPIO_ReadInputDataBit(GPIOx,GPIO_Pin)读取指定端口引脚的电平，如果等于 KEY_ON，则进入按键按下处理流程。

等待按键释放，即在按键仍旧处于按下状态时不断循环读取引脚电平，直到按键释放为止。

返回 KEY_ON 表示按下；否则，返回 KEY_OFF 表示没有按下。

上述代码通过配置按键引脚的 GPIO 端口，使其能够检测按键的按压与释放状态。初始化函数 Key_GPIO_Config()负责配置与按键相关的 GPIO 引脚为输入模式，且不使用上拉或下拉电阻。扫描函数 Key_Scan()则用于检测按键是否被按下，并等待按键释放后返回按下状态。这段代码可以作为按键检测和处理的基础，用于更复杂的应用场景中。

4. 程序调试

将程序编译好，用 USB 线连接计算机和开发板的 USB 接口（对应丝印为 USB 转串口），用 DAP 仿真器把配套程序下载到野火 STM32 开发板，在计算机上打开串口调试助手，然后复位开发板，就可以在调试助手中看到 rt_kprintf()的打印信息，在开发板上可以看到 LED 在闪烁。按下开发板的 KEY1 按键，可以看到开发板上的灯也不闪烁了，同时在串口调试助手中也输出了相应的信息，说明线程已经被挂起；再按下 KEY2 按键，可以看到开发板上的灯恢复闪烁了，同时在串口调试助手中也输出了相应的信息，说明线程已经被恢复。串口调试助手打印的函数任务执行顺序如图 15-3 所示。

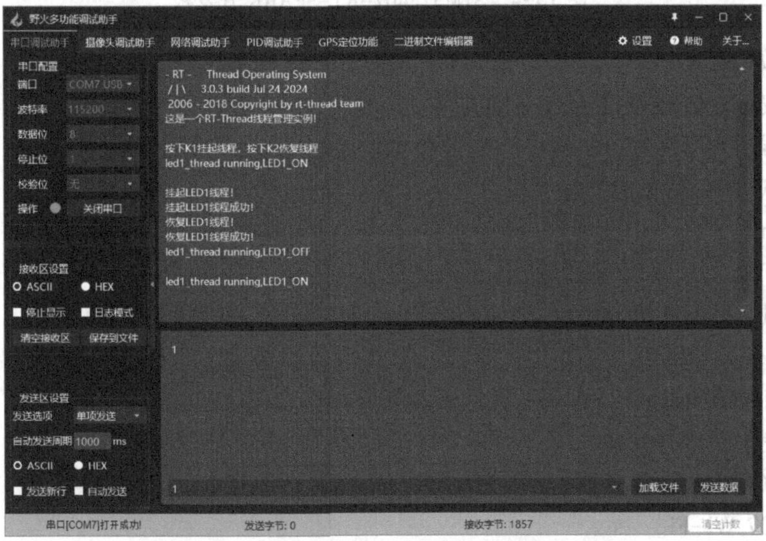

图 15-3　串口调试助手打印的函数任务执行顺序

15.2 STM32F407-RT-SPARK 开发板

STM32F407-RT-SPARK 开发板是 RT-Thread 官方开发的嵌入式 RTOS 学习板，特别适合工程师和高校学生。它采用 STM32F407ZGT6 微控制器，拥有丰富的板载资源和扩展接口，如 Flash 存储、Wi-Fi 通信、多种传感器和标准扩展接口，适合多种复杂应用场景。通过 RT-Thread Studio 集成开发环境，用户可以轻松创建和配置 RT-Thread 项目，利用图形化工具和配置树进行内核参数、硬件及软件包的设置。本节介绍如何在该开发板上创建、配置和调试 RT-Thread 项目，包括添加和使用 ADC 设备驱动，帮助读者深入理解 RT-Thread 的工作原理和实战应用。

15.2.1 STM32F407-RT-SPARK 开发板简介

STM32F407-RT-SPARK 开发板选用 ST 公司的 STM32F407ZGT6 微控制器，能够满足嵌入式入门的需求。STM32F407-RT-SPARK 开发板如图 15-4 所示，开发板资源如图 15-5 所示。

图 15-4 STM32F407-RT-SPARK 开发板

板载资源如下：

1）复位按键、轻触按键×4、自锁开关。

2）蜂鸣器。

3）LR1220 RTC 后备电池座。

4）ST-Link。

5）USB-FS。

6）麦克风、4 极耳机。

7）SD 卡座。

8）8MB NOR Flash。

9）红外发射、红外接收。

10）ICM20608 六轴传感器、AP3216 接近传感器、AHT20 温湿度传感器。

11）RW007 Wi-Fi。

12）240×240 并行 LCD 支持背光调节。

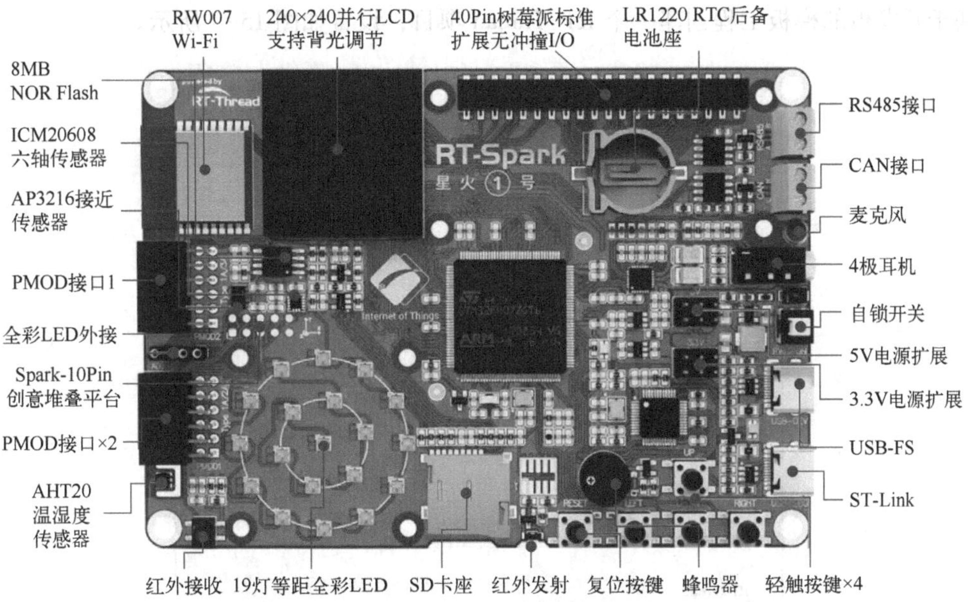

图 15-5 STM32F407-RT-SPARK 开发板资源

13）19 灯等距全彩 LED。

14）全彩 LED 外接。

15）3.3 V 电源扩展、5 V 电源扩展。

扩展接口如下：

1）RS485 接口。

2）CAN 接口。

3）40Pin 树莓派标准扩展无冲撞 I/O。

4）Spark-10Pin 创意堆叠平台。

5）PMOD 接口×2。

15.2.2 基于 STM32F407-RT-SPARK 开发板的模板工程创建项目实例

在计算机的 F 盘新建一个文件夹 F:\RT-ThreadProject。

打开 RT-Thread Studio 集成开发环境，选择“文件”→“新建”→“RT-Thread 项目”命令创建一个项目，如图 15-6 所示。

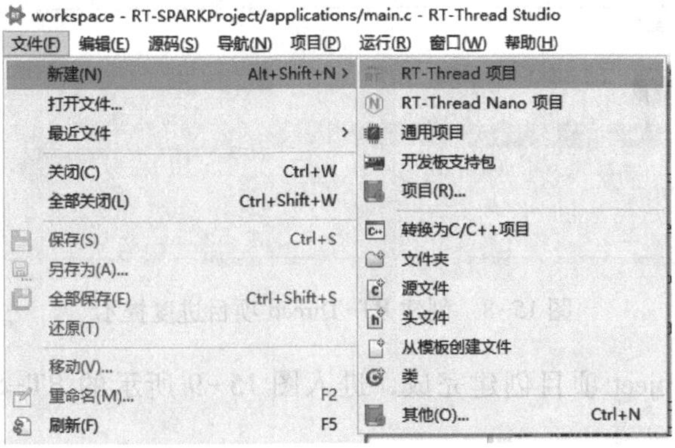

图 15-6 新建 RT-Thread 项目

基于开发板的模板工程创建一个 RT-Thread 项目，设置如图 15-7 所示。

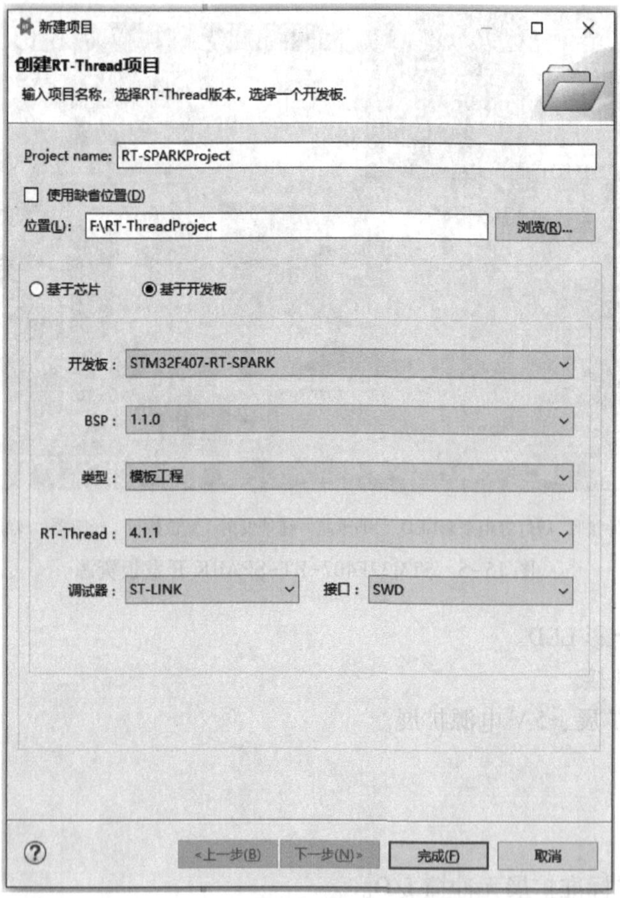

图 15-7　创建 RT-Thread 项目设置

在图 15-7 中的 Project name（项目名称）文本框中输入项目名称 RT-SPARKProject（名称可以由用户定），不使用默认位置，项目保存路径设置为 F:\RT-ThreadProject，选择“基于开发板”单选按钮创建项目，选择“STM32F407-RT-SPARK”开发板，“类型”选择“模板工程”，“调试器”选择“ST-LINK”，“接口”选择“SWD”。

单击图 15-7 中的“完成”按钮，弹出图 15-8 所示的创建 RT-Thread 项目进度提示。

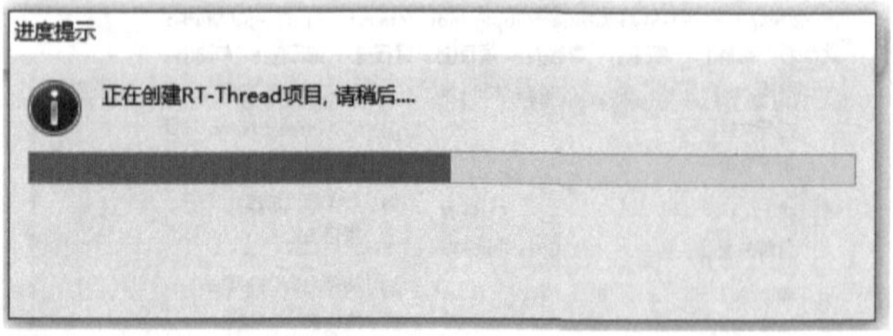

图 15-8　创建 RT-Thread 项目进度提示

等待 RT-SPARKProject 项目创建完成，进入图 15-9 所示的 RT-SPARKProject 项目调试界面。

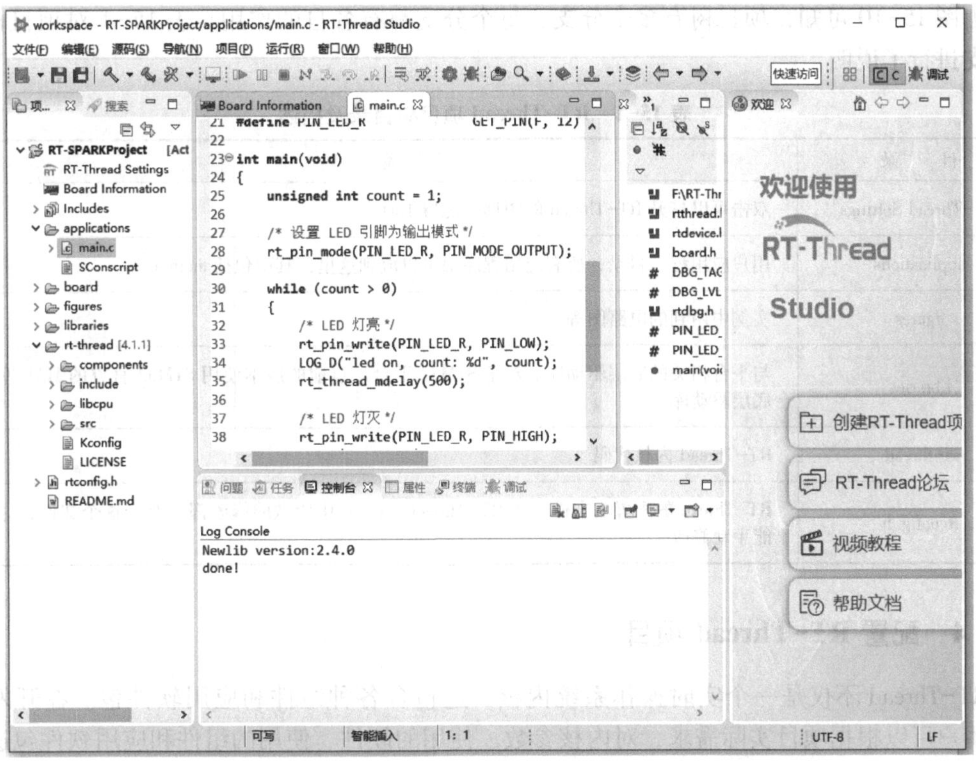

图 15-9 RT-SPARKProject 项目调试界面

15.2.3 RT-Thread 项目架构

新建完项目后，在 RT-Thread Studio 的“项目资源管理器”中可以看到项目的目录树，如图 15-10 所示。

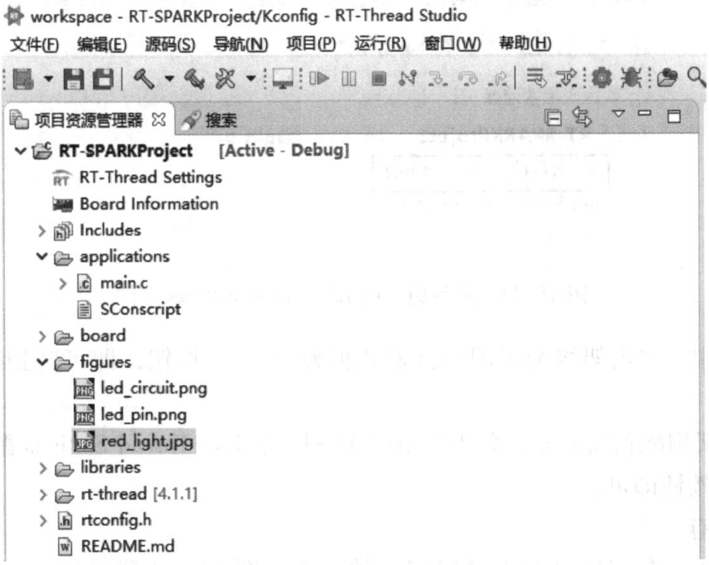

图 15-10 RT-Thread 项目目录树

由图 15-10 可知，项目树有多个分支，每个分支都有各自的作用，表 15-1 对项目树的部分分支进行了说明。

表 15-1 RT-Thread 项目树目录及描述

目　录	描　述
RT-Thread Settings	双击可以打开 RT-Thread 的图形化配置工具
applications	用户应用程序目录，所有应用程序都可以放到这里，其中包括 main. c
figures	实例中用到的电路图等
libraries	与平台相关的底层驱动库。对于 STM32 平台，目前的版本使用 STM32 官方的 HAL 库作为平台底层驱动库
rt-thread	RT-Thread 内核代码
rtconfig. h	RT-Thread 的配置头文件。在 RT-Thread Settings 中所做的修改都会改变这个文件，这个文件不能手动修改

15.2.4 配置 RT-Thread 项目

RT-Thread 不仅是一个实时操作系统内核，还包含各种组件和应用软件包。在开发过程中，用户可以根据项目实际需求，对内核参数、使用的硬件、使用的组件和应用软件包进行配置（不是所有项目都必须进行配置），配置方法如下。

1. 打开配置界面

在项目资源管理器中，双击图 15-11 所示的项目树中的 RT-Thread Settings 文件，打开 RT-Thread Settings 项目配置界面。配置界面默认显示“软件包”“组件和服务层”的架构配置图界面，如图 15-12 所示。

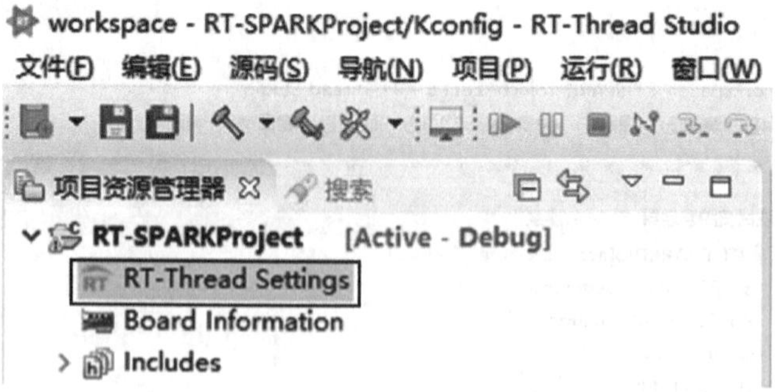

图 15-11 项目树中的 RT-Thread Settings 文件

在图 15-12 中，单击架构配置图界面右边的侧边栏 « 按钮，即可转到配置树配置界面，如图 15-13 所示。

如果要返回架构配置图界面，只要单击图 15-13 中 RT-Thread Settings 配置树配置界面左边侧边栏中的 » 按钮即可。

2. 配置并保存

根据项目需要，在配置界面中进行相应的配置，图 15-14 所示展示了如何配置“使用 ADC 设备驱动程序”选项。

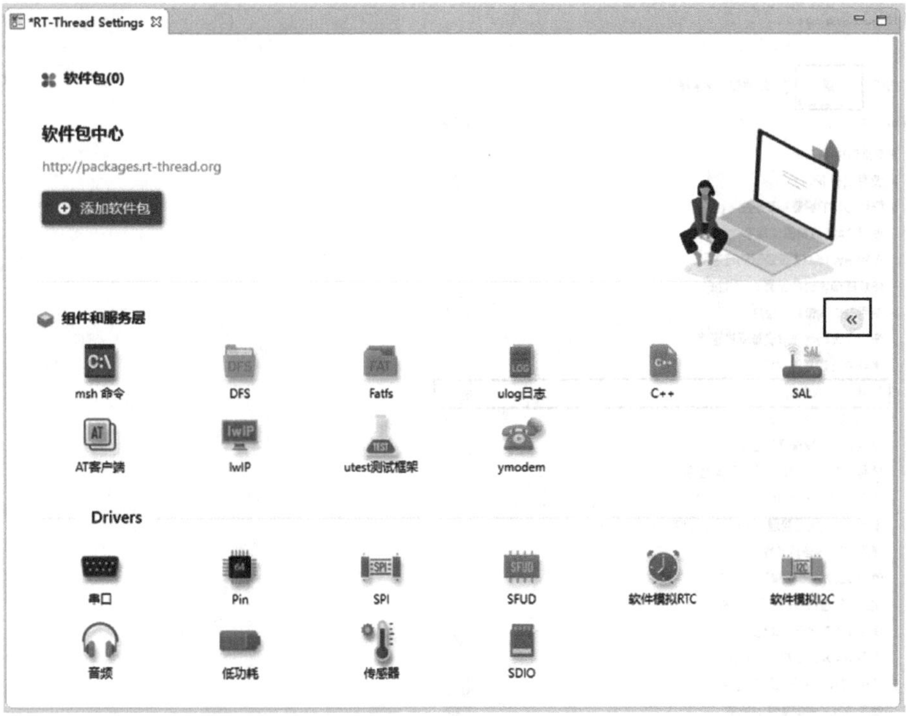

图 15-12　架构配置图界面

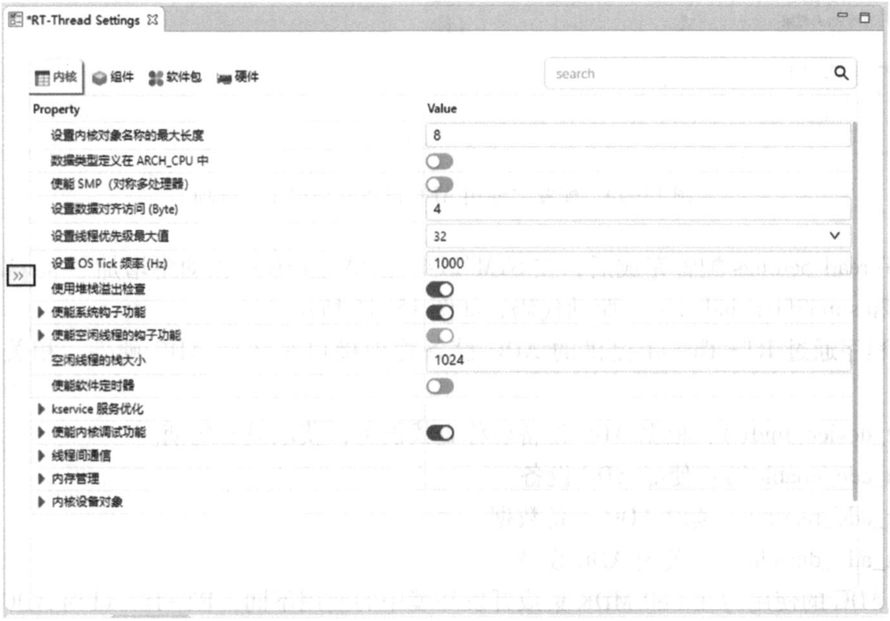

图 15-13　RT-Thread Settings 配置树配置界面

配置完成后，在键盘上按下〈Ctrl+S〉组合键，保存配置。在 RT-Thread Studio 中关闭 RT-Thread Settings 配置界面，退出配置。RT-Thread Studio 会自动将配置应用到项目中，比如自动下载相关资源文件到项目中并进行项目配置，确保项目配置后能够构建成功，正在保存配置进度提示如图 15-15 所示。

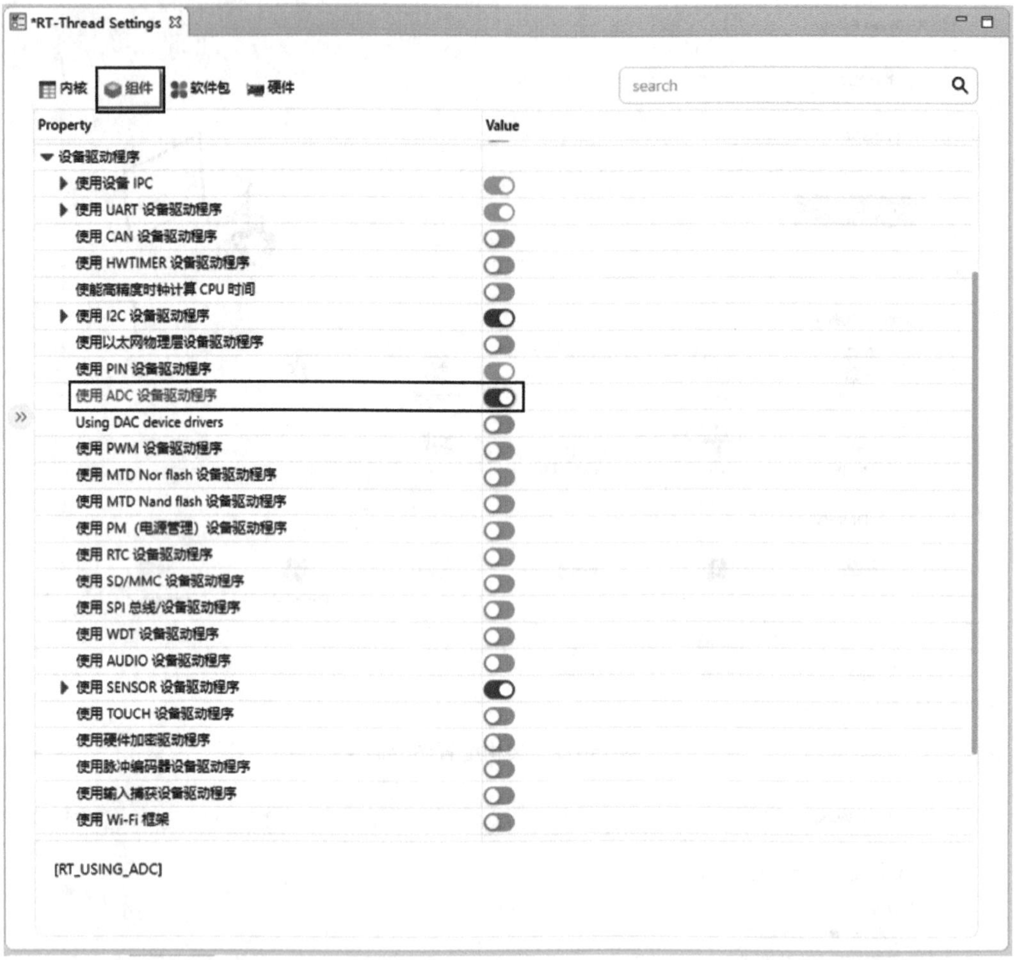

图 15-14　配置“使用 ADC 设备驱动程序”选项

RT-Thread Settings 配置完成后，在 STM32F4xx_HAL_Driver 驱动中增加了 stm32f4xx_hal_adc_ex. c 和 stm32f4xx_hal_adc. c 驱动代码，如图 15-16 所示。

应用程序通过 RT-Thread 提供的 ADC 设备管理接口来访问 ADC 硬件，相关接口函数如下。

1）rt_device_find()：根据 ADC 设备名称查找设备，获取设备句柄。

2）rt_adc_enable()：使能 ADC 设备。

3）rt_adc_read()：读取 ADC 设备数据。

4）rt_adc_disable()：关闭 ADC 设备。

这里 ADC 的使用与在 Keil MDK 集成开发环境中的使用不同，RT-Thread 对 ADC 等设备的使用进行了二次封装。

其他设备的使用同 ADC 设备的使用一样。

单击图 15-12 中的“msh 命令”组件图标，弹出图 15-17 所示的 msh 命令图标界面。

单击“API 文档”选项与单击图 15-9 中的◆按钮具有同样的功能。单击“应用文档”选项，弹出图 15-18 所示的 RT-Thread 文档中心界面。

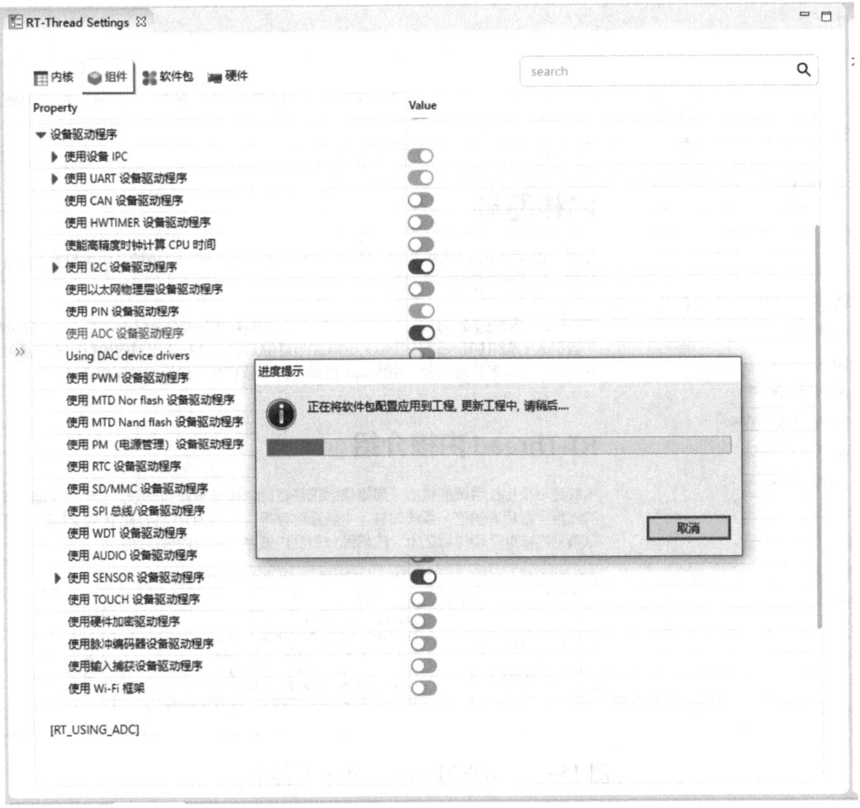

图 15-15 正在保存配置进度提示

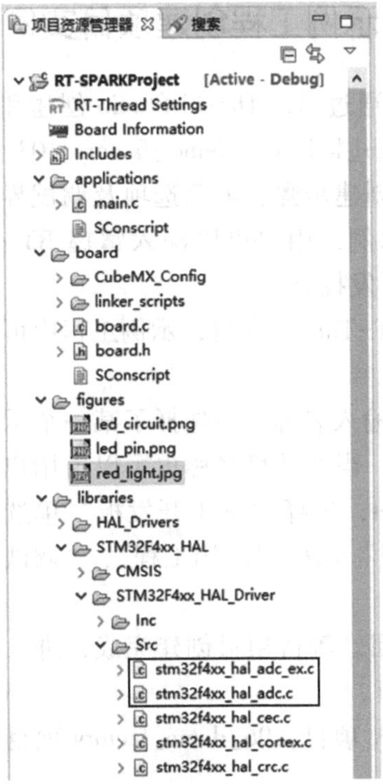

图 15-16 添加的驱动代码

图 15-17 msh 命令图标界面

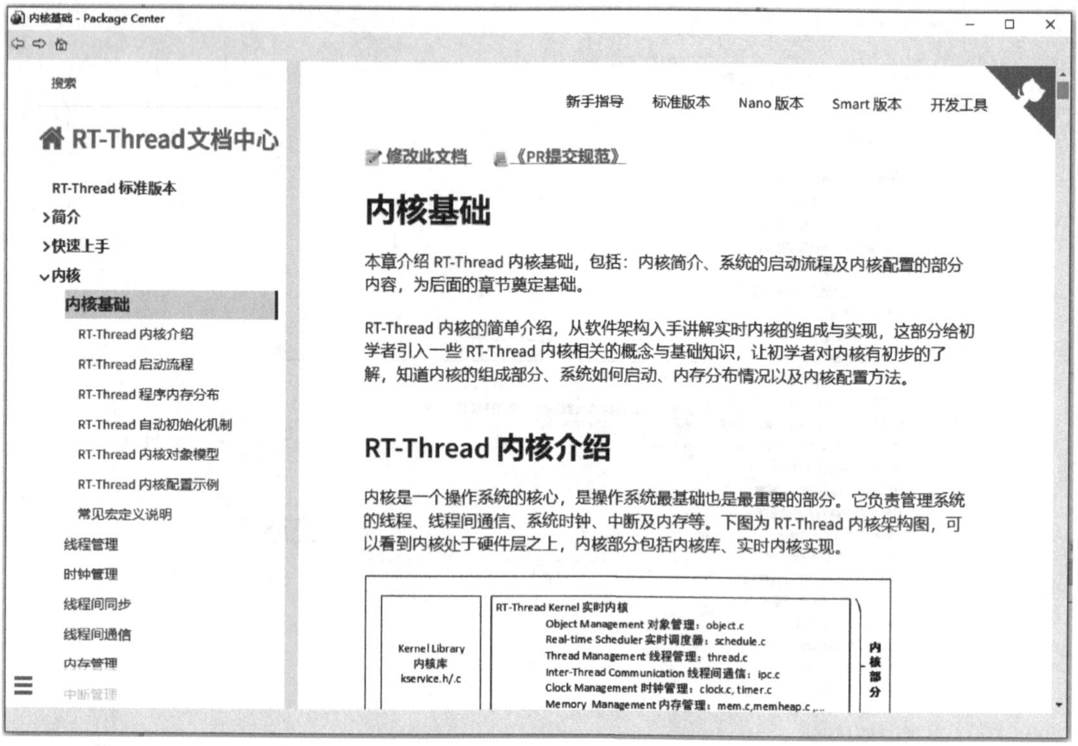

图 15-18 RT-Thread 文档中心界面

15.3 基于 STM32F407-RT-SPARK 开发板的示例工程创建项目实例

基于 STM32F407-RT-SPARK 开发板的示例工程展示了如何通过 RT-Thread Studio 创建和调试 RTOS 项目。用户可以选择多种示例工程（如 02_basic_rgb_led、06_demo_factory、03_driver_temp_humi）进行实际操作和学习。实例详细讲解了项目创建步骤、配置选项及调试界面，展示了各个示例项目的运行和终端显示结果。通过这些示例，用户可以深入掌握 RT-Thread 在 STM32 开发板上的应用和配置方法，提高嵌入式系统开发技能。

基于 STM32F407-RT-SPARK 开发板的示例工程创建一个 RT-Thread 项目，示例工程中可以选择的示例如图 15-19 所示。

在图 15-20 中的 Project name（项目名称）文本框中不需要输入名称，当选择了某一个示例，如 02_basic_rgb_led，项目名称自动填充为 02_basic_rgb_led，当然项目名称也可以由用户定。不使用默认位置，项目保存路径设置为 F:\RT-ThreadProject，选择“基于开发板”单选按钮创建项目，选择“STM32F407-RT-SPARK”开发板，“类型”选择“示例工程”，“调试器”选择“ST-LINK”，“接口”选择“SWD”。

单击图 15-20 中的“完成”按钮，开始创建 RT-Thread 项目。等待项目创建完成，进入图 15-21 所示的 02_basic_rgb_led 项目 RT-Thread Studio 调试界面。

按照创建 02_basic_rgb_led 项目的方法，创建 06_demo_factory 项目，06_demo_factory 项目 RT-Thread Studio 调试界面如图 15-22 所示。

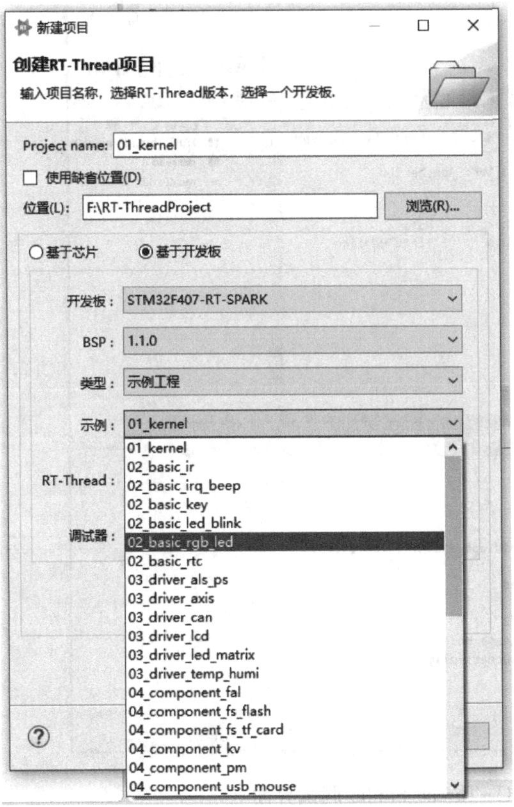

图 15-19　示例工程中可以选择的示例

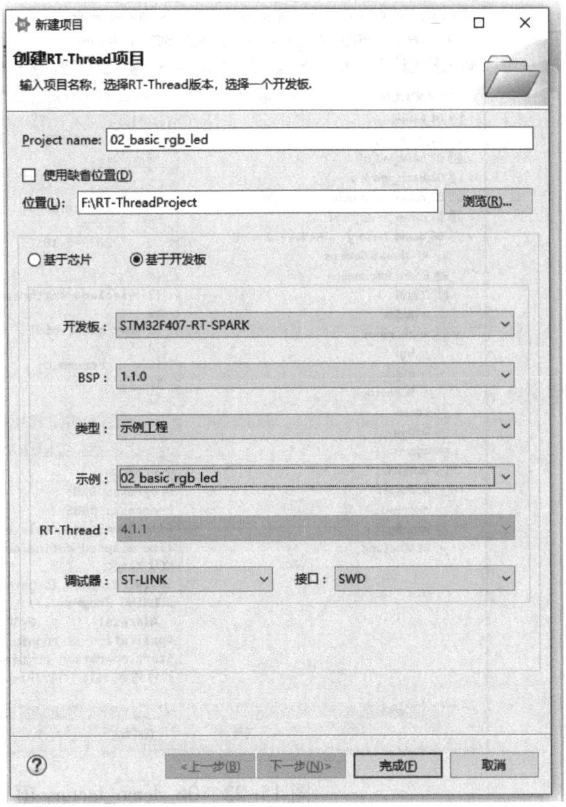

图 15-20　基于开发板的示例工程创建一个 RT-Thread 项目的设置

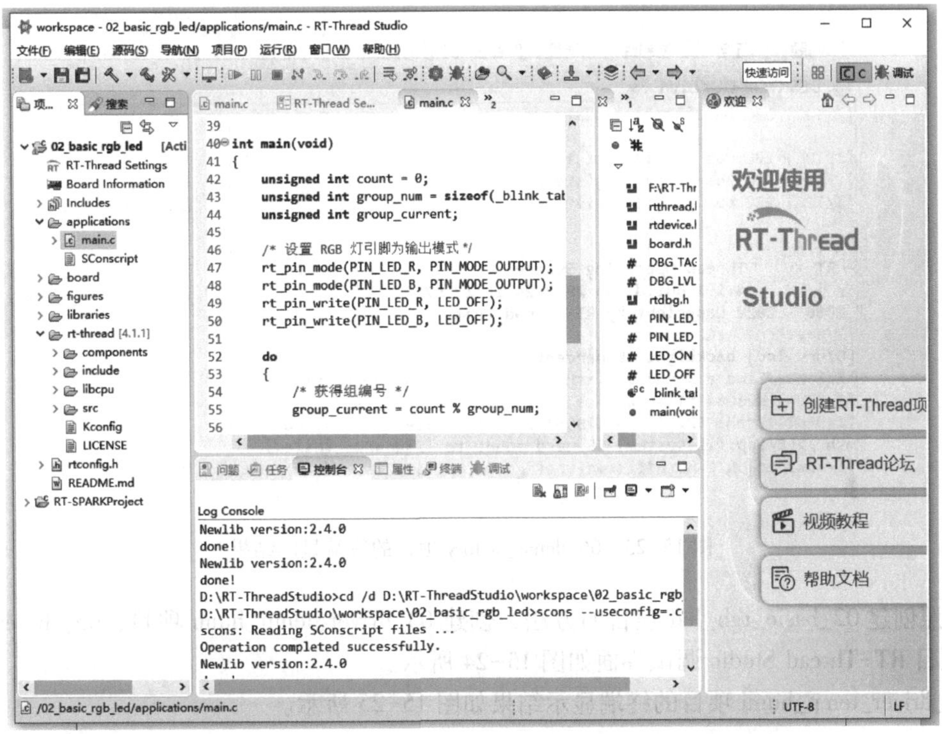

图 15-21　02_basic_rgb_led 项目 RT-Thread Studio 调试界面

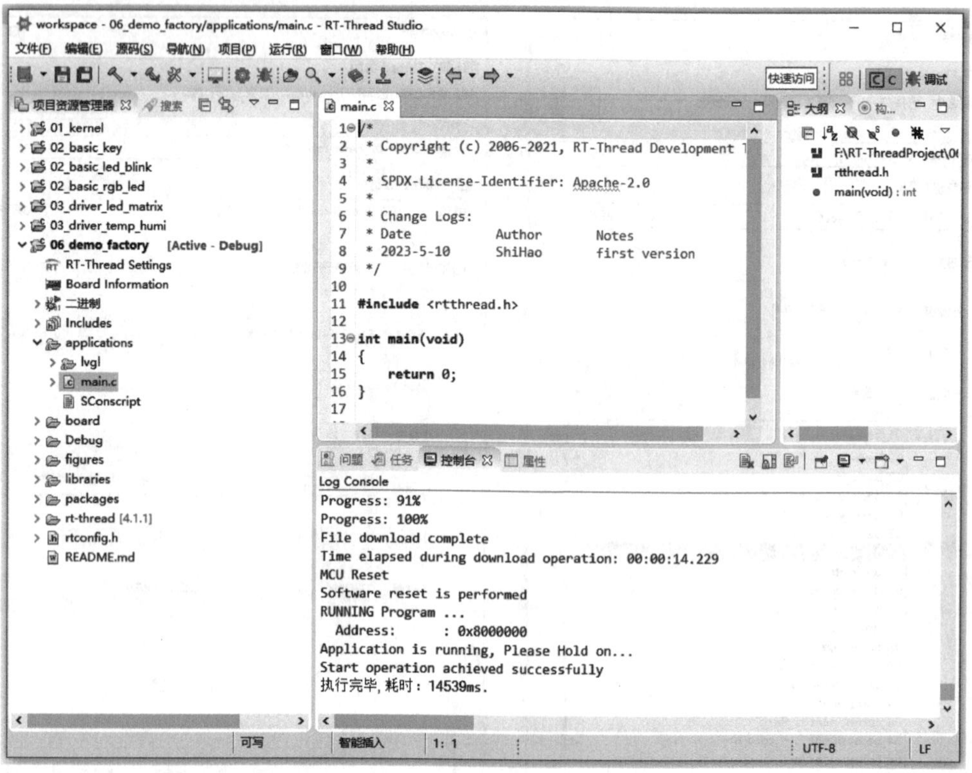

图 15-22　06_demo_factory 项目 RT-Thread Studio 调试界面

06_demo_factory 项目的终端显示结果如图 15-23 所示。

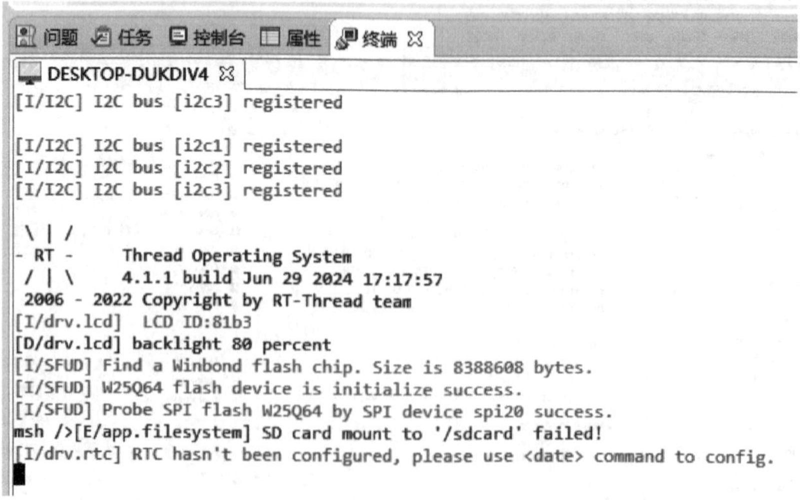

图 15-23　06_demo_factory 项目的终端显示结果

按照创建 02_basic_rgb_led 项目的方法，创建 03_driver_temp_humi 项目，03_driver_temp_humi 项目 RT-Thread Studio 调试界面如图 15-24 所示。

03_driver_temp_humi 项目的终端显示结果如图 15-25 所示。

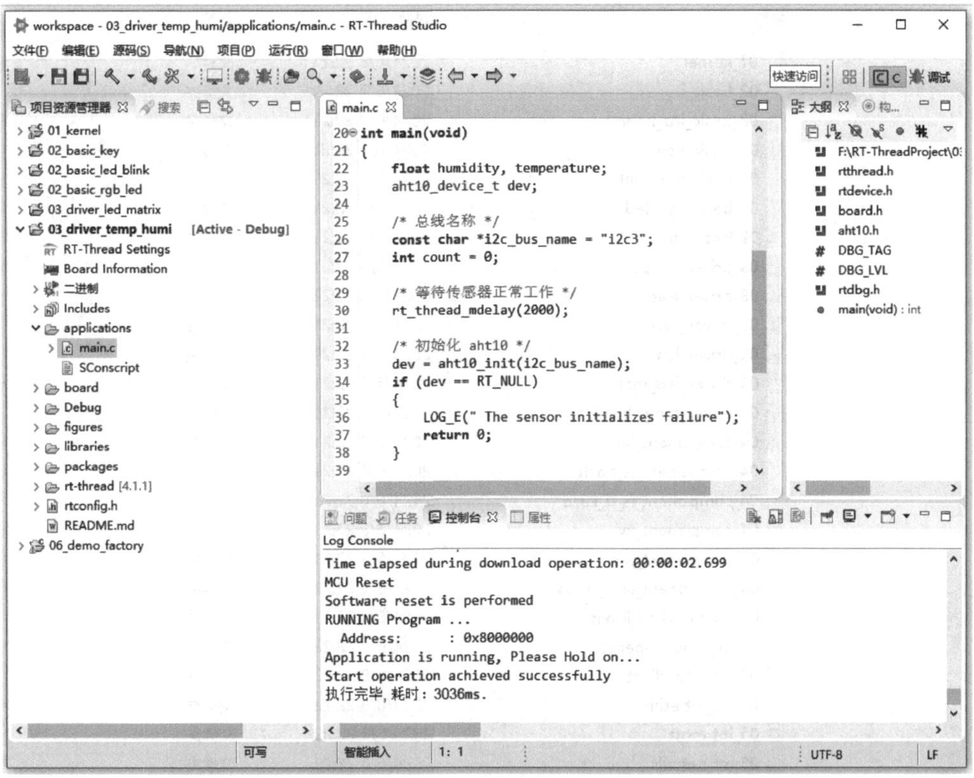

图 15-24 03_driver_temp_humi 项目 RT-Thread Studio 调试界面

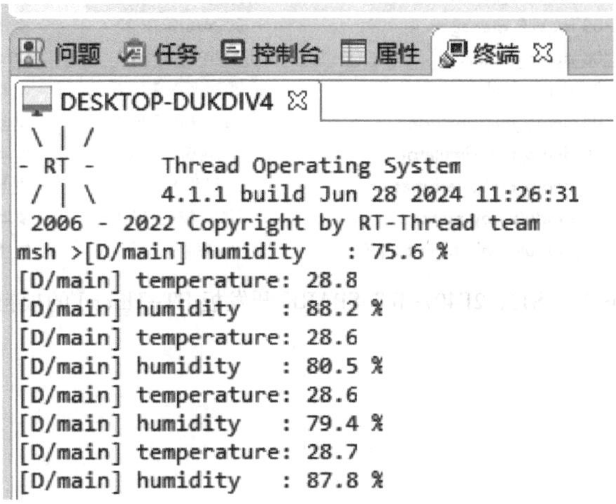

图 15-25 03_driver_temp_humi 项目的终端显示结果

用户还可以选择示例工程的其他项目，基于 STM32F407-RT-SPARK 开发板学习 RT-Thread 的项目示例。

STM32F407-RT-SPARK 开发板 RT-Thread 的项目示例如图 15-26 所示。

项目文件夹按照不同的学习阶段添加了数字编号，如 01_kernel、02_basic_led_blink，分别表示两个不同的学习阶段。编号小则内容相对简单，建议初学者按照数字编号大小顺序进行学习，循序渐进掌握 RT-Thread。

名称	修改日期	类型
01_kernel	2024/6/8 22:21	文件夹
02_basic_ir	2024/6/8 22:21	文件夹
02_basic_irq_beep	2024/6/8 22:21	文件夹
02_basic_key	2024/6/8 22:21	文件夹
02_basic_led_blink	2024/6/8 22:21	文件夹
02_basic_rgb_led	2024/6/8 22:21	文件夹
02_basic_rtc	2024/6/8 22:21	文件夹
03_driver_als_ps	2024/6/8 22:21	文件夹
03_driver_axis	2024/6/8 22:21	文件夹
03_driver_can	2024/6/8 22:21	文件夹
03_driver_lcd	2024/6/8 22:21	文件夹
03_driver_led_matrix	2024/6/8 22:21	文件夹
03_driver_temp_humi	2024/6/8 22:21	文件夹
04_component_fal	2024/6/8 22:21	文件夹
04_component_fs_flash	2024/6/8 22:21	文件夹
04_component_fs_tf_card	2024/6/8 22:21	文件夹
04_component_kv	2024/6/8 22:21	文件夹
04_component_pm	2024/6/8 22:21	文件夹
04_component_usb_mouse	2024/6/8 22:21	文件夹
05_iot_cloud_ali_iotkit	2024/6/8 22:21	文件夹
05_iot_cloud_onenet	2024/6/8 22:22	文件夹
05_iot_http_client	2024/6/8 22:22	文件夹
05_iot_mbedtls	2024/6/8 22:22	文件夹
05_iot_mqtt	2024/6/8 22:22	文件夹
05_iot_netutils	2024/6/8 22:22	文件夹
05_iot_ota_http	2024/6/8 22:22	文件夹
05_iot_ota_ymodem	2024/6/8 22:22	文件夹
05_iot_web_server	2024/6/8 22:22	文件夹
05_iot_wifi_manager	2024/6/8 22:22	文件夹
06_demo_factory	2024/6/8 22:22	文件夹
06_demo_lvgl	2024/6/8 22:22	文件夹
06_demo_micropython	2024/6/8 22:22	文件夹
06_demo_nes_simulator	2024/6/8 22:23	文件夹
06_demo_rs485_led_matrix	2024/6/8 22:23	文件夹
07_module_key_matrix	2024/6/8 22:23	文件夹
07_module_spi_eth_enc28j60	2024/6/8 22:23	文件夹

图 15-26　STM32F407-RT-SPARK 开发板 RT-Thread 的项目示例

参 考 文 献

[1] 李正军，李潇然. 嵌入式系统原理与开发：基于 STM32CubeIDE 和 RT-Thread［M］. 北京：机械工业出版社，2025.

[2] 李正军，李潇然. STM32 嵌入式单片机原理与应用［M］. 北京：机械工业出版社，2024.

[3] 李正军，李潇然. STM32 嵌入式系统设计与应用［M］. 北京：机械工业出版社，2023.

[4] 李正军，李潇然. 基于 STM32Cube 的嵌入式系统应用［M］. 北京：机械工业出版社，2023.

[5] 李正军，李潇然. 嵌入式系统设计与全案例实践［M］. 北京：机械工业出版社，2024.

[6] 李正军，李潇然. Arm Cortex-M4 嵌入式系统：基于 STM32Cube 和 HAL 库的编程与开发方法［M］. 北京：清华大学出版社，2024.

[7] 李正军. 计算机控制系统［M］. 4 版. 北京：机械工业出版社，2022.

[8] 李正军. 计算机控制技术［M］. 北京：机械工业出版社，2022.

[9] 李正军. 零基础学电子系统设计［M］. 北京：清华大学出版社，2024.

[10] 李正军. 电子爱好者手册［M］. 北京：清华大学出版社，2025.

[11] 胡永涛. 嵌入式系统原理及应用：基于 STM32 和 RT-Thread［M］. 北京：机械工业出版社，2023.

[12] 邱祎，熊谱翔，朱天龙. 嵌入式实时操作系统：RT-Thread 设计与实现［M］. 北京：机械工业出版社，2019.